冶金职业技能培训丛书

转炉炼钢问答

王雅贞　李承祚　等编著

U0315884

北　京

冶金工业出版社

2020

内 容 简 介

本书以问答的形式，简要讲述了现代转炉炼钢基本理论，重点介绍了铁水预处理、转炉炼钢工艺及其相关技术、炉外精炼、连铸工艺、钢的品种和质量控制、炼钢设备、炼钢厂环境保护、安全保障及技术经济指标等职业技能知识和方法。书中内容紧密结合生产操作实际，知识丰富，一问一答，既考虑了工艺知识的系统性，又考虑了工人技能知识的需要和提高，有很强的针对性。

本书可作为炼钢工作者的职业技能培训教材，也可作为炼钢工人的自学用书，并可供炼钢生产技术人员、管理人员及炼钢专业的学生参考。

图书在版编目（CIP）数据

转炉炼钢问答/王雅贞等编著 . —北京：冶金工业出版社，2003.7（2020.8 重印）

（冶金职业技能培训丛书）

ISBN 978-7-5024-3264-5

Ⅰ. 转…　Ⅱ. 王…　Ⅲ. 转炉炼钢—问答

Ⅳ. TF71-44

中国版本图书馆 CIP 数据核字（2003）第 029216 号

出 版 人　陈玉千

地　　址　北京市东城区嵩祝院北巷 39 号　邮编　100009　电话　(010)64027926

网　　址　www.cnmip.com.cn　电子信箱　yjcbs@cnmip.com.cn

责任编辑　王雪涛　高　娜　美术编辑　王耀忠　版式设计　张　青

责任校对　侯　瑂　责任印制　李玉山

ISBN 978-7-5024-3264-5

冶金工业出版社出版发行；各地新华书店经销；北京虎彩文化传播有限公司印刷

2003 年 7 月第 1 版，2020 年 8 月第 7 次印刷

850mm×1168mm　1/32；13 印张；349 千字；385 页

39.00 元

冶金工业出版社　投稿电话　(010)64027932　　投稿信箱　tougao@cnmip.com.cn

冶金工业出版社营销中心电话　(010)64044283　　传真　(010)64027893

冶金工业出版社天猫旗舰店　yjgycbs.tmall.com

（本书如有印装质量问题，本社营销中心负责退换）

序

新的世纪刚刚开始，中国冶金工业就在高速发展。2002年中国已是钢铁生产的"超级"大国，其钢产总量不仅连续七年居世界之冠，而且比居第二和第三位的美、日两国钢产量总和还高。这是国民经济高速发展对钢材需求旺盛的结果，也是冶金工业从上个世纪90年代加速结构调整，特别是工艺、产品、技术、装备调整的结果。

在这良好发展势态下，我们深深地感觉到要适应这一持续走强要求的人员素质差距之惑。当前不仅需要运筹帷幄的管理决策人员，需要不断开发创新的科技人员，更需要适应这新变化的大量技术工人和技师。没有适应新流程、新装备、新产品生产的熟练技师和技工，我们即使有国际先进水平的装备，也不能规模地生产出国际先进水平的产品。为此，提高技工知识水平和操作水平需要开展系列的技能培训。

冶金工业出版社根据这一客观需要，为了配合职业技能培训，组织国内有实践经验的专家、技术人员和院校老师编写了《冶金职业技能培训丛书》，以支持各钢铁企业、中国金属学会各相关组织普及和培训工作的需要。这套丛书按照不同工种分类编辑成册，各册根据不同工种的特点，从基础知识、操作技能技巧到事故防范，采用一问一答形式分章讲解，语言简练，易读易懂易记，适合于技术工人阅读。冶金工业出版社的这一努力是希望为更好发展冶金工业而做出的贡献。感谢编著者和出版社的辛勤劳动。

　　借此机会,向工作在冶金工业战线上的技术工人同志们致意,感谢你们为行业发展做出的无私奉献,希望不断学习适应时代变化的要求。

　　　　　　　原冶金工业部副部长
　　　　　　　中国金属学会理事长

　　　　　　　2003 年 6 月 18 日

前 言

我国已成为世界上的主要产钢大国之一,现正朝着迅速优化品种结构,提高质量,增强市场竞争力的方向发展。在这种形势下,广大炼钢工作者迫切需要提高理论水平和技术水平。

编著者受冶金工业出版社的委托,根据转炉炼钢工人技术等级标准和鉴定规范,编写了《转炉炼钢问答》一书,以适应炼钢—炉外精炼—连铸组合优化中,炼钢工作者对提高技术素质学习的需要。

本书由王雅贞、李承祚任主编,其中第1章由王雅贞、张岩编写,第2章由南晓东编写,第3章由李承祚、赵培德编写,第4章由张岩、南晓东编写,第5章由张岩编写,第6章、第7章、第9章、第11章、第12章由王雅贞编写,第8章、第14章由李承祚编写,第10章由李承祚、南晓东、赵培德编写,第13章由李承祚、南晓东编写,附录由张岩、南晓东编写。

本书在编写过程中,得到首钢第二炼钢厂、北京钢铁学校、首钢技工学校的大力支持,作者也曾到一些钢厂进行调研,听取意见,还参阅了许多专家撰写的有关资料、专著和在一些杂志上发表的论文,在此一并向他们表示诚挚的感谢。

本书在编写过程中,直接听取了现场工人的意见和建议,有很强的针对性;同时又兼顾了工艺知识的系统性,以问答形式编写,既简明又便于阅读。本书可作为炼钢工作者的职业技能培训教材,也适于炼钢工人自学,并可供炼钢生产技术人员、管理人员及炼钢专业学生参考。

由于编写时间紧,对书中出现的不足之处,欢迎读者批评、指正。

编著者

2003 年 3 月

目　录

1　炼钢基础理论

2　炼钢原材料

3 铁水预处理

4　转炉炼钢工艺

5　转炉炼钢过程的自动控制

6　转炉炉衬与炉龄

7 顶底复合吹炼工艺

8　炉外精炼

9 钢的浇铸

10　钢的品种和质量控制

11　转炉系统设备

12 炼钢厂环境保护

13 安全生产、事故防范与处理

14 技术经济指标

附　录

1 炼钢基础理论

1-1 钢铁在工业材料中处于什么地位?

常见的工业用材料有金属、陶瓷、塑料、木材、纤维等,用量最多的是金属材料,而在金属材料中约有 95% 是钢铁材料,钢铁材料的主要优点是:

(1) 铁元素资源丰富,约占地壳总质量的 5%,在所有元素中居第 4 位,且矿床品位也较高。

(2) 钢铁冶炼方便,价格便宜。

(3) 钢铁材料的强度、硬度、韧性等性能都较好,经过热处理以及不同的加工方法还可以得到进一步的提高。

普通钢铁材料的缺点是密度较大、容易生锈等,但这些缺点可以通过开发高强度钢、不锈钢,或用对钢材表面进行涂层和表面处理等方法加以避免或克服。

1-2 常见工业化炼钢方法有哪几类,各有什么特点?

工业化炼钢方法有转炉炼钢法、电弧炉炼钢法、平炉炼钢法,平炉炼钢法已被淘汰。各炼钢法的特点见表 1-1。

表 1-1 炼钢方法及特点

炼钢法	转炉炼钢法	电弧炉炼钢法
原 料	主要是铁水,少量废钢	主要是废钢,少量生铁或铁水
热 源	铁水的物理热和元素的氧化热	电能
氧化剂	工业纯氧	铁矿石,氧气
造渣剂	石灰、萤石等	石灰、火砖块、铁矾土、萤石等
特 征	冶炼周期短,易与连铸相匹配	品种多、质量好、冶炼周期长

1-3 为什么称氧气顶吹转炉炼钢为 LD 法,LD 法有哪些优点?

转炉炼钢法是 1856 年由英国人亨利·贝塞麦研究成功的。

氧气顶吹转炉炼钢法是 1952 年和 1953 年在奥地利的林茨(Linz)和多纳维茨(Donawiz)两地首先投入工业生产,所以也称 LD 法。1964 年 12 月,我国第一座 30t LD 转炉在首钢投入生产。LD 法具有如下优点:

(1) 吹炼速度快,生产率高;

(2) 品种多,质量好;

(3) 原材料消耗少,热效率高、成本低;

(4) 基建投资省,建设速度快;

(5) 容易与连续铸钢相匹配。

鉴于以上优点,氧气顶吹转炉炼钢现已成为主要炼钢方法。

大型转炉有如下优点:

(1) 产量高、质量稳定;

(2) 热损失小;

(3) 吨钢原材料消耗少;

(4) 易于实现自动控制;

(5) 生产率高、成本低。

所以,国际、国内新建转炉向大型化发展。

1-4 转炉炼钢技术进步的目标是什么?

转炉炼钢技术进步的目标是:

(1) 不断提高钢的质量以适应对于钢的性能要求不断提高的趋势;

(2) 提高炼钢的生产效率;

(3) 降低生产成本;

(4) 减少对环境的污染,实现清洁生产;降低炼钢能源消耗及回收利用炼钢过程产生的能源。

21 世纪转炉炼钢技术面临更大的挑战,总目标是使钢铁在与其他材料的竞争中获得更广泛的市场。

1-5 炼钢工序在大型钢铁联合企业中处于什么地位?

钢铁联合企业包括采矿、选矿、烧结、焦化、炼铁、炼钢、轧钢等环节。炼钢工序是钢铁联合企业的中心环节,其前道工序是炼铁,后道工序是轧钢。炼钢工序包括铁水预处理、转炉炼钢、炉外精炼、钢的浇铸等。钢铁联合企业工艺流程见图 1-1。

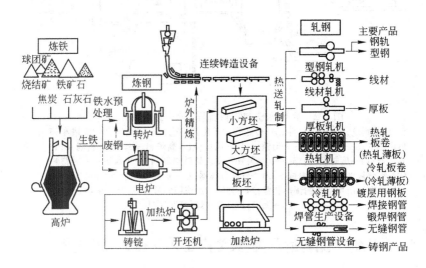

图 1-1 钢铁联合企业工艺流程

1-6 高炉炼铁生产工艺流程是怎样的?

高炉炼铁是一个还原工艺,主要原料为 Fe_2O_3 或 Fe_3O_4 含量高的铁矿石、烧结矿或球团矿以及石灰石(调节矿石中脉石熔点和流动性的熔剂),还有焦炭(作为热源、还原剂和料柱骨架)。原料从炉顶分批加入,由高炉下部风口鼓入热风,焦炭燃烧生成高炉煤气。炉内下降的炉料与上升的高温煤气流相遇,水分蒸发,氧化铁与其他氧化物被还原。铁中溶解大量碳,温度升高熔炼成铁水和熔渣;每隔一段时间从铁口和渣口放出铁水和熔渣。图 1-2 为高炉炼铁的物料流程及外围设备示意图。

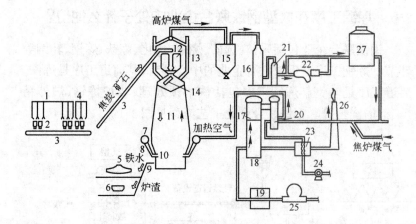

图 1-2　高炉炼铁的物料流程及外围设备示意图

1—矿石料仓;2—称量料斗;3—传送带;4—焦炭料仓;5—混铁车;6—渣罐车;7—热风围管;8—热风支管;9—出铁口;10—风口;11—高炉;12—炉顶受料漏斗;13—放散管;14—旋转溜槽;15—除尘器;16—文氏管洗涤器;17—热风炉;18—蓄热室;19—空气脱湿机;20—燃烧室;21—气雾分离器;22—炉顶气体余压发电机;23—热风炉燃烧所用空气的预热装置;24—热风炉燃烧用的鼓风机;25—高炉鼓风机;26—烟囱;27—高炉煤气贮气罐

1-7　轧钢产品有哪几类,其生产工艺流程是怎样的?

轧钢产品种类很多,规格不一,可分为板带材、管材、型材 3 类,见表 1-2。

表 1-2　轧钢产品分类

钢材类别	板　带　材	管　材	型　　　材
类　型	热轧钢板(中厚板) 冷轧钢板(薄板) 带　钢	无缝钢管 焊接钢管	角钢　槽钢　工字钢　螺 纹钢　线材等

轧钢生产工艺流程可概括为原料准备、加热、轧制、精整 4 个环节,见图 1-1。

当前薄板坯连铸连轧工艺可将钢水直接浇铸成薄钢板卷材。

1-8 常压下物质有哪几种形态?

常压下,物质在微观上是以分子、原子、离子等形式存在,在宏观上是以固态、液态和气态3种状态存在。物质的聚集状态与温度有密切关系,如常压下水在0℃以下主要为固态,100℃以上全部呈气态,0~100℃之间主要为液态,但也有气态水蒸气存在。

1-9 什么是物质的温度,温度的单位有哪几种,各怎样表示?

温度是表征物体冷热程度的物理量。以感觉判断温度会有偏差,如在室温下,用手摸金属与木材,感觉金属比木材凉一些,实际上它们的温度是一样的。从分子运动论的观点来讲,温度是大量分子热运动平均动能的量度。物体的温度越高,组成物体的分子平均动能也越大。

温度单位可采用国际温标或热力学温标。日常生活中用的是国际温标,也叫摄氏温标,单位为℃,用符号 t 表示。常压下水的冰点为0℃,沸点为100℃。热力学温标也称为开尔文温标,单位为 K,用符号 T 表示,它与摄氏温标之间有如下关系:

$$T = t + 273 \tag{1-1}$$

1-10 气体的压强、体积、温度之间有什么关系,标准状态下气体体积是多少,什么叫标准状态?

气体的体积受压强、温度的影响很大。压强不变,气体体积随温度升高而膨胀;温度不变,体积随压强升高而缩小。

一定量气体在"状态Ⅰ"下,压强为 p_1,热力学温度为 T_1,体积为 V_1;到达"状态Ⅱ"时,压强为 p_2,热力学温度为 T_2,体积为 V_2,有如下关系:

$$\frac{p_1 V_1}{T_1} = \frac{p_2 V_2}{T_2} \tag{1-2}$$

此表达式称为气体状态方程。还可用下式表达：

$$pV = nRT \qquad (1-3)$$

式中　　n——气体摩尔数；

　　　　R——气体常数，$8.314J/(mol \cdot K)(Pa \cdot m^3/(mol \cdot K))$。

摩尔质量一般等于该物质的相对原子质量或相对分子质量，以克（g）为单位。物质的摩尔数是物质质量（用克衡量）除以摩尔质量。同样条件下，只要摩尔数相同，气体的体积就是相同的。

通过式 1-3 可以推出，在 273K，0.1MPa（1atm）下，1mol 理想气体体积是 $0.0224m^3$，这称为标准状态气体体积。此时所含分子数都是 6.022×10^{23} 个。常见的氧气、氮气、氩气都接近理想气体。

热力学标准状态是在 273K、0.1MPa 条件下。

1-11　什么是能量，能量有哪些表现形式？

能量是物质运动形式的量度。不同的物质运动形式，能量有多种表现形态，如动能、势能、热能、电能和磁能等，它们之间可以相互转换。

为便于研究，称研究对象为"系统"，与研究对象有关联的外部世界称为"环境"。

在热现象中系统内各分子做无规则运动的动能、分子间相互作用的势能、原子和原子核内能量的总和为系统的内能。引力或磁场形成的势能以及化学反应中表现出来的化学能不属内能。能量的单位用焦[耳]（J）或千焦[耳]（kJ）等表示。

1-12　什么是热量，热量的单位怎样表示？

在热传递过程中系统吸收或放出的能量为热量。热是伴随着温度升降，化学反应，压强、体积的变化等宏观过程出现的。当系统处于某种状态时，只有内能，没有热量。热量单位与能量单位相同，也用焦（J）或千焦（kJ）表示。

熔化热、蒸发热、溶解热和化学反应热等均是热效应。

物理变化或化学变化的热效应一般是在等压或等容条件下测定的,二者可相互换算。炼钢中常用等压热效应数值。

1-13 什么是化学反应的热效应,热化学方程式怎样表示?

一个化学反应的生成物与反应物温度相同时,反应过程中放出或吸收的热量称为化学反应热效应,也称为反应热。温度用热力学温度衡量,可以用标准状态温度来表示,炼钢中常用1873K (1600℃)热效应数值。

化学反应热效应的大小与参加反应物质的本性、数量、聚集状态、温度和压强等因素有关。热化学方程式则在化学方程式中注明物质聚集状态(必要时注明晶体状态)及热效应。如:

$$[Si] + 2[O] = SiO_{2(s)} \quad \Delta H_{1873}^{\ominus} = -590kJ/mol$$

书写热化学方程式时要注意:

(1) 反应 ΔH 值吸热为正,放热为负。若反应式逆向,ΔH 值改变正负号。

(2) 在 ΔH 右下角标明反应温度。

(3) 注明反应物、生成物的聚集状态及反应条件。在炼钢中用[ ]代表金属相、( )代表渣相、‖代表气相。(s)代表固态。标准状态不加标注,即压强为0.1MPa,温度为0℃(273K)。如在 ΔH 右上角标有"⊖"符号,则表示压强为0.1MPa(1atm)。

(4) 反应式要配平。

1-14 什么是热容,什么是平均热容?

一定量物质升高1℃吸收的热量称热容。单位质量物质的热容称比热容。一般用符号 C 表示质量热容,其单位是J/(mol·K)。

同一物质在不同温度下热容值不同,当温度由 T_1 升高至 T_2 时,吸收热量为 q,其平均热容为:

$$\overline{C} = \frac{q}{T_2 - T_1} \qquad (1-4)$$

炼钢所用的热容都是平均热容。

1-15 什么是生成热,什么是标准生成热?

稳定单质生成 1mol 化合物的反应热为该化合物的生成热,单位为 J/mol。

在标准状态下的生成热称标准生成热。根据能量守恒定律,任一反应的标准反应热等于该反应产物的标准生成热之和减去反应物的标准生成热之和。

1-16 什么是相变,什么是相变热?

物质聚集状态的变化以及固态物质晶体结构间的转变叫相变。例如物质从液态转化为固态的凝固,液态转化为气态的气化,或者由固态直接转化为气态的升华,以及同素异晶转变等,都是相变。

相变时由于原子、分子、离子在结构和相互距离上的变化,必然引起能量变化;相变时放出或吸收的热量叫相变热,单位为 J/mol。

1-17 什么是溶解热?

在标准状态下,1mol 溶质溶解于一定量的溶剂中发生的热效应为该溶质的溶解热。溶解热的单位是 J/mol。影响物质溶解热的主要因素有温度、压强、溶质量和溶剂量。

1-18 化学反应速度如何表示,哪些因素影响化学反应速度?

有的化学反应以爆炸形式瞬间完成,但铁生锈在短时间内很难察觉,这说明化学反应的速度不同。即使是同一反应,不同条件下,反应速度也不一样。

以单位时间内反应物浓度的减少量或生成物浓度的增加量来表示化学反应速度,其数学表达式为

$$v = \frac{\Delta c}{\Delta t} \qquad (1-5)$$

式中　Δc——浓度变化值,mol/L;

　　　Δt——变化所需的时间,s。

要注意:

(1) 反应速度总为正值。

(2) 在整个反应过程中,反应起始时反应速度最快,后逐渐减小,计算值是反应速度的平均值。

(3) 同一反应按不同物质浓度,反应速度计算值是不同的。

影响反应速度的因素有:

(1) 浓度。反应速度与反应物分子间的碰撞可能性成正比,而碰撞的可能性又与反应物的浓度及反应面积有关。所以,化学反应速度与各反应物浓度的幂乘积成正比。这就是质量作用定律。

如 $m\mathrm{A} + n\mathrm{B} = x\mathrm{C} + y\mathrm{D}$ 反应一步完成

$$v_{\text{正}} = k_{\text{正}} w^m_{[\mathrm{A}]} w^n_{[\mathrm{B}]} \qquad (1-6)$$

式中,$k_{\text{正}}$ 只与温度有关。

(2) 温度。由于温度升高而加快了反应物分子的运动速度,增加了彼此碰撞的机会,因此加快了反应速度。在一般情况下,温度每升高 10℃,反应速度增大 2~4 倍。

无论是放热反应,还是吸热反应,升高温度都能加快反应速度。

(3) 其他因素。由式 1-3,$pV = nRT$ 得:$p = \left(\dfrac{n}{V}\right)RT$,式中 $\left(\dfrac{n}{V}\right)$ 就是气体的浓度,所以反应物有气态物质的化学反应,当压强升高时,相当于增加反应物浓度,反应速度加快。此外,催化剂可以极大地增加反应速度。

1-19　什么是化学平衡,平衡常数如何表示?

在同一条件下,既可向正反应方向(从左到右)进行,又可向逆反应方向(从右到左)进行的化学反应为可逆反应。大多数化学反应是程度不同的可逆反应。

正反应速度为 $v_正$,逆反应速度为 $v_逆$。当 $v_正 > v_逆$,反应向正反应方向进行;$v_正 < v_逆$,反应向逆反应方向进行。$v_正 = v_逆$ 时,反应处于化学动平衡状态,此时生成物与反应物浓度保持不变。

在一定温度下,$mA + nB = xC + yD$ 反应达到平衡时,$v_正 = v_逆$,这样,由 $k_正 w_{[A]}^m w_{[B]}^n = k_逆 w_{[C]}^x w_{[D]}^y$ 得出:$\dfrac{k_正}{k_逆} = \dfrac{w_{[C]}^x w_{[D]}^y}{w_{[A]}^m w_{[B]}^n}$。

$k_正$、$k_逆$ 都是常数,即 $K = \dfrac{k_正}{k_逆}$,则

$$K = \frac{w_{[C]}^x w_{[D]}^y}{w_{[A]}^m w_{[B]}^n} \tag{1-7}$$

在一定温度下,可逆反应达到平衡时,生成物浓度的幂乘积与反应物浓度的幂乘积的比值叫做平衡常数。

注意:

(1) 某一化学反应平衡常数只与温度有关;浓度改变平衡常数不变。

(2) 化学平衡是动态平衡,当达到动态平衡时,正、逆反应仍在进行,只不过是 $v_正 = v_逆$ 而已,在这种状态下其生成物与反应物的浓度保持不变。

(3) 不同化学反应,平衡常数不同。

(4) 化学反应未达到平衡时,没有平衡常数。

(5) 平衡常数越大,说明生成物浓度越高,正向反应进行得越彻底;反之,正向反应进行越困难。

(6) 反应中固态物质及液态溶剂的浓度为1,在平衡常数表达

式中可以不列出其浓度。

(7) 有气态物质参加的化学反应,平衡常数也可用气体压强计算和表示,压强平衡常数符号用 K_p 表示,浓度平衡常数符号用 K_c 表示。

(8) 反应向逆向进行,且在同一温度下时,其平衡常数为正反应平衡常数的倒数。

如: $CO + H_2O = CO_2 + H_2$ $CO_2 + H_2 = CO + H_2O$

$$K = \frac{w_{[CO_2]} w_{[H_2]}}{w_{[CO]} w_{[H_2O]}} \qquad K' = \frac{w_{[CO]} w_{[H_2O]}}{w_{[CO_2]} w_{[H_2]}}$$

所以, $K = \dfrac{1}{K'}$。

除了平衡常数以外,平衡移动还可以用反应自由能变化 ΔG 衡量,它与平衡常数之间存在 $\Delta G = -RT\ln K$ 关系。显然,当 $\Delta G < 0$ 时,平衡向生成物方向移动,当 $\Delta G > 0$ 时,平衡向反应物方向移动, $\Delta G = 0$,反应处于平衡状态。

1-20 影响化学平衡移动的因素有哪些?

由于条件改变,化学反应从原来平衡状态向新平衡状态转变叫化学平衡的移动。影响化学平衡移动的因素有:

(1) 浓度。在一定温度下一个化学反应的平衡常数是一个定值,当增加反应物浓度时,为保持 K 值不变,会引起其余物质浓度的相应变化,平衡必然向正反应方向移动,即向削弱反应物浓度的方向移动,建立新的平衡状态。

反应物浓度增加,生成物浓度减少,平衡向正反应方向移动;反应物浓度减少,生成物浓度增加,平衡向逆反应方向移动。

(2) 温度。当温度变化时, K 值也发生变化,原来的平衡就变为不平衡,化学平衡必然发生移动。

在其他条件不变的情况下,温度升高,平衡向着吸热反应方向移动,温度降低,平衡向着放热反应方向移动。

例如炼钢中脱磷反应是放热反应,低温利于脱磷反应;脱硫是吸热反应,高温利于脱硫反应。

(3) 压强。压强变化对气态物质的反应有影响,如 $2[H] = \{H_2\}$ 反应,增大压强,氢气浓度增加,平衡向逆反应方向移动,反应向逆反应方向即向气体总体积减小也是缩体积方向移动。若减小压强,化学平衡向气体总体积增大也是胀体积方向移动。

1-21　什么是化合物的分解压?

在一定温度下,固体或液体化合物分解出气体,反应达到平衡时气体产生的压强,叫做该化合物在此温度下的分解压。

对于 $2FeO_{(s)} = 2Fe_{(s)} + \{O_2\}$ 反应,由于纯固体物质的浓度为 1,它的平衡常数为: $K_p = p_{\{O_2\}}$。在温度一定时, $p_{\{O_2\}}$ 是常数。

若 $p_{\{O_2\},外界} < p_{\{O_2\},FeO}$,FeO 分解;同理, $p_{\{O_2\},外界} > p_{\{O_2\},FeO}$,$Fe_{(s)}$ 和 $\{O_2\}$ 化合。

显然,元素越活泼,与氧的亲和力越强,其氧化物越稳定,越不易分解,氧化物分解压越小。温度升高,分解压增大。

在炼钢温度下,常见氧化物的分解压大小排列顺序如下:

$$p_{\{O_2\},Fe_2O_3} > p_{\{O_2\},FeO} > p_{\{O_2\},MnO} > p_{\{O_2\},SiO_2}$$
$$> p_{\{O_2\},Al_2O_3} > p_{\{O_2\},CaO}$$

这说明 Ca、Al、Si 等元素容易氧化,其氧化物也稳定,而铁的氧化物更容易分解,分解出的"O"可氧化 Mn、Si 等元素。

1-22　什么是溶液,什么是金属溶液,溶液的浓度如何表示?

系统中具有相同的物理性质和化学性质的部分叫相。相与相之间有界面分开。

由两种或两种以上的物质组成的单相均匀混合物称为溶液,其成分可在一定范围内连续不断改变。溶液包括溶质和溶剂,它们以分子、离子、原子级别混合。溶液中占比例多的物质称为溶剂、少的物质称为溶质。

溶剂是金属元素的溶液为金属溶液。铁水、钢液都是金属溶液。溶剂是铁,溶质是 C、Si、Mn、P、S 等元素。广义来说,空气和某些固态合金也是溶液。

溶液的浓度有多种表示方法,常见的有:

(1) 质量分数浓度:100g 溶液中含某溶质的质量,也就是百分比浓度,用 w 表示,没有单位。

(2) 物质的量(摩尔)浓度:1L 溶液中含某种溶质物质 B 的摩尔数量,用 c_B 表示,单位是 mol/L。

(3) 摩尔分数浓度:某组分的物质的摩尔数量与溶液中所有组分的物质的摩尔数量总和之比,用 x 表示,没有单位。

1-23 什么是蒸气压,它受哪些因素影响?

液体表面个别能量高的分子可能挣脱周围分子的引力而逸至空间成为蒸气,称此为蒸发。在空间蒸气中某些能量较低的分子也会回到液体中,称为凝结。

一定温度下,密闭容器中,开始时分子从液体中逸出速度快,随着逸出气体分子数的增多,气体分子返回液体的速度上升,当分子逸出速度与返回速度相等、处于动态平衡时,蒸气所具有的压强叫饱和蒸气压,简称蒸气压。与液体相似,固体也有蒸气压。

蒸气压大小受以下因素的影响:

(1) 温度。液体的饱和蒸气压随温度升高而增大。

(2) 溶液成分。溶液中溶入难挥发的溶质后,在溶液表面溶质分子与溶剂分子并存,但溶剂分子比例较纯溶剂减少,因而也减少了逸至气相中的分子数,蒸气压也成比例下降。分子比例就是摩尔分数浓度。表述其规律的是拉乌尔定律,即在一定温度下,稀溶液中溶剂的蒸气压等于纯溶剂的饱和蒸气压和溶液中溶剂摩尔分数浓度的乘积。其数学表达式如下:

$$p_1 = p_1^0 x_1 \qquad (1-8)$$

式中　p_1——稀溶液中溶剂的蒸气压;

p_1^0——纯溶剂的饱和蒸气压；

x_1——溶剂的摩尔分数。

加入溶质 C、Si、Mn 等元素会引起纯铁凝固点降低是拉乌尔定律在炼钢中的具体应用。

同理，溶质也有可能从溶液中进入气相，也具有蒸气压。因此，在一定温度下，稀溶液中溶质的蒸气压与溶质浓度成正比，这就是亨利定律。其表达式为：

$$p_2 = kc_2 \tag{1-9}$$

式中　p_2——稀溶液中溶质的浓度；

　　k——亨利常数；

　　c_2——溶质浓度。

真空处理时钢液中各元素的蒸发规律服从亨利定律。

1-24　平方根定律的内容是什么？

平方根定律是说明气体在溶液中溶解量的规律。例如氢气在钢中的溶解过程是 $\{H_2\} = 2[H]$，达到平衡时根据其平衡常数表达式可推出

$$w_{[H]} = K_H \sqrt{p_{\{H_2\}}} \tag{1-10}$$

同理，反应 $\{N_2\} = 2[N]$，根据其平衡常数表达式可推出

$$w_{[N]} = K_N \sqrt{p_{\{N_2\}}} \tag{1-11}$$

在一定温度下，气体在金属溶液中的溶解量与其平衡分压的平方根成正比，叫平方根定律。

根据平方根定律可研究炼钢过程的脱氢、脱氮反应。

1-25　分配定律的内容是什么？

溶质在两种互不相溶的液体中的分配，具有一定规律性。

在温度一定的条件下，同一溶质溶于两种互不相溶的液体溶

剂中,当溶解达到平衡时,溶质在两种溶液中浓度的比值是一个常数,叫做分配系数。这个关系称分配定律。

假设 A、B 是两种互不相溶的溶剂,某种溶质溶于 A 溶剂中浓度为 c_A,溶于 B 溶剂中浓度为 c_B,达到平衡时:

$$K = \frac{c_A}{c_B} \tag{1-12}$$

K 为分配系数。K 值的大小与温度、压强、溶质及溶剂的性质有关。

炼钢过程的脱硫、扩散脱氧反应均应用分配定律。

1-26　什么是活度?理想溶液与实际溶液有什么区别?

溶液中由于溶质分子与溶剂分子之间的相互作用,在参加实际化学反应时,浓度可能出现偏差,出现的偏差可能是正偏差、也会有负偏差,使用浓度应乘上一个校正系数,这个系数叫活度系数。此乘积称为有效浓度,也叫活度。即:活度 = 有效浓度 = 浓度×活度系数。

理想溶液就是完全符合拉乌尔定律和亨利定律的溶液,也是活度系数等于 1 的溶液。

1-27　什么是表面能,什么是表面张力?

液体表面层的分子,受力情况见图 1-3。从图 1-3a 中可以看出,液体表面层的分子处于不均衡力场中,其横向合力为零,纵向受到向内的拉力,所以液体表面有自动缩小的趋势。若把液体内

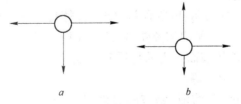

a　　　　　　　　　　b

图 1-3　液体表面分子受力情况

a—液体表面;b—液体与固体之间

部的分子移向表面,要克服拉力需要能量。生成单位新表面积所做的功为表面能,单位为 J/m^2,其单位的换算关系为 $1J/m^2 = \frac{1N \cdot m}{m^2} = 1N/m$。从降低能量角度看,表现在液体表面积总有自动缩小的趋势,露水珠和炼钢喷溅出的铁粒都呈球形就是这个原因。

从以上表达式得出,表面能也是施加在液体表面单位长度上的力,即表面张力,用 σ 表示。其单位是 N/m。它与表面能的数值相同,但单位和物理意义不同。

1-28 有哪些因素影响表面张力?

首先,表面张力与物质的本性有关,液体分子间相互吸引力对表面张力大小有绝对影响。

其次,随着温度的升高,分子间距增大,分子间相互作用力减弱,因此温度升高会引起表面张力降低。

1-29 影响溶液表面张力的因素有哪些? 什么叫表面活性物质?

钢液、熔渣都是溶液。溶液表面张力的大小除了受温度影响外,还与溶液成分有关。

溶液中有些溶质能降低溶剂分子间的作用力,所以它们能显著降低溶液的表面张力,这些物质叫表面活性物质。

如肥皂和洗衣粉是水溶液的表面活性物质,熔渣的表面活性物质有 SiO_2、P_2O_5、FeO、Fe_2O_3 等,钢液的表面活性物质是 C、S、P 及所有非铁元素。

此外,熔渣中 SiO_2、FeO 含量高时,会使熔渣表面张力降低,容易形成泡沫渣;正常泡沫渣能增大反应面积,使反应速度加快。

不能降低液体表面张力的物质叫非表面活性物质,如熔渣中的 CaO、MgO、Al_2O_3 等。

在炼钢温度下,熔渣、钢液的表面张力分别为:$\sigma_{熔渣} = 0.3 \sim 0.8N/m$;$\sigma_{钢液} = 1 \sim 1.75N/m$。

1-30　什么是界面张力,它与表面张力有什么关系?

界面张力也是液体表面分子受力造成的另一结果,当液体与固体接触时,在固体表面形成一个液体薄层叫附着层,其中的分子一方面受液体内部分子的引力作用,另一方面受固体分子的吸引(见图1-3b),液体同样也表现出一定的表面收缩现象。

液体表面与其他物质接触面上产生的张力叫做界面张力。界面张力随接触物质的不同而有所区别,其大小随界面层分子受力情况而有差异,差异越大,界面张力也越大。表面张力的实质是液体与空气间的界面张力。

当液体与固体接触时,在固体表面形成液滴附着层,其分子受力情况见图1-4。图中$\sigma_{液底}$就是液体与固体之间的界面张力;$\sigma_{液气}$是液体的表面张力。由水平方向的合力为零,可以得出

$$\sigma_{底气} = \sigma_{液底} + \sigma_{液气}\cos\theta \tag{1-13}$$

式中,θ为接触角,可在$0°\sim180°$之间变化。

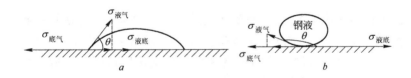

图1-4　界面张力受力分析

$a—\theta<90°;b—90°<\theta<180°$

1-31　什么是吸附作用,影响吸附作用的因素是什么?

固体或液体表面对其他液体介质的吸着现象叫吸附作用,吸附作用又叫润湿。

由于附着层分子受液体分子和固体分子吸引力不同,表现为4种润湿情况,如表1-3所示。

表1-3　4种润湿情况

表　现	完全润湿	完全不润湿	部　分　润　湿	部分不润湿
液滴形状				
附着层分子受力分析				
接触角	$\theta = 0°$	$\theta = 180°$	$0° < \theta < 90°$	$90° < \theta < 180°$

固体与液体之间界面张力越小,接触角越小,润湿越好,越不易分离;二者界面张力越大,接触角越大,润湿越差,越容易分离。

这个原理可应用于炼钢中夹杂物上浮与排出。

1-32　什么是扩散,扩散速度与哪些因素有关?

在多元体系中,物质的质点通过分子运动从一个地区迁移到另一个地区,使其浓度自发地趋于均匀一致,这种迁移称为扩散。

单位时间内物质从高浓度区域向低浓度区域迁移走的摩尔数,或向低浓度区域迁移来的摩尔数叫扩散速度。

扩散与流体物质的对流不同,在固态物质中也有扩散发生。一般气态物质扩散速度最快,液态物质扩散速度较慢,固态物质扩散速度最慢。

扩散速度与扩散面积成正比,与介质的黏度成反比,与温度(扩散质点的速度)成正比,与扩散质点半径成反比,与扩散物质浓度差成正比,与扩散距离成反比。这个关系叫扩散定律。

扩散定律只适用于没有搅拌的自然扩散。炼钢过程的搅拌形成强制扩散,能极大地提高扩散速度。

1-33 什么是合金,什么是纯金属?

两种或两种以上的金属元素或金属与非金属元素组成的,并具有金属性质的材料叫合金。如黄铜是铜锌合金,青铜是铜锡合金,钢和生铁是铁碳合金。

由一种金属元素组成的物质或材料为纯金属。实际上没有绝对纯的金属,这只是相对合金而言的一种金属元素的物质。根据其纯度分为工业纯金属和化学纯金属,二者之间没有严格界限。工业上生产与使用的大多为工业纯金属,化学纯金属的应用范围极有限,提炼也很困难。

1-34 什么是工业纯铁、钢和生铁?

工业纯铁、钢、生铁都是铁碳合金,只是其碳含量不同。

金属学认为:$w_{[C]} \leqslant 0.0218\%$ 的铁碳合金为工业纯铁;$0.0218\% < w_{[C]} < 2.11\%$ 为钢;$w_{[C]} \geqslant 2.11\%$ 是生铁。

但在实际应用中,钢是以铁为主要元素,碳含量一般在 2% 以下,并含有其他元素材料的统称。

1-35 什么是晶体、晶格、晶粒?

原子呈规则排列的物质是晶体,如食盐、水晶等;反之,称做非晶体,如松香、玻璃等。

在晶体中用假想的线在空间 3 个方向上将原子相互连接起来形成的空间网格,称为晶格。取空间网格中能够完全代表晶格特征的最基本单元,称做晶胞,见图 1-5。大量大小相等、形状相同的晶胞有次序地排列形成晶格。铁在固态下有两种晶格类型,即体心立方晶格和面心立方晶格,见图 1-6。

有些晶体外形是规则的,如食盐、水晶等;但金属晶体没有规则的外形。这是由于有许多晶体同时生长,相互影响,抑制了其外形的规则趋势,形成很多外形不规则的晶体。每个外形不规则的晶体称为晶粒。晶粒与晶粒的界面称为晶界。

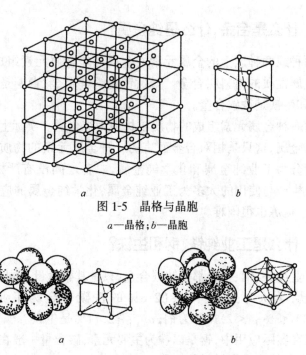

图 1-5　晶格与晶胞

a—晶格；b—晶胞

图 1-6　面心立方和体心立方晶格

a—体心立方；b—面心立方

1-36　铁的同素异晶转变是怎样的?

纯铁在 912℃ 以下以体心立方晶格形式存在,标做 α-Fe;912～1394℃ 之间为面心立方晶格,标做 γ-Fe;1394～1538℃ 又是体心立方晶格形式,标做 δ-Fe;1538℃ 以上为液态铁。固态纯铁不同晶体结构之间的转变过程叫同素异晶转变,它是相变的一种类型,α-Fe、γ-Fe、δ-Fe 是铁的同素异晶体。

1-37　什么是固溶体,什么是有限固溶体和无限固溶体?

一种或几种金属或非金属元素均匀地溶于另一种金属中所形成的晶体相叫固溶体。固溶体相当于固体的溶液。固溶体的晶格与溶剂晶格一致。

　　根据溶质原子在溶剂晶格中的分布状况,固溶体分为置换固溶体和间隙固溶体。

　　置换固溶体是溶质原子分布在溶剂晶格结点上,替代了溶剂原子的位置形成的固溶体,也称代位固溶体。形成置换固溶体的溶质原子与溶剂原子化学性质相似,其原子半径相近、晶格类型相同,则溶质与溶剂可以无限互溶,所形成的固溶体叫作无限置换固溶体,也称无限固溶体;倘若只是溶质与溶剂的原子半径相近,而不具备其他条件,只能形成有限置换固溶体。

　　间隙固溶体是溶质原子分布在溶剂晶格空隙处,溶质原子远远小于溶剂原子,性质相差很大,溶解度有限,所以是有限固溶体。大部分固溶体都是有限固溶体。

1-38　什么叫铁素体,什么叫奥氏体,什么叫渗碳体?

　　碳溶解在 α-Fe 中的间隙固溶体称铁素体。它可溶解碳量在 $0.008\%\sim0.0218\%$ 之间,铁素体用"F"表示,是钢的主要成分;碳溶解于 γ-Fe 中的间隙固溶体称奥氏体,用 A 表示,奥氏体是钢进行轧制以及热处理的晶体组织,部分高合金钢在室温下也以奥氏体形式存在。

　　渗碳体是质量分数为 93.31% 的铁和 6.69% 的碳化合而成的碳化铁,即 Fe_3C,渗碳体的硬度高、脆性大,是钢的强化相。

1-39　Fe-Fe₃C 相图中各线、点、区都代表什么?

　　只有纯铁及碳含量小于 6.69% 的 Fe-C 合金才有实际应用价值,所以常见铁碳相图是 Fe-Fe₃C 相图,见图 1-7。

　　在 Fe-Fe₃C 相图中,ABCD 线为液相线,在此线以上,合金呈液态存在。沿 AB 线开始析出 δ-Fe,沿 BC 线开始析出奥氏体 γ-Fe,沿 CD 线开始析出渗碳体。从图 1-7 可以看出碳含量在 4.3% 以下,随碳含量升高,铁碳合金熔点逐渐降低。

　　在 Fe-Fe₃C 相图中,AHJECF 线为固相线。在此线以下,Fe-C 合金处于单相或两相晶体状态,AH 线以下为 δ-Fe,HJ 线以下为

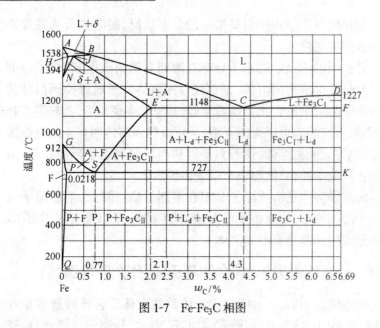

图 1-7　Fe-Fe₃C 相图

δ-Fe 和奥氏体 γ-Fe，*JE* 线下为奥氏体 γ-Fe，*ECF* 线下为奥氏体 γ-Fe 和渗碳体。

在 Fe-Fe₃C 相图中，有 3 条横线，从上到下分别为 *HJB*——包晶线，温度为 1495℃；*ECF*——共晶线，温度为 1148℃；*PSK*——共析线，温度为 727℃。在这 3 条线上，发生同素异晶转变。

此外，还有几条重要的线：

GS 线是在缓慢冷却条件下，奥氏体 γ-Fe 向铁素体 α-Fe 开始转变的温度线。这条线也用符号 A_3 表示。

ES 线是碳在奥氏体 γ-Fe 中的溶解度曲线。*PQ* 线是碳溶于铁素体 α-Fe 的溶解度曲线。

从 *ES* 线和 *PQ* 线的位置看，单相奥氏体出现在 *NJESGN* 区域内，碳浓度范围为 0%～2.11%，而单相铁素体是碳浓度极低的 *QPGQ* 区域。以上说明碳在铁的同素异晶体中的溶解能力有显著的差别，热处理和炼钢就利用了这个规律，通过碳含量改变钢的组织，以获得不同性能。

Fe-Fe₃C 相图上的各点成分、温度、含义总结于表 1-4。

表 1-4 Fe-Fe₃C 相图中的特性点

符号	温度/℃	$w_C/\%$	说　明
A	1538	0	纯铁熔点
B	1495	0.53	包晶转变时液态合金成分
C	1148	4.30	共晶点
D	1227	6.69	渗碳体熔点
E	1148	2.11	碳在 γ-Fe 中的最大溶解度
F	1148	6.69	渗碳体成分
G	912	0	α-Fe 与 γ-Fe 相互转变温度(A_3)
H	1495	0.09	碳在 δ-Fe 中的最大溶解度
J	1495	0.17	包晶点
K	727	6.69	渗碳体的成分
N	1394	0	γ-Fe 与 δ-Fe 相互转变温度(A_4)
P	727	0.0218	碳在 α-Fe 中的最大溶解度
S	727	0.77	共析点(A_1)
Q	600	0.0057	0℃ 时碳在 α-Fe 中的溶解度

Fe-Fe₃C 相图上各区的组织见表 1-5。

表 1-5 Fe-Fe₃C 相图中的区

	区	含　义
单相区	ABCD 以上	液相区(L)
	AHNA	δ-Fe 固溶体区(δ)
	NJESGN	奥氏体区(γ 或 A)
	GPQ 以左	铁素体区 (α 或 F)
	DFK 线右边	渗碳体区(Fe₃C)
两相区	ABH	L + δ
	JBCE	L + γ
	CDF	L + Fe₃C
	HNJ	δ + γ
	SECFK	γ + Fe₃C
	GPS	α + γ
	PSK 线以下	α + Fe₃C

1-40　什么是共析转变,什么是珠光体,什么叫马氏体?

Fe-Fe$_3$C 在相图中的共析转变发生在 727℃ 的 PSK 线,碳含量在 0.77% 的 S 点,同时析出铁素体与渗碳体的机械混合物,此种机械混合物是在铁素体基体上分布着片层状的渗碳体组织,由于它在显微镜下呈现珍珠光泽,因此称其为珠光体。珠光体中铁素体与渗碳体相对量之比约为 7:1。其过程是: $A_{0.77\%} \xrightarrow{727℃} F_{0.0218\%} + Fe_3C_{6.67\%}$。碳含量为 0.77% 的铁碳合金称共析钢。

碳含量在 0.77%~2.11% 之间的铁碳合金为过共析钢;奥氏体沿 ES 线析出渗碳体,碳含量逐渐降低直到等于 0.77% 时,发生共析转变。所以在这个碳含量范围的钢平衡组织是渗碳体+珠光体。

碳含量小于 0.77% 的铁碳合金称亚共析钢,奥氏体沿 GS 线析出铁素体,碳含量逐渐增高,直到碳含量等于 0.77%,发生共析转变。所以亚共析钢平衡组织是铁素体+珠光体。

以上是在冷却速度非常缓慢的情况下,铁、碳原子有条件充分扩散得到的平衡组织。当奥氏体迅速冷却到较低温度(200℃ 以下),铁、碳原子来不及扩散,碳被迫过量溶解在 α-Fe 中。碳在 α-Fe 中形成的过饱和固溶体叫做马氏体。马氏体是一种针状组织,其硬度比珠光体高,塑性、韧性差,脆性高,是非平衡组织、不稳定组织。

1-41　什么是包晶转变?

在 Fe-Fe$_3$C 相图上,包晶转变发生在 1495℃ 的 HJB 线,碳含量为 0.17% 的 J 点,处于液相、奥氏体、δ-Fe 三相平衡状态,发生 $L_{0.53\%} + δ_{0.09\%} \xrightarrow{1495℃} A_{0.17\%}$,凡是碳含量在 0.09%~0.53% 的铁碳合金都会出现这个反应。它是在液相中围绕 δ-Fe 固相表面出现逐渐生长的奥氏体,同时 δ-Fe 也逐渐向奥氏体转变,因为奥氏体包住了 δ-Fe,所以称为包晶反应。由于晶型的转变,导致体积收缩,是铸坯出现裂纹的一个主要原因。当钢中 $w_{[C]} = 0.09\% \sim 0.17\%$ 时,铸坯表面裂纹敏感性最大,浇注中应采取相应措施减少和避免钢液凝固过程由于包晶反应而产生的裂纹。

1-42 什么叫热处理?

热处理是将固态金属或合金工件采用适当的方式进行加热、保温和冷却,以获得所需要的组织结构和性能的工艺。钢是采用热处理工艺最广泛的金属材料。钢的热处理包括退火、正火、淬火、回火和表面热处理等。

1-43 什么叫淬火处理,常用淬火介质有哪几种?

将钢工件加热到临界点以上温度,保温一段时间,而后急剧冷却的工艺过程叫淬火。所谓临界点是使钢中铁素体转变为奥氏体的温度,从 Fe-Fe$_3$C 相图上看,亚共析钢应加热到 GSK 线以上 $30 \sim 50℃$,共析钢及过共析钢应加热到 $727 + (30 \sim 50)℃$。

经淬火处理后,亚共析钢和共析钢获得的组织是马氏体和少量残余奥氏体;过共析钢是马氏体、少量残余奥氏体和少量渗碳体。经过淬火处理,可以提高钢的硬度,但可能引起工件变形和裂纹。

淬火介质必须满足两个要求:

(1) 在 $550 \sim 650℃$ 区间,具有较强冷却能力,避免奥氏体向珠光体转变。

(2) 在 $200 \sim 300℃$ 区间,具有较弱冷却能力,以避免引起过大的内应力,造成工件变形或开裂。常用的介质有水、盐水、碱水、机械油等,可单独使用或组合使用。

1-44 什么叫回火处理?

淬火处理后的钢件,内应力很大,容易变形开裂,几乎都要经过回火处理才能使用。回火处理钢的硬度降低很少,但可以提高塑性和韧性,保证工件的使用性能。

回火处理是将淬火后的钢件加热到 727℃ 以下的某一温度，保温一定时间，然后以一定的方式冷却，得到较稳定组织的工艺过程。钢经过回火处理后，钢的组织是溶解过量碳的铁素体和部分细小颗粒的渗碳体。

1-45　什么叫退火处理，什么是不完全退火，什么是完全退火？

钢件加热到临界温度（Fe-Fe$_3$C 相图中的 GSK 线）附近，保温一段时间后缓慢冷却（一般随炉冷却）的热处理工艺称为退火。

当退火处理时，在加热过程钢的组织转变成奥氏体，缓冷后得到接近 Fe-Fe$_3$C 相图中的室温组织，退火目的是：

（1）降低钢的硬度，提高塑性，便于切削和冷变形加工。

（2）细化晶粒，均匀钢的组织及成分，改善钢的性能，以及为以后的热处理作准备。

（3）消除钢中的残余内应力，防止工件变形与开裂。

亚共析钢退火处理钢的加热温度在 A_3 以上 20～40℃，保温后缓慢冷却叫完全退火。完全退火有细化晶粒、降低硬度、消除内应力的作用。

共析钢或过共析钢退火处理钢的加热温度在 727＋（20～40）℃，保温后缓慢冷却叫不完全退火。其目的是渗碳体由片状转变为球状，此工艺也称球化退火。

1-46　炼钢的基本任务是什么，通过哪些手段完成？

炼钢的基本任务是脱碳、脱磷、脱硫、脱氧，去除有害气体和非金属夹杂物，提高温度，调整钢液成分。

供氧、造渣、搅拌、加合金是完成炼钢任务的手段。

由于炼钢采用精料、铁水预处理、炉外精炼技术等，转炉炼钢任务将趋向于脱碳和升温。

1-47 炼钢为什么要造渣,熔渣的来源有哪些,其主要成分是什么?

炼好钢首先要炼好渣,所有炼钢任务的完成几乎都与熔渣有关。炼钢造渣的目的是:

(1) 去除钢中的有害元素 P、S。

(2) 炼钢熔渣覆盖在钢液表面,保护钢液不过度氧化、不吸收有害气体、保温、减少有益元素烧损。

(3) 吸收上浮的夹杂物及反应产物。

(4) 保证碳氧反应顺利进行。

(5) 可以减少炉衬蚀损。

如果熔渣过于黏稠,渣-钢难以分离,会降低金属收得率,增加钢中夹杂物。严重的泡沫化熔渣会引起喷溅。

顶吹转炉炼钢熔渣的来源是:

(1) 钢铁料中的 Si、Mn、P、Fe 等元素的氧化产物。

(2) 冶炼过程中加入的造渣材料。

(3) 冶炼过程中被侵蚀的炉衬耐火材料。

(4) 固体料带入的泥沙。

根据熔渣的来源,其化学成分见表 1-6。

熔渣成分在吹炼过程中是不断变化的。

表 1-6 转炉炼钢熔渣主要化学成分及来源

成分类别	主要成分	来　　　源	含量范围
酸性氧化物	SiO_2	[Si]氧化产物,炉衬侵蚀,渣料、铁矿石、调渣剂等带入的泥沙	6%~21%
	P_2O_5	[P]氧化产物	1%~4%
碱性氧化物	CaO	石灰、白云石带入	35%~55%
	MgO	白云石、炉衬、石灰带入	2%~12%
	MnO	[Mn]氧化产物	2%~8%
	FeO	[Fe]的氧化产物及铁矿石 Fe_2O_3、Fe_3O_4 分解	7%~30%

成分类别	主要成分	来　源	含量范围
两性 氧化物	Al_2O_3	铁矿石、石灰、炉衬带入	
	Fe_2O_3	[Fe]氧化产物、铁矿石带入	
其他物质	CaS、FeS、 MnS	脱硫产物	

1-48　熔渣分子理论的内容是什么，怎样读复杂分子化合物的分子式？

熔渣的分子理论认为：

(1) 熔渣是由各种分子，即简单分子和复杂分子组成的。

(2) 简单分子不断形成复杂分子，同时复杂分子又不断分解成简单分子，两者处于化学动平衡状态。

(3) 只有自由状氧化物才有反应的能力。

(4) 熔渣是理想溶液，可以应用质量作用定律。

例如 $2(CaO) + (SiO_2) = (2CaO \cdot SiO_2)$ 等反应，(CaO) 与 (SiO_2) 等为简单氧化物或简单分子，两种或两种以上的氧化物组成的复杂氧化物，为复杂分子。

复杂分子化合物，如 $2CaO \cdot SiO_2$ 读作硅酸二钙，可简写为 C_2S；$CaO \cdot MgO \cdot SiO_2$(CMS)读作硅酸钙镁；$MgO \cdot Al_2O_3$(MA)读作铝酸镁。

1-49　什么是熔渣碱度，如何表示？

炉渣中碱性氧化物浓度总和与酸性氧化物浓度总和之比称为炉渣碱度。常用符号 R 表示。即：$R = \dfrac{\text{碱性氧化物浓度总和}}{\text{酸性氧化物浓度总和}}$。

由于碱性氧化物和酸性氧化物种类很多，为简便起见，当炉料 $w_{[P]} < 0.30\%$ 时，规定

$$R = \frac{w_{CaO}}{w_{SiO_2}} \tag{1-14}$$

炉料中 $0.30\% \leqslant w_{[P]} < 0.60\%$ 时,规定:

$$R = \frac{w_{CaO}}{w_{SiO_2} + w_{P_2O_5}} \qquad (1\text{-}15)$$

式中　w_{CaO}——熔渣中 CaO 的质量分数;

　　　w_{SiO_2}——熔渣中 SiO_2 的质量分数;

　　　$w_{P_2O_5}$——熔渣中 P_2O_5 的质量分数。

熔渣的 $R < 1.0$ 时为酸性渣,由于 SiO_2 含量高,高温下可拉成细丝,所以称为长渣,冷却后呈黑亮色玻璃状。当 $R > 1.0$ 时为碱性渣,相对于长渣,碱性渣称为短渣。

炼钢熔渣碱度 $R \geqslant 3.0$。

1-50　如何表示熔渣氧化性?

熔渣的氧化性是指熔渣向金属熔池传氧的能力,即单位时间内自熔渣向金属熔池供氧的数量。

由于氧化物分解压不同,只有 (FeO) 和 (Fe_2O_3) 才能向钢中传氧,而 (Al_2O_3)、(SiO_2)、(MgO)、(CaO) 等不能传氧。

熔渣氧化性的表示方法很多,最简单的是以熔渣中氧化铁含量表示,把 (Fe_2O_3) 折合成 (FeO):

$$w_{(\Sigma FeO\%)} = w_{(FeO\%)} + 1.35 \times w_{(Fe_2O_3\%)} \qquad (1\text{-}16)$$

式中　1.35——1g Fe_2O_3 中氧量相当的 FeO 中氧量。

1g Fe_2O_3 可生成 xg FeO

　　$Fe_2O_3 + Fe = 3FeO$

　$2 \times 56 + 3 \times 16$　　　$3 \times (56 + 16)$

　　　1g　　　　　　　　x

$x = \dfrac{3 \times 72}{160} = 1.35$g

目前熔渣用 (TFe) 表示氧化铁含量。

$$TFe = 0.78 \times w_{(FeO)} + 0.7 \times w_{(Fe_2O_3)} \qquad (1\text{-}17)$$

式中　　0.78——1g(FeO)中铁含量；

　　　　0.7——1g(Fe_2O_3)中铁含量。

根据熔渣的分子理论，部分氧化铁会以复杂分子形式存在，不能直接参加反应，用熔渣中的氧化铁活度表示熔渣氧化性更精确。

$$a_{FeO} = \frac{w_{[O]}}{w_{[O]饱和}} \tag{1-18}$$

式中　　$w_{[O]}$——钢中[O]的质量分数；

　　　　$w_{[O]饱和}$——钢中氧的饱和质量分数，它与温度间的关系是：

$$\lg w_{[O]饱和} = 2.734 - \frac{6320}{T}，1600℃ 下，w_{[O]饱和} = 0.23\%。$$

1-51　炉渣的熔化温度怎样表示,它与哪些因素有关?

从表1-7可见，绝大部分复杂氧化物熔点低于各简单氧化物的熔点。

实际上熔渣既有简单氧化物，又有复杂氧化物，且它们之间又互相转化，故炉渣是在一个温度范围内熔化的。

表1-7　熔渣中常见的氧化物的熔点

化合物	熔点/℃	化合物	熔点/℃
CaO	2600	$MgO·SiO_2$	1557
MgO	2800	$2MgO·SiO_2$	1890
SiO_2	1713	$CaO·MgO·SiO_2$	1390
FeO	1370	$3CaO·MgO·2SiO_2$	1550
Fe_2O_3	1457	$2CaO·MgO·2SiO_2$	1450
MnO	1783	$2FeO·SiO_2$	1205
Al_2O_3	2050	$MnO·SiO_2$	1285
CaF_2	1418	$2MnO·SiO_2$	1345
$CaO·SiO_2$	1550	$CaO·MnO·SiO_2$	>1355
$2CaO·SiO_2$	2130	$3CaO·P_2O_5$	1800
$3CaO·SiO_2$	>2065	$CaO·Fe_2O_3$	1220
$3CaO·2SiO_2$	1485	$2CaO·Fe_2O_3$	1420
$CaO·FeO·SiO_2$	1205	$CaO·2Fe_2O_3$	1240
$Fe_2O_3·SiO_2$	1217	$CaO·2FeO·SiO_2$	1205
$MgO·Al_2O_3$	2135	$CaO·CaF_2$	1400

　　炉渣的熔化温度是固态渣完全转化为均匀的液态时的温度。同理,液态熔渣开始析出固体成分时的温度为熔渣的凝固温度。

　　熔渣的熔化温度与熔渣的成分有关,可通过状态图确定。一般来说,熔渣中高熔点组元越多,熔化温度越高。

1-52 三元状态图由哪几部分组成?

　　三元状态图是一个三维空间图,它是一个三棱柱体,如图1-8b所示,底面是一个等边三角形的成分平面,如图1-8a所示,三角形3个角的顶点代表纯组元A、B、C;通过三角形内任意点 M 作3条平行于3个边的平行线 Ma、Mb、Mc,那么 Ca、Ab、Bc 的长度代表A、B、C三组元的质量分数浓度,显然,$Ca + Ab + Bc = 100\%$;三棱柱的棱线是温度坐标轴。

　　图1-8c 是常压下三元共晶系统的空间图外形,有底面的成分三角形,三棱柱的3个侧面各为1个二元系统的立面状态图,还有$T_A O_1 O O_2$、$T_B O_1 O O_3$、$T_C O_2 O O_3$ 3个液相曲面。

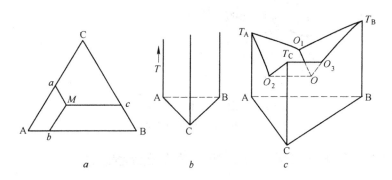

图 1-8　三元相图
a—相图之一;b—相图之二;c—相图之三

1-53 什么是三元状态图的等温截面图?

　　在空间图上不容易准确画出、读出三元状态图中点、线、面的位置,常在三维空间状态图上的水平方向(与温度轴相垂直)作截面,叫等温截面。一系列的等温截面沿温度轴的叠加就构成了空间图,见图 1-9a。把一系列等温截面图在平面上重叠起来,标出温度线,就是常见的三元状态图的等温截面。图 1-9b 就是图 1-9a 的等温截面图,可以看出在三个角部温度较高,说明其液相线温度高,靠近中间位置液相线温度较低,中间汇聚点就是三元共晶点。

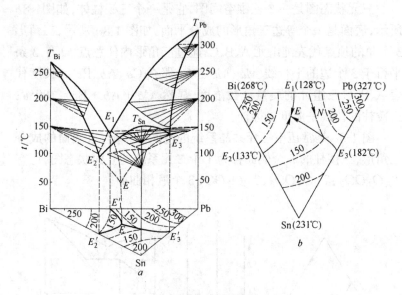

图 1-9　三元状态图等温截面图

a—三元状态图;b—等温截面图

1-54　怎样读 CaO-FeO-SiO₂ 熔渣三元状态图?

图 1-10 是 CaO-FeO-SiO₂ 熔渣三元状态图的等温截面图,看起来虽然复杂,实际上它仍然是由成分三角形、共晶点和一系列等温线组成。CaO 顶角处熔点最高;SiO₂ 角温度线较密,说明有大范围的硅酸盐分熔区;在两者之间是炼钢温度为 1600℃ 以下的两个液相区,一个是从 CaO·SiO₂ 组成点开始伸向 FeO 角方向,熔点随 FeO 含量的升高而降低;另一个是从 2CaO·SiO₂ 组成点开始,

熔点也随 FeO 含量的升高而降低,但最低温度仍在 1300℃ 以上,转炉炼钢熔渣成分就在此区域内变化。

这个相图中共晶点是一个三元化合物 CaO·FeO·SiO₂,熔点约为 1200℃。FeO 含量较高是石灰容易渣化的主要原因。

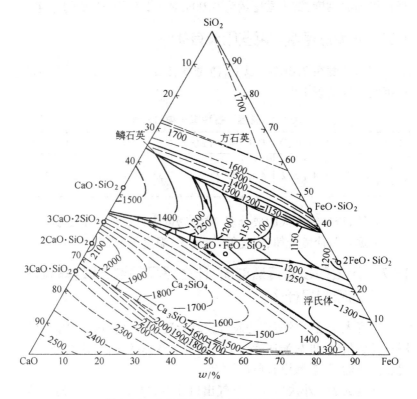

图 1-10 CaO-FeO-SiO₂ 熔渣三元状态图

1-55 什么是熔渣的黏度,其单位是什么?

黏度是熔融炉渣内部各液体层相对运动所产生内摩擦力大小的体现。用 η 表示,其单位是 Pa·s(N·s/m²)。

酸性渣的黏度随温度升高降低不多;碱性渣的黏度随温度升高首先迅速下降,然后缓慢降低;熔渣的流动性好,黏度低。熔渣中高熔点的组分增多,流动性会变差;所以碱性渣中,$2CaO \cdot SiO_2$(2130℃)、MgO(2800℃)含量高,熔渣会变得黏稠。降低熔渣黏度利于渣-钢界面反应。

在1600℃炼钢温度下,熔渣黏度在$0.02 \sim 0.1Pa \cdot s$之间,相当轻机油的黏度;钢水黏度约为$0.0045Pa \cdot s$,相当松节油的黏度。

1-56 炉渣的密度与哪些因素有关?

钢水密度在$7.0t/m^3$以上,渣密度在$4.0t/m^3$以下。渣中常见组元密度见表1-8。

表1-8 常温下各种氧化物的密度

氧化物	FeO	MnO	Fe_2O_3	FeS	Al_2O_3	MgO	CaO	CaS	SiO_2	CaF_2	P_2O_5
密度 /t·m^{-3}	5.9	5.4	5.2	4.6	3.97	3.5	3.32	2.8	2.65	2.8	2.39

显然,渣中密度大的成分多,炉渣密度大;反之,渣密度小。

根据热胀冷缩规律,温度低,密度大;温度高,密度小。

1-57 什么是超音速氧射流,什么是马赫数,确定马赫数的原则是什么?

速度大于音速的氧流为超音速氧射流。超过音速的程度通常用马赫数量度,即氧流速度与临界条件下音速的比值,用符号 Ma 代表。显然,马赫数没有单位。

马赫数的大小决定喷头氧气出口速度,也决定氧射流对熔池的冲击能量。马赫数过大则喷溅大,清渣费时,热损失加大,增大渣料消耗及金属损失,而且转炉内衬易损坏;马赫数过低,会造成搅拌作用减弱,氧气利用系数降低,渣中 TFe 含量增加,也会引起喷溅。当 $Ma > 2.0$ 时,随马赫数的增长氧气的出口速度增加变慢,要求更高理论设计氧压,这样,无疑在技术上不够合理,经济上也不划算。

目前国内推荐 $Ma = 1.9 \sim 2.1$。

1-58　氧气射流与熔池的相互作用的规律是怎样的?

超音速氧流其动能与速度的平方成正比,具有很高的动能。当氧流与熔池相互作用时,产生如下效果:

(1) 形成冲击区。氧流对熔池液面有很高的冲击能量,在金属液面形成一个凹坑,即具有一定冲击深度和冲击面积的冲击区,见图 1-11b。

(2) 形成三相乳化液。氧流与冲击炉液面相互破碎并乳化,形成气、渣、金属三相乳化液。

(3) 部分氧流形成反射流股。

1-59　氧气顶吹转炉的传氧载体有哪些?

氧气顶吹转炉内存在着直接传氧与间接传氧两种途径。直接传氧是氧气被钢液直接吸收,其反应过程是: $[Fe] + \frac{1}{2}\{O_2\} = [FeO]$, $[FeO] = [Fe] + [O]$;间接传氧是氧气通过熔渣传入金属液中,其反应式为 $(FeO) = [FeO]$、$[FeO] = [Fe] + [O]$。氧气顶吹转炉传氧以间接传氧为主。

氧气顶吹转炉的传氧载体有以下几种。

(1) 金属液滴传氧。氧流与金属熔池相互作用,形成许多金属小液滴。被氧化形成带有富氧薄膜的金属液滴,大部分又返回熔池成为氧的主要传递者;熔池中的金属几乎都经历液滴形式,有的甚至多次经历液滴形式,金属液滴比表面积大,反应速度很快。

(2) 乳化液传氧。氧流与熔池相互作用,形成气-渣-金属的三相乳化液,极大地增加了接触界面,加快了传氧过程。

(3) 熔渣传氧。熔池表面的金属液被大量氧化,而形成高氧化铁熔渣,这样的熔渣是传氧的良好载体。

(4) 铁矿石传氧。铁矿石的主要成分是 Fe_2O_3、Fe_3O_4,在炉内分解并吸收热量,也是熔池氧的传递者。

顶吹转炉的传氧主要靠金属液滴和乳化液进行,所以冶炼速度快,周期短。

1-60 什么是硬吹,什么是软吹?

硬吹是指枪位低或氧压高的吹炼模式,如图 1-11a 所示。当采用硬吹时,氧气流股对熔池的冲击力大,形成的冲击深度较深,冲击面积相对较小,因而产生的金属液滴和氧气泡的数量也多,气-熔渣-金属乳化充分,炉内的化学反应速度快,特别是脱碳速度加快,大量的 CO 气泡排出,熔池搅动强烈,熔渣的 TFe 含量较低。

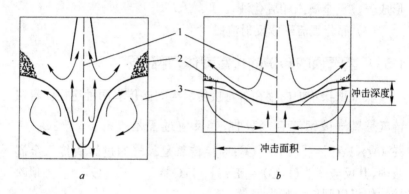

图 1-11 硬吹与软吹
a—硬吹状态;b—软吹状态
1—氧气;2—熔渣;3—金属液

软吹是指枪位较高或氧压较低的吹炼模式,如图 1-11b 所示。在软吹时,氧气流股对熔池的冲击力减小,冲击深度变浅,冲击面积加大,反射流股的数量增多,对于熔池液面搅动有所增强,脱碳速度缓慢,因而对熔池内部的搅动相应减弱,熔渣中的 TFe 含量有所增加。

软吹和硬吹都是相对的。

1-61 转炉内金属液中各元素氧化的顺序是怎样的?

氧化物分解压越小,元素越易氧化。在炼钢温度下,常见氧化物的分解压排列顺序如下：

$$p_{\{O_2\}(Fe_2O_3)} > p_{\{O_2\}(FeO)} > p_{\{O_2\}(CO)} > p_{\{O_2\}(MnO)} > p_{\{O_2\}(P_2O_5)}$$

$$> p_{\{O_2\}(SiO_2)} > p_{\{O_2\}(Al_2O_3)} > p_{\{O_2\}(MgO)} > p_{\{O_2\}(CaO)}$$

因为转炉内是多相反应，因此铁水中元素的氧化顺序还与其浓度有关，所以吹炼开始元素氧化顺序为 Fe、Si、Mn、P、C 等。

1-62 在碱性操作条件下，为什么吹炼终点钢液中硅含量为痕量？

吹炼开始首先是 Fe、Si 被大量氧化，并放出热量，反应式为

$$[Fe] + \frac{1}{2}\{O_2\} = (FeO) \quad (放热)$$

$$[Si] + \{O_2\} = (SiO_2) \quad (放热)$$

$$[Si] + 2(FeO) = (SiO_2) + 2[Fe] \quad (放热)$$

在以碱性渣操作时，熔渣 $R > 3.0$，渣中存在着大量自由状态的(CaO)，SiO_2 是酸性氧化物，全部与 CaO 等碱性氧化物形成类似$(2CaO \cdot SiO_2)$的复杂氧化物，渣中 SiO_2 呈结合状态。熔渣分子理论认为，只有自由氧化物才有反应能力，因此在吹炼后期温度升高 SiO_2 也不会被还原，钢中硅含量为"痕量"。

可见在以碱性渣操作条件下，硅的氧化反应非常彻底。

1-63 在碱性操作条件下吹炼终了时，钢液中为什么会有"余锰"(含量)，余锰(含量)高低受哪些因素影响？

与硅相似，锰也很容易被氧化，反应式为

$$[Mn] + \frac{1}{2}\{O_2\} = (MnO) \quad (放热)$$

$$[Mn] + (FeO) = (MnO) + [Fe] \quad (放热)$$

$$[Mn] + [O] = (MnO) \quad (放热)$$

锰的氧化产物是碱性氧化物，在吹炼前期所形成的(MnO·SiO_2)，随着渣中 CaO 含量的增加，会发生(MnO·SiO_2) + 2(CaO)

$= (2CaO \cdot SiO_2) + (MnO)$反应，$(MnO)$呈自由状态，吹炼后期炉温升高后，$(MnO)$被还原，即：$(MnO) + [C] = [Mn] + \{CO\}$ 或 $(MnO) + [Fe] = (FeO) + [Mn]$。吹炼终了时，钢中的锰含量也称余锰或残锰。

余锰高，可以降低钢中硫的危害。但在冶炼工业纯铁时，要求锰含量越低越好，应采取措施降低终点锰含量。

根据化学平衡移动的原理，影响余锰量的因素有：

（1）炉温高利于(MnO)的还原，余锰含量高。

（2）碱度升高，可提高自由(MnO)浓度，余锰量增高。

（3）降低熔渣中(FeO)含量，可提高余锰含量。因此钢中碳含量高、减少补吹、降低平均枪位、有复吹，余锰含量都会增高。

（4）铁水中锰含量高，单渣操作，钢中余锰也会高些。

1-64　在炼钢过程中碳氧反应的作用是什么？

炼钢过程中碳氧反应不仅完成脱碳任务，还有以下作用：

（1）加大钢-渣界面，加速物理化学反应的进行。

（2）搅动熔池，均匀成分和温度。

（3）有利于非金属夹杂的上浮和有害气体的排出。

（4）有利于熔渣的形成。

（5）放热升温。

（6）爆发性的碳氧反应会造成喷溅。

1-65　碳和氧反应达到平衡时碳和氧的关系是怎样的，如何表示，转炉熔池内实际碳氧含量的关系是怎样的？

转炉中的碳氧反应产物主要是CO，也有少量的CO_2。转炉内碳氧反应式如下：

$$[C] + \frac{1}{2}\{O_2\} = \{CO\} \quad （放热）$$

$$[C] + (FeO) = \{CO\} + [Fe] \quad （吸热）$$

$$[C] + [O] = \{CO\} \qquad （放热）$$

上述第 3 个碳氧反应式的平衡常数 $K_p = \dfrac{p_{CO}}{w_{[C]} w_{[O]}}$，取 p_{CO} $= 1atm$ 代入后得 $\dfrac{1}{[\%C][\%O]} = K_p$，温度一定，$K_p$ 是定值，若令 $m = \dfrac{1}{K_p}$，得出

$$w_{[C]} w_{[O]} = m \qquad\qquad (1\text{-}19)$$

在 1600℃ 下，$K_p \approx 400$，$m = 0.0025$。

当达到平衡时，钢中碳氧浓度的乘积 m 为一个常数。在坐标系中它表现为双曲线的一支，见图 1-12。

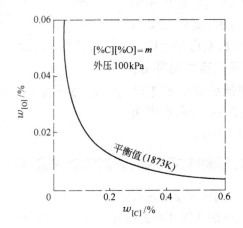

图 1-12　常压下碳氧浓度之间关系示意图

由于上述碳氧反应是放热反应，随温度升高，K_p 值降低，m 值升高，曲线向坐标系右上角移动。

钢中实际氧含量比碳氧平衡氧含量高，这是由于在钢中还存在着 $[Fe] + [O] = (FeO)$ 反应，与 (FeO) 平衡的氧含量为 $w_{[O]_{渣,(FeO),平}}$，钢中实际氧含量为 $w_{[O]_{渣,(FeO),平}} > w_{[O]_{实际}} > w_{[O]_{钢,C-O平}}$。

1-66　熔池中脱碳速度的变化是怎样的,它与哪些因素有关?

炼钢碳氧反应主要以[C]＋[O]＝{CO}方式进行,其正反应速度表达式是 $v_C = k_正 w_{[C]} w_{[O]}$,反应速度受[C]和[O]两个浓度的影响,但钢液中[O]浓度随渣中 TFe 升高而增加。从图1-13看,转炉内碳氧反应在吹炼初期虽然渣中 TFe 高,但由于炉温较低,影响传氧,碳氧反应速度较慢;在吹炼后期由于金属中 $w_{[C]}$ 低,碳氧反应速度也降低;只有吹炼中期能够保证碳氧反应以较快速度进行,最高脱碳速度在(0.4~0.6)%/min。

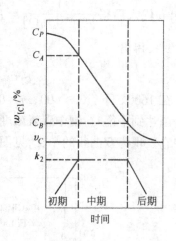

图 1-13　转炉内碳氧反应速度变化

1-67　为什么要脱除钢中磷,对钢中磷含量有什么要求?

对绝大多数钢种来说磷是有害元素。钢中磷含量高会引起钢的“冷脆”,降低钢的塑性和冲击韧性,并使钢的焊接性能与冷弯性能变差;磷对钢的这种影响常随着氧、氮含量的增高而加剧。磷在连铸坯(或钢锭)中的偏析度仅次于硫,同时它在铁固溶体中扩散速度又很小,不容易均匀化,因而磷的偏析很难消除。所以脱磷是炼钢过程中的重要任务之一。

鉴于磷对钢的不良影响,不同用途的钢,对磷含量都有严格规定。例如:非合金钢中普通质量级钢 $w_{[P]} \leqslant 0.045\%$;优质级钢 $w_{[P]} \leqslant 0.035\%$;特殊质量级钢 $w_{[P]} \leqslant 0.025\%$,有的钢种甚至要求 $w_{[P]}$ 低于 0.010%。

但是,有些钢种如炮弹钢、耐腐蚀钢等,是要加入合金元素磷的。

1-68 炼钢过程脱磷反应是怎样进行的? 写出其反应平衡常数。

通常认为,磷在钢中是以[Fe$_3$P]或[Fe$_2$P]形式存在,为方便起见,均用[P]代表。炼钢过程的脱磷反应是在金属液与熔渣界面进行的。首先[P]被氧化生成(P$_2$O$_5$),而后与(CaO)结合成稳定的磷酸钙。其化学反应式为:

$$2[P] + 5(FeO) + 4(CaO) = (4CaO \cdot P_2O_5) + 5[Fe] \quad (放热)$$

或 $$2[P] + 5(FeO) + 3(CaO) = (3CaO \cdot P_2O_5) + 5[Fe] \quad (放热)$$

当反应达到平衡时,其平衡常数表达式为

$$K_p = \frac{w_{(4CaO \cdot P_2O_5)}}{w_{[P]}^2 \, w_{(FeO)}^5 \, w_{(CaO)}^4}$$

或者 $$K_p = \frac{w_{(3CaO \cdot P_2O_5)}}{w_{[P]}^2 \, w_{(FeO)}^5 \, w_{(CaO)}^3} \quad (1-20)$$

1-69 什么是磷的分配系数,怎样表示? 什么是脱磷效率,怎样表示?

在炼钢条件下,脱磷效果可用熔渣与金属中磷浓度的比值来表示,这个比值称为磷的分配系数,此比值主要取决熔渣成分和温度。磷分配系数的表达式为

$$L_p = \frac{w_{(P_2O_5)}}{w_{[P]}} \quad (1-21)$$

或 $$L_p = \frac{w_{(4CaO \cdot P_2O_5)}}{w_{[P]}^2} \quad (1-22)$$

或者 $$L_p = \frac{w_{(P)}}{w_{[P]}^2} \quad (1-23)$$

磷的分配系数不管哪种表达方式,都表明了熔渣的脱磷能力,分配系数越大说明脱磷能力越强,脱磷越完全。

脱磷效率是脱磷反应进行的程度,其表达式为

$$\eta_P = \frac{w_{P原料} - w_{[P]}}{w_{P原料}} \times 100\% \tag{1-24}$$

式中　$w_{P原料}$——入炉原料中磷含量,%;

　　　$w_{[P]}$——终点钢中磷含量,%。

1-70　影响脱磷的因素有哪些?

根据平衡移动的原理,从脱磷反应式可以看出,只有提高(FeO)和(CaO)的浓度,降低$(4CaO \cdot P_2O_5)$浓度,反应才向正反应方向进行,终点$[P]$含量才会降低。

因此,高碱度、高氧化铁含量的熔渣,有利于脱磷,这两者缺一不可,如图 1-14 和图 1-15 所示。

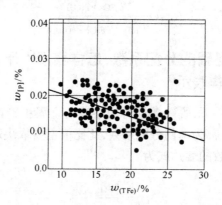

图 1-14　终点熔渣(TFe)和[P]的关系

增加渣中 FeO 含量,可加速石灰的渣化和改善熔渣的流动性,有利于脱磷反应。

提高碱度可增加(CaO)的有效浓度,有利于提高脱磷效率;但

碱度并非越高越好,加入过多的石灰,渣化不好,影响熔渣的流动性,对脱磷反而不利。

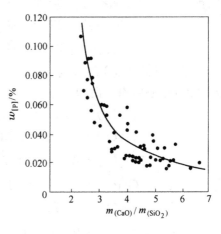

图 1-15　终点熔渣碱度与[P]的关系

脱磷反应是强放热反应,因而炉温过高,反应则向逆反应方向进行,钢中磷含量不仅不能降低,反而会产生回磷;炉温过低,不利于石灰的渣化,并影响熔渣流动性,也阻碍脱磷反应的进行。

若原料中磷含量高,最好是采用炉外脱磷处理;也可采用双渣操作,或适当的加大渣量,这样就相对降低了 $4(CaO \cdot P_2O_5)$ 浓度,利于反应继续向正反应方向进行,对脱磷有利。脱磷是钢-渣界面反应,因此具有良好流动性的熔渣,进行充分的熔池搅动,会加速脱磷反应,提高脱磷效率。

当前采用溅渣护炉技术,渣中 MgO 含量较高,要注意调整好熔渣流动性,否则对脱磷也有影响。

总之,脱磷的条件是:高碱度、高氧化铁含量、良好流动性的熔渣;充分的熔池搅动;适当的温度和大渣量。

1-71　什么是回磷现象,为什么会出现回磷现象?

所谓回磷现象就是磷从熔渣中又返回到钢中,也是脱磷的逆向反应;或者成品钢中磷含量高于终点磷含量也是回磷现象。

从脱磷反应来看,凡是有利于逆向反应的条件都会造成钢的回磷。如熔渣的碱度或氧化铁含量降低,或石灰渣化不好熔渣黏,或炉温过高等,均会引起回磷现象;出钢过程中由于脱氧合金加入不当,或出钢下渣,或合金中磷含量较高等因素,也会导致成品钢中 P 含量高于终点[P]含量。由于脱氧,熔渣碱度、FeO 含量降

低,钢包内有回磷现象,其反应式如下:

$$2(FeO) + [Si] = (SiO_2) + 2[Fe]$$

$$(FeO) + [Mn] = (MnO) + [Fe]$$

分解出的(P_2O_5)被 Si、Mn、Al 等合金元素所还原。脱氧元素也可能直接还原磷。例如

$$2(P_2O_5) + 5[Si] = 5(SiO_2) + 4[P]$$

$$(P_2O_5) + 5[Mn] = 5(MnO) + 2[P]$$

$$3(P_2O_5) + 10[Al] = 5(Al_2O_3) + 6[P]$$

或　　　$$2(4CaO \cdot P_2O_5) + 5[Si] = 4[P] + 5(SiO_2) + 8(CaO)$$

$$(4CaO \cdot P_2O_5) + 5[Mn] = 2[P] + 5(MnO) + 4(CaO)$$

$$3(4CaO \cdot P_2O_5) + 10[Al] = 6[P] + 5(Al_2O_3) + 12(CaO)$$

在钢包内,镇静钢回磷现象比沸腾钢严重得多。采取挡渣出钢;出钢过程尽量避免下渣;或向钢包中加小块清洁石灰稠化熔渣,减弱反应能力;或者加入钢包渣改质剂等,均可以降低回磷程度。

1-72　炼钢为什么要脱硫,对钢中硫含量有什么要求?

硫主要来自原料,对绝大多数钢种来讲硫是有害元素。所以脱硫是炼钢的基本任务之一。

硫在钢中是以 FeS 形式存在。硫会造成钢的"热脆"性。什么是钢的"热脆"性? 从图 1-16 所示 Fe-FeS 状态图可以看出,FeS 熔点为 1193℃,而 Fe 与 FeS 组成的共晶体,其熔点只有 985℃。液态 Fe 与 FeS 可以无限互溶,但 FeS 在固态铁的溶解度很小,仅为 0.015% ~ 0.020%。所以当钢的硫含量超过 0.020% 时,钢水在冷却凝固过程中由于偏析,Fe-FeS 以低熔点的共晶体呈网状分布于晶界处;钢的热加工温度在 1150 ~ 1200℃,在此温度下晶界处共晶体已熔化,当钢受压后造成晶界的破裂,这就是钢的"热脆"性。钢中氧含量较高时,FeO 与 FeS 形成的共晶体熔点更低,只有 940℃,更加剧了钢的"热脆"现象。

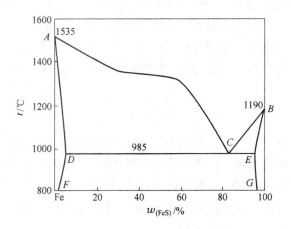

图 1-16 Fe-FeS 系状态图

除此之外,硫还会明显地降低钢的焊接性能,引起高温龟裂,并在金属焊缝中产生许多气孔和疏松,从而降低焊缝的强度。当硫含量超过 0.06% 时,显著恶化了钢的耐腐蚀性。对于工业纯铁和硅钢来说,随着钢中 S 含量的提高磁滞损失增加,影响钢的电磁性能。同时连铸坯(或钢锭)凝固结构中硫的偏析也最为严重。

基于硫对钢的上述危害,不同钢种对硫含量有着严格规定,例如:非合金钢中普通质量级钢 $w_{[S]} \leqslant 0.045\%$,优质级钢 $w_{[S]} \leqslant 0.035\%$,特殊质量级钢 $w_{[S]} \leqslant 0.025\%$。为了提高钢的质量和满足连铸工艺的要求,钢水中的硫含量要比规格规定低得多,有的要求 $w_{[S]} < 0.005\%$,甚至更低。

但是,对于有些钢种,硫是作为合金元素加入的。例如含硫易切削钢,要求 $w_{[S]} = 0.08\% \sim 0.20\%$,甚至高达 0.30%。

1-73 炼钢过程脱硫反应是怎样进行的?

转炉炼钢过程熔池中的脱硫方式为熔渣脱硫和气化脱硫。

FeS 既溶于钢液,又溶于熔渣中。脱硫的基本反应是:首先钢液中硫扩散至熔渣中即 [FeS] → (FeS);而后与熔渣中 CaO 或

MnO 结合成稳定的、只溶于熔渣的 CaS 或 MnS。脱硫反应式为

$$[FeS] + (CaO) = (CaS) + (FeO) \qquad (吸热)$$

或 $$[FeS] + (MnO) = (MnS) + (FeO) \qquad (吸热)$$

以生成 CaS 的反应为例,其平衡常数的表达式如下:

$$K_S = \frac{w_{(CaS)} \, w_{(FeO)}}{w_{[FeS]} \, w_{(CaO)}} \qquad (1-25)$$

转炉内还发生气化脱硫反应,约占脱硫总量的 10% ~ 40%。由于硫与氧的亲和力比碳与氧、硅与氧的亲和力低得多,所以钢液中只要有碳、硅存在,硫被直接氧化的可能性很小。氧气顶吹转炉内的气化脱硫也是通过熔渣进行的,气化脱硫率随(TFe)的提高而有所增加。其反应式如下:

$$(CaS) + 3(Fe_2O_3) = (CaO) + 6(FeO) + \{SO_2\}$$

$$(CaS) + 3/2\{O_2\} = (CaO) + \{SO_2\}$$

1-74 脱硫的基本条件是什么?

在高(CaO)、高温、低(FeO)条件下,脱硫反应向正反应方向进行,有利于脱硫。脱硫也是界面反应,因此熔渣必须有良好流动性,同时进行充分的熔池搅拌,以加快其扩散速度和反应速度;适当地加大渣量对脱硫也有利。

高温不仅有利石灰的渣化,还可改善熔渣流动性和加速扩散。从图 1-17 的实例可以看出,转炉 A 从吹炼初期石灰就渣化了,即成渣速度快,钢中 S 含量也就随之开始降低;可是转炉 B 成渣晚,直至吹炼后期石灰才急剧渣化,钢中 S 含量才随着降低。由此可见,两座转炉内[S]的动态完全不同,这充分表明成渣速度对脱硫是至关重要的。

电炉炼钢还原渣中 FeO 含量很低,电石渣中 $w_{(FeO)} = 0.3\% \sim 0.5\%$,脱硫能力极强;然而,转炉冶炼为氧化性操作,熔渣(TFe)含量高达 10% ~ 25%。且(TFe)对石灰渣化、改善熔渣流动性却是有利的,因而转炉冶炼过程熔渣必须有一定的(TFe)含

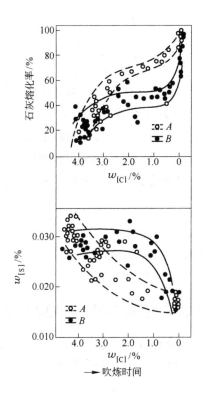

图 1-17　吹炼过程成渣速度与脱硫的关系

A—成渣快；B—成渣慢

量。从以上分析及实际操作来看，顶吹转炉炼钢的脱硫极为有限，单渣操作的脱硫效率在 30% ～ 40%。所以转炉脱硫是比较困难的，最好采用铁水炉外脱硫技术，或精炼深脱硫技术。

1-75　什么是硫的分配系数，怎样表示？什么是脱硫效率，怎样表示？

在一定温度下，硫在熔渣与钢液中的溶解达到平衡时，其质量分数之比是一个常数，这个常数就称为硫的分配系数。其表达式为：

$$L_S = \frac{w_{(S)}}{w_{[S]}} \qquad (1\text{-}26)$$

或者 $\qquad L_S = \frac{w_{(CaS)}}{w_{[FeS]}} \qquad (1\text{-}27)$

L_S 的数值越高,说明熔渣的脱硫能力越强。顶吹转炉炼钢过程硫的分配系数 $L_S = 7 \sim 10$,最高只为 $12 \sim 14$。但是碱性电弧炉还原渣的电石渣 $w_{(FeO)}$ 极低,L_S 可达 100;即使脱氧后的白渣,也能保证 $L_S = 20 \sim 80$。说明还原渣脱硫能力强。

脱硫效率是表述脱硫的程度。可用下式表达:

$$\eta_S = \frac{w_{S,\text{原料}} - w_{[S]}}{w_{S,\text{原料}}} \times 100\% \qquad (1\text{-}28)$$

式中　$w_{S,\text{原料}}$——原料中 S 含量;

$\qquad w_{[S]}$——终点钢中 S 含量。

1-76　顶吹转炉吹炼过程中脱磷与脱硫有什么特点?

(1)吹炼前期。通过控制氧枪的枪位,可以在温度不高的情况下,快速形成一定碱度、一定 TFe 含量、具有良好流动性的熔渣。这种碱性铁质活性渣能满足脱磷的要求,因此在碳激烈氧化之前,部分磷已被去除。

(2)吹炼中期。随着炉温的升高,石灰进一步的渣化,熔渣碱度有提高。随着炉温的升高,进入碳的激烈氧化期,如果控制得当,保持(TFe)合适含量,熔渣不"返干"。由于激烈的脱碳反应,熔池得到充分的搅动、乳化,更促进脱磷反应进行,对稳定磷是非常有利的。同时,吹炼中期也具备脱硫的条件,是开始脱硫的好时机。吹炼中期关键是控制好炉温和调整好熔渣性质。

(3)吹炼后期。只要炉温不过高,熔渣碱度相当、流动性良好,这样既可稳定脱磷的成果,又可最大限度地脱硫。吹炼终点钢中碳含量低时,渣中(TFe)含量升高,此时石灰才能化透,磷可得到进一步的脱除,有利于冶炼低磷钢种。

从顶吹转炉的吹炼过程来看,前期要早化碴、多脱磷,而且脱磷与脱碳是同时进行的。吹炼的中、后期,只要控制得当,是稳定脱磷成果,也是脱磷与脱硫的有利时机。

1-77 钢水为什么要脱氧,脱氧的任务包括哪几方面?

转炉炼钢是氧化过程,为了脱除 C、Si、Mn、P 等元素,向熔池供入大量的氧气,当到达吹炼终点时,钢水中溶入了过量的氧。在吹炼终了时,钢中实际氧含量都高于平衡值,两者之差称为过剩氧。且终点[C]含量越低,钢中过剩[O]含量越高;熔渣中 TFe 含量越高,钢中氧含量也会增高。图 1-18 所示的曲线为顶吹转炉吹炼终点实际[C]与[O]的关系。

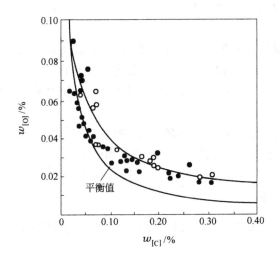

图 1-18 吹炼终点钢中碳与氧的关系

钢水不进行脱氧,连铸坯(或钢锭)就得不到正确的凝固组织结构。钢中氧含量高,还会产生皮下气泡、疏松等缺陷,并加剧硫的危害作用。生成的氧化物夹杂残留于钢中,会降低钢的塑性、冲击韧性等力学性能,因此,吹炼终了都必须脱除钢中过剩的氧。

脱氧包括以下任务：

（1）根据钢种的要求，将钢中氧含量降低到一定程度，以保证钢水在凝固时得到正确的凝固组织结构。

（2）最大限度地排除钢水中悬浮的脱氧产物。使成品钢中非金属夹杂物含量最少，分布合适，形态适宜，以保证钢的各项性能。

（3）得到细晶粒组织。

总之，要清除钢水中一切形式的氧，得到纯净钢。

1-78　对脱氧剂有哪些要求？

各类钢的脱氧要求不同，所用脱氧剂的类别和数量也有区别，对脱氧剂总的要求如下：

（1）脱氧元素与氧的亲和力必须比铁与氧、碳与氧的亲和力都大。

（2）脱氧剂的熔点应低于钢水温度，以便能迅速熔化，并均匀分布于钢水之中，通常脱氧剂均以合金的形式使用。

（3）脱氧剂应有足够的密度，以便能沉入钢水内部，提高脱氧效率。

（4）为了加速脱氧产物的排除，脱氧产物的熔点要低，密度要小，在钢水中溶解度要低，与钢水的界面张力要大。

（5）残留于钢中的脱氧元素，对钢的性能无害。

（6）价格合理。

1-79　什么是脱氧元素的脱氧能力，常用的脱氧剂有哪些？

在一定温度下，一定量的脱氧元素与溶解在钢中的氧相平衡时，用钢中氧含量的多少来表征脱氧元素的脱氧能力。若平衡时，钢中氧含量低，说明脱氧元素的脱氧能力强；反之，脱氧能力弱。

各种元素脱氧能力如图 1-19 所示。

从图 1-19 可以看出，在 1600℃，钢水中的脱氧元素 Al 和 Ti 含量若均为 0.01% 时，与 Al 相平衡的氧含量（0.0005%）低于与

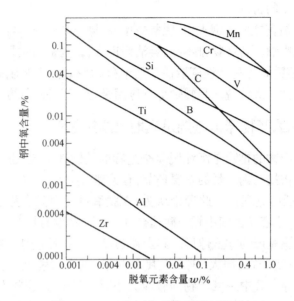

图 1-19   1600℃时各元素的脱氧能力

Ti 平衡的氧含量(0.01%),说明 Al 比 Ti 的脱氧能力强。各元素的脱氧能力依次减弱的顺序是:Al、Ti、B、Si、C、V、Cr、Mn 等。随着脱氧元素含量的增加,钢中氧含量减少,但并非都是呈直线下降,下降的速度逐渐减慢,说明脱氧元素的脱氧能力相应减小了。有的脱氧元素含量超过一定值后,钢中与其相平衡的氧含量反而有所升高。所以,并非加入的脱氧剂越多,钢中氧含量就一定会降低得多。还需要说明的是这些元素的顺序只表明其与氧的亲和力,不是都可以做脱氧剂的,只有 Mn、Si、Al、Ca 等元素是用于脱氧,而其余元素均用于调整钢的成分。

常用脱氧剂有 Fe-Mn、Fe-Si、Mn-Si 合金、Ca-Si 合金、Al、Ba-Al-Si 合金等。

1-80   沉淀脱氧的原理是怎样的,有什么特点?

沉淀脱氧是脱氧剂加入钢水中,使溶于钢水中的氧结合成稳定的氧化物即脱氧产物,并与钢水分离排入熔渣中,从而达到降低钢中氧含量的目的。

脱氧剂直接加在钢水中,脱氧效率高,操作简便,成本低,对冶炼时间无影响。若产物排不净,会沾污钢水,影响钢的质量。由此可见,沉淀脱氧的脱氧程度取决于脱氧剂的脱氧能力和脱氧产物的排出条件。沉淀脱氧是转炉炼钢应用最为广泛的脱氧方法。

1-81　脱氧产物怎样才能迅速地上浮排除?

脱氧产物的排除是沉淀脱氧全过程的关键性步骤,也是减少钢中夹杂物提高钢质量的重要环节,有关理论如下。

(1) 低熔点理论。此理论认为,在脱氧过程中只有形成液态脱氧产物,才容易由细小颗粒碰撞合并、聚集、粘附而长大上浮,也只有液态脱氧产物才呈球形。其上浮速度(v)将随下列因素而加快,如颗粒度(r)的增大、钢水黏度的减小、钢水与脱氧产物密度差的增大等。其中脱氧产物的颗粒大小对上浮速度影响最大,即 $v_{上浮} \propto r^2$。一般脱氧产物的颗粒度在 $100\mu m$ 以下。因此,在脱氧过程中就要千方百计使脱氧产物呈液态。操作上要先加弱脱氧剂,后加强脱氧剂;若使用复合脱氧剂时,其脱氧元素含量的比例要合适。例如若用 Mn、Si 和 Al 脱氧,就先加 Fe-Mn、再加 Fe-Si、最后加 Al;如果是用 Mn-Si 合金代替 Fe-Mn、Fe-Si 脱氧时,其 Mn-Si 合金中 $w_{[Mn]}/w_{[Si]}$ 的比值应在 $4\sim7$ 范围内为宜,既可保证足够的脱氧能力,又可形成液态脱氧产物而易于上浮排除。

(2) 吸附理论。实际上有些钢种,大量的用单一 Al 或 Si 脱氧,尽管形成了许多细小、高熔点脱氧产物 Al_2O_3 或 SiO_2,最终成品钢中的夹杂物含量并不高,钢质量也很好。所以,吸附理论认为,上述"低熔点理论"不够全面,没有考虑到夹杂物与钢水之间的相互作用。脱氧产物的颗粒度细小,但其比表面积很大,也可以从钢水中排除。研究结果表明,脱氧能力越强的元素,其脱氧产物的化学稳定性越高;熔点越高的脱氧产物与钢水间的界面张力越大,脱氧产物与钢水不润湿,易于分离上浮;Al 比 Si 的脱氧能力强,脱氧产物 Al_2O_3 比 SiO_2 稳定,所以 Al_2O_3 的上浮排出比 SiO_2

也更彻底。因而,脱氧产物上浮排除不仅与产物的颗粒度、密度差有关,还取决于钢水的运动和钢水与脱氧产物间的相互作用。脱氧剂加入顺序不一定按照"先弱后强"的原则,有些钢种也可以"先强后弱"。这样做,脱氧效率高,又降低了脱氧剂的消耗。尤其目前许多钢种都采用了炉外精炼手段,更有利于夹杂物的排出,提高钢的质量。

采用哪种脱氧顺序要根据所炼钢种及后步工序的需要而定。

1-82 扩散脱氧的原理是怎样的,有什么特点?

扩散脱氧一般是用于电炉还原期,或钢水炉外精炼。

首先用炭粉、Fe-Si 粉、Ca-Si 合金粉、Al 粉和石灰等材料造还原渣,脱除渣中的氧,使渣中 FeO 含量极低(约小于 1.0%),进而降低钢中氧含量,达到脱氧的目的。根据分配定律:在一定温度下,氧在熔渣与钢水中的溶解达到平衡时,FeO 在渣与钢中的质量分数之比是个常数。即:

$$L_{FeO} = \frac{w_{(FeO)}}{w_{[FeO]}} \qquad (1-29)$$

当渣中 FeO 含量降低时,平衡被破坏,为了保持在此温度下的分配常数,钢中氧必然向渣中扩散,从而降低了钢中氧含量,达到脱氧的目的。

扩散脱氧的产物存在于熔渣中,因而有利于提高钢水的纯净度,但扩散速度慢,脱氧时间较长。可以通过吹氩搅拌,或钢、渣混冲等方式加速脱氧进程。

1-83 真空脱氧原理是怎样的,有什么特点?

将已炼成合格的钢水置于真空条件下,这样就打破[C]、[O]之间原有的平衡状态,引起了[C]和[O]继续反应,也就是通过钢中碳脱除钢中的氧。

在真空条件下,由于 p_{CO} 的降低,破坏了[C]、[O]原有平衡的同时,碳的脱氧能力急剧增强,甚至超过了硅或铝的脱氧能力。钢水在真空处理时,随着真空度的提高, p_{CO} 不断下降,钢中氧含量也逐渐降低,脱氧比较彻底。

真空处理后,低碳钢中氧含量可低于 0.003% ;而高碳钢则可降到 0.0007%~0.002% 。

真空脱氧是以碳脱氧,经处理后,钢中碳含量可以从 0.04% 降至平衡时的 0.005% 。由于产物是 CO 气体,它不会残留于钢中沾污钢水,在 CO 气泡上浮的同时还会搅动钢水,不仅均匀了温度和成分,还将钢中的氢等有害气体和非金属夹杂物带出,有利于净化钢水。

1-84　复合脱氧有哪些特点?

从图 1-19 可以知道元素单独脱氧时的脱氧能力,实际生产中多采用复合脱氧。复合脱氧的特点是:

(1) 可以提高脱氧元素的脱氧能力,因此复合脱氧比单一元素脱氧更彻底。

(2) 倘若脱氧元素的成分比例得当,有利于生成液态的脱氧产物,便于产物的分离与上浮,可降低钢中夹杂物含量,提高钢质量。

(3) 有利于提高易挥发元素在钢中的溶解度,减少元素的损失,提高脱氧元素的脱氧效率。

1-85　加入合金对钢水的温度、熔点及流动性有哪些影响?

在脱氧合金化阶段,合金加入钢水后,要熔化、升温,会吸收热量;而合金元素的氧化,又会放出热量;这两方面热量的总和,决定了钢水温度的变化,这种变化的数值是可以计算得出的。

不同的钢种有不同的熔点,钢的熔点越高,对出钢温度和浇注温度的要求也高。纯铁的熔点是 1538℃ ,当溶入了合金元素后,其熔点要降低,降低的幅度取决于溶入元素类别及数量,也可以通过钢的成分进行计算。

高温下钢水的流动性很好,测定表明,1600℃时的黏度值约为0.0045~0.005Pa·s,这比油类的黏度要低得多。影响钢水黏度的因素有:

(1) 从研究的数据来看:当 1600℃ 时,[N]、[O]、[S] 等元素会增加钢水黏度;[P]、[Mn]、[C]、[Si]、[Cr]等元素会降低钢水黏度;而后一类元素溶于钢中,削弱了铁原子间的作用力,从而提高了钢水流动性。但在实际生产中,其中含有铬元素的钢容易发黏,这主要是由于铬氧化所生成的氧化物,增加了钢水的黏度。

(2) 温度高,钢水流动性好;更确切地讲,过热度高钢水流动性好。

(3) 钢中夹杂物含量低,钢水流动性也好。

1-86　什么是非金属夹杂物?

在冶炼、浇铸和钢水凝固过程中产生或混入的非金属相,一般称之为非金属夹杂物。非金属相是一些金属元素(如 Fe、Mn、Al、Nb 等)和 Si,与非金属元素(如 O、S、N、P 等)结合而成的化合物,如氧化物、氮化物、硫化物等。由于夹杂物的存在,破坏了钢基体的连续性,造成钢组织的不均匀,影响了钢的力学性能和加工性能。但非金属夹杂物对钢也有有利的影响,如控制本质细晶粒、沉淀硬化、促进晶粒取向、改善钢的切削性能等。

1-87　非金属夹杂物按其化学成分可分为几类?

非金属夹杂物按化学成分的不同,可分为氧化物夹杂、硫化物夹杂、氮化物夹杂、碳化物夹杂、磷化物夹杂等。

1-88　氧化物系夹杂有哪些特点?

氧化物系夹杂它又可分为简单氧化物和复杂氧化物。

(1) 简单氧化物。如 FeO、MnO、SiO_2、Al_2O_3、Cr_2O_3、TiO_2 等。

（2）复杂氧化物。如尖晶石类和钙的铝酸盐等。尖晶石类氧化物的化学通式用 $AO \cdot B_2O_3$ 表述，其中 A 代表二价金属元素，如：Fe、Mn、Mg 等；B 为三价金属元素，如：Fe、Al、Cr 等。复杂夹杂物包括 $FeO \cdot Fe_2O_3$、$FeO \cdot Al_2O_3$、$MnO \cdot Al_2O_3$、$FeO \cdot Cr_2O_3$、$MnO \cdot Cr_2O_3$ 等。这类化合物的成分有相当宽的变化范围，即能够溶解相当数量的 AO 或 B_2O_3。所以实际上，所遇到的尖晶石类夹杂物可能是多相的，它的成分也偏离理论上的化学分子式。这类夹杂物，因其具有尖晶石结构而得名。尖晶石夹杂物熔点高，在炼钢温度下呈固态存在，其外形可形成坚硬八面晶体，钢在热轧过程中它不变形。Ca 与 Ba 虽然是二价金属元素，但其离子半径太大，所以它们的氧化物不生成尖晶石，而生成各种钙的铝酸盐。

硅酸盐及硅酸盐玻璃也属氧化物夹杂。它们成分复杂，而且常常呈多相存在。当钢水凝固速度很快时，液态的硅酸盐来不及结晶，其全部或部分以过冷液体即玻璃态存在于钢中，称硅酸盐玻璃。

1-89 硫化物夹杂分几类，都有什么特点？

钢中硫化物主要有 FeS、MnS、(Fe,Mn)S 和 CaS 等。一般钢中的硫化物成分取决于 $\dfrac{w_{[Mn]}}{w_{[S]}}$ 比值。实验发现，低碳钢中硫化物为 (Mn,Fe)S，其成分随 $\dfrac{w_{[Mn]}}{w_{[S]}}$ 比值的变化而改变；$\dfrac{w_{[Mn]}}{w_{[S]}}$ 比值增加，钢中 FeS 含量随之减少，有少量的 FeS 溶于 MnS 中。向钢中加稀土合金时，可形成稀土硫化物，如 LaS、CeS 等。

铸态钢中硫化物通常分为以下 3 类。

（1）第 I 类。这类硫化物通常以球形，呈无序分布；可以是单一的硫化物，也可能是硫化物（MnS）与氧化物（FeO、MnO、SiO_2）处于同一颗粒中，也有可能形成硫氧化物。这类夹杂物通常出现在硫含量较高，而只用硅脱氧，或用铝、钛、钙脱氧，但脱氧不完全的钢中。这类硫化物具有很好的塑性和韧性。

（2）第Ⅱ类。这类硫化物夹杂以极细球形呈链状排列，分布于晶界；或者在3个晶粒交界处形成共晶式的薄膜。这类硫化物常出现在用铝完全脱氧的钢中，夹杂物的塑性和韧性极差。

（3）第Ⅲ类。这类硫化物夹杂外形呈不规则的块状，尺寸较大，呈任意分布。常出现在用过量铝脱氧的钢中，其塑性和韧性介于上两类硫化物之间。

1-90 氮化物夹杂有什么特点？

当钢中含有与氮亲和力强的元素时，就会形成 AlN、TiN、ZrN、BN、Si_3N_4、Fe_4N、Fe_2N 等氮化物。钢中 AlN 的颗粒很细小，TiN 或 ZrN 呈方形或棱角形，在钢中几乎是不溶解的。一般来讲，若脱氧前钢中氮含量不高，成品钢中氮化物夹杂也不会多；若钢中含有 Al、Ti、Zr 等元素时，出钢和浇注过程中钢流与空气接触，空气中的氮被钢水溶解，形成氮化物，钢中氮化物夹杂就会增多。

1-91 非金属夹杂物按其变形性能可分为哪几类，各有什么特点？

非金属夹杂物按其变形性能，可分为3类：

（1）脆性夹杂物。是指那些完全不具有塑性的夹杂物。当钢在热加工变形时，夹杂物尺寸和形状一般不发生变化，但其却沿加工方向破裂成串链状分布。如 Al_2O_3 和 Cr_2O_3 尖晶石类复合氧化物，V、Zr、Ti 等氮化物，以及其他一些高熔点、高硬度夹杂物均属此类。

（2）塑性夹杂物。钢在热加工变形时，夹杂物也随之一起变形，沿加工方向延伸呈条带状。属于这类夹杂物的有 FeS、MnS 等硫化物和 $w_{(SiO_2)} < 40\% \sim 60\%$ 低熔点铁锰硅酸盐。

（3）球状（或点状）不变形夹杂物。钢在热加工变形后，夹杂物仍然保持球状（或点状）不变。属于此类夹杂物的有石英玻璃，$w_{(SiO_2)} > 70\%$ 的硅酸盐，钙的铝酸盐以及高熔点的硫化物，如

RE_2S_3、RE_2O_2S、CaS 等。

1-92 什么是外来夹杂,什么是内生夹杂?

外来夹杂是指在冶炼和浇注过程中,侵蚀或冲刷的耐火材料、混入钢中的熔渣、原料带入的污物以及出钢和浇注过程中钢水的二次氧化产物等。

内生夹杂物的形成有以下 4 个阶段:脱氧时的脱氧产物;出钢和浇注过程温度下降平衡移动的生成物;凝固过程中溶解度降低、偏析而发生反应的产物;固态钢相变溶解度变化生成的产物。理论证明,钢中大部分内生夹杂物是在脱氧和凝固过程中产生的。

通常外来夹杂物与内生夹杂物交织在一起。内生夹杂物可能以外来夹杂物为核心,而聚集于外来夹杂物的颗粒上;外来夹杂物也可能与钢水起反应被还原,又生成新的化合物。

一般讲,外来夹杂物的颗粒较大,在钢中分布较为集中;相对来讲内生夹杂物颗粒细小,分布比较均匀。

1-93 非金属夹杂物按其尺寸的大小如何划分?

非金属夹杂物按其尺寸的大小可以分为小型、中型和大型夹杂物,或者分为超显微、显微和宏观夹杂物 3 大类。一般规定超显微夹杂物颗粒的粒径小于 $1\mu m$;显微夹杂物的尺寸小于 $100\mu m$,通常为几微米至几十微米;大型夹杂物,即宏观夹杂物的尺寸大于 $100\mu m$。

大型夹杂物多是混入并分散在钢中的渣滓、炉渣和耐火材料的反应产物等,以外来夹杂物为主。显微夹杂物即微观夹杂物,在浇注过程中生成并长大的脱氧产物、脱硫产物,以内生夹杂物为主。

1-94 什么是钢水的二次氧化,有什么特点?

脱氧后的钢水与大气、熔渣、耐火材料等接触时,发生反应并形成了新的化合物,这种情况称为钢水的"二次氧化"。

研究资料表明:在钢水与大气相接触,当钢水中 $w_{[C]}$ 在

0.10%以下时,大气中的 O_2 到达界面的速度,比钢水中[C]、[Mn]、[Si]、[Al]等元素的扩散速度快。所以,在钢水与大气的界面处生成(FeO),此(FeO)→[FeO],与[Al]、[Si]、[Mn]等元素反应生成氧化物夹杂,当 $w_{[C]}>0.60\%$ 时,[C]扩散速度大于大气中 O_2 到达界面的速度,[C]被氧化,生成非金属夹杂物的可能性较小。[C]含量越低,钢水的二次氧化越严重。

研究认为,大部分氧化物与氮化物的宏观夹杂物,是在出钢与浇注过程中与大气接触而形成的。有的研究还认为,在用较弱脱氧剂锰与硅脱氧情况下,钢中二次氧化产物的数量要多于用强脱氧剂铝和钙脱氧的二次氧化夹杂物数量。一般二次氧化夹杂物比脱氧产物颗粒要大得多。

有的研究还表明,在杜绝了大气二次氧化的条件下,浇铸过程中钢水还会被顶面覆盖的渣层所氧化,同时还与耐火材料发生反应,这些都增加了钢中夹杂物的数量,污染了钢水影响钢质量。

1-95 降低钢中氧化物夹杂的途径有哪些?

要降低钢中氧化物夹杂,应最大限度地减少外来夹杂物。提高原材料的纯净度;根据钢种的要求采用合理冶炼工艺、脱氧制度和钢水的精炼工艺;提高转炉及浇注系统所用耐火材料的质量与性能;减少和防止钢水二次氧化,保持正常的浇注温度,实行全程保护浇注,选择性能良好的保护渣;选用合理的钢材热加工和热处理工艺均有利于改善夹杂物的性质,提高钢质量。

1-96 降低钢中硫化物夹杂的途径有哪些?

降低钢中硫化物夹杂的途径有:降低入炉原料中的硫含量,采用炉外铁水预脱硫技术,合理的冶炼工艺及炉外精炼深脱硫技术;或者改变硫化物夹杂的形态和分布,如通过加入 RE、Zr、Ti、Ca 等元素,使钢中以 MnS 为主的塑性夹杂物转变为以稀土硫化物为主的球形不变形夹杂物,但必须确定恰当的加入量,使其 $w_{[RE]}/w_{[S]}$、$w_{[Zr]}/w_{[S]}$ 的比值达到合理的数值,以此改善钢材的横向性能。

1-97 什么是气体在钢中的溶解度?

钢中气体主要是指氢与氮,它们可以溶解于液态和固态纯铁和钢中。在一定温度下,当气相中氢、氮的分压为 0.1MPa 且溶解达到平衡时,溶于钢中的氢、氮的数量,称为氢与氮的溶解度,可以用质量分数或 ppm 量度。

其溶解过程可通过下式表述:

$$\frac{1}{2}\{H_2\} = [H] \quad (吸热)$$

$$\frac{1}{2}\{N_2\} = [N] \quad (吸热)$$

根据平方根定律(见本书第 1-24 题中式 1-10、式 1-11):

$$w_{[H]} = K_H \sqrt{p_{H_2}} \qquad w_{[N]} = K_N \sqrt{p_{N_2}}$$

从上式可以看出,在一定温度下,气体在金属溶液中的溶解度与其平衡分压的平方根成正比。

1-98 气体在钢中的溶解度与哪些因素有关系?

气体在钢中的溶解度取决于温度、相变、金属成分以及与金属相平衡的气相中该气体的分压。

从图 1-20 可以看出:

(1)氢和氮在液态纯铁中的溶解度随温度的升高而增加。

(2)当纯铁在 1538℃ 凝固时,由于铁原子排列更加致密,使气体的溶解度大为降低,所以固态纯铁中气体的溶解度低于液态。

(3)氮在固态纯铁 γ-Fe 中的溶解度,随温度的升高而降低,因为有氮化物析出的缘故。

(4)在 910℃ 时发生 α-Fe →γ-Fe 转变,1400℃ 时发生 γ-Fe→δ-Fe 转变,溶解度也发生突变。由于 α-Fe、δ-Fe 的晶格常数小,也就是原子间的距离小;而 γ-Fe 的晶格常数大,所以在奥氏体中能溶解更多的气体。

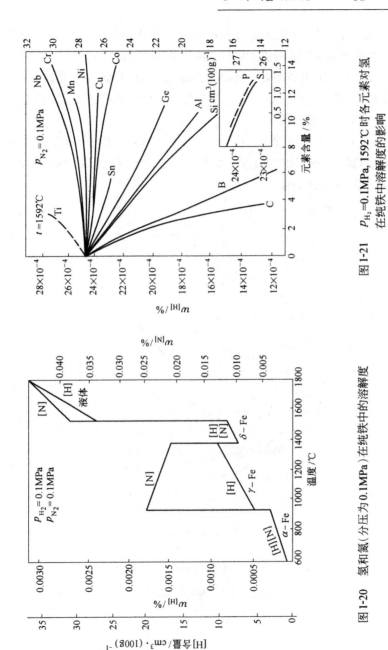

图1-21 $P_{H_2}=0.1MPa$、1592℃ 时各元素对氢在纯铁中溶解度的影响

图1-20 氢和氮(分压为0.1MPa)在纯铁中的溶解度

钢中的其他合金元素对气体的溶解度也有影响;钢中各元素对氢、氮溶解度的影响如图 1-21 和图 1-22 所示。

从图 1-21 可以看出,Mn、Cr、Nb、Ti 等元素会增加氢在纯铁中的溶解度,Al、Si、B、C 等元素都会降低氢在纯铁中的溶解度。转炉钢中氢含量较低。

从图 1-22 可以看出:Mo、Mn、Ta、Cr、Nb、V、Ti、Al 等元素,能够增加氮在纯铁中的溶解度;而 Co、Si、C、S、O 等元素,则可降低氮在纯铁中的溶解度。

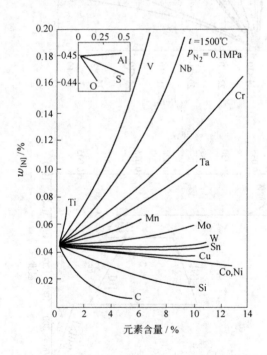

图 1-22　$p_{N_2} = 0.1 \text{MPa}$、1600℃ 时各元素对氮

在纯铁中溶解度的影响

1-99 氢对钢有哪些危害?

氢在固态钢中溶解度很小,所以钢水在凝固和冷却过程中,氢会和 CO、N_2 等气体一起析出,形成皮下气泡、形成中心缩孔、疏松。实际上,钢在冷却过程中氢还会扩散析出,由于在固态钢中扩散速度很慢,只有很少量扩散到连铸坯(或钢锭)表面,多数是扩散到显微孔隙中、或夹杂物的附近、或晶界上的小孔中,形成氢分子。由于氢分子不断地在析出的地方聚集,低温下 K_H 值很小,p_{H_2} 却很大,引起钢的内应力。这种内应力再加上组织应力、热应力、变形应力等的总和,超过了钢的强度极限,就会破裂形成裂纹。

由于上述原因,氢会引起钢材的如下缺陷:

(1)发裂。钢在热加工过程中,钢中的含有氢气的气孔会沿加工方向被拉长形成发裂,进而引起钢材的强度、塑性、冲击韧性降低,这称之为"氢脆"。氢脆对钢材的横向性能影响尤为突出。

(2)白点。在钢材横向断口上,白点表现为放射状或不规则排列的锯齿形小裂缝;在纵向断口上,有圆形或椭圆形的银白色斑点,因此得名为"白点"。实际上白点是极细小的裂纹。

(3)层状断口。由于有些钢中晶体结构的特点,使氢分子容易在树枝晶或变形晶体边界上聚集,由此引起内应力,导致晶间拉力的减弱,从而降低了钢材横向的塑性、冲击韧性,此时在钢材的断口呈针状叠层结构,称做层状断口。钢的树枝晶越发达,越容易形成层状断口缺陷。含有铬镍或铬镍钼的合金钢比碳素钢的层状断口要严重。

1-100 钢中氢的来源有哪些?

因原材料潮湿而带入的水分是钢中氢的重要来源。如废钢和生铁块因潮湿而生的铁锈,合金表面的吸附水,铁矿石、石灰、萤石等辅助材料的吸附水和化学水,都是氢的重要来源。此外,钢包和中间包的内衬与浇注系统耐火材料潮湿也可成为钢中氢的来源。

顶吹转炉钢中 $w_{[H]}$ 一般在 $0.0003\% \sim 0.0005\%$。

例如,铁矿石若含水量约为 5%,其加入量为装入量的 2% 时,则溶入钢中的氢量约为 0.11%,也是相当可观的。

1-101　降低钢中氢含量有哪些途径?

首先,所有入炉的材料必须干燥,必要时可对铁合金进行烘烤,更不能使用潮解的石灰。第二,根据钢种的需要,对钢水进行脱气处理。第三,与钢水直接接触的耐火材料、保护渣必须干燥,有的则要烘烤到必要的温度。第四,有些钢种的连铸坯(或钢锭),应根据缓冷制度进行缓冷,以使氢能扩散出来,减轻其危害。

1-102　氮对钢的性能有哪些影响?

氮在钢中是以氮化物的形式存在,因而对钢质量的影响不完全有害,也有有益的一面。

(1) 氮含量高的钢长时间放置,性能将变脆,这一现象称为"老化"或"时效"。钢中氮含量高,会增加钢的时效性。钢中氮化物扩散析出速度很慢,是逐渐改变着钢的性能。氮化物析出还会引起金属晶格扭曲而产生很大的内应力,从而恶化了钢的塑性和冲击韧性,使钢变脆;氮使低碳钢产生的脆性与磷的危害相似,但比磷严重;磷造成钢的冷脆性,不产生时效性,若钢中磷含量高会加剧氮的危害。

(2) 钢中氮含量高时,在加热至 $250 \sim 450℃$ 的温度范围时,其表面发蓝,钢的强度升高,冲击韧性降低,称为"蓝脆"。

(3) 钢中氮含量的增加,钢的焊接性能变坏。

(4) 钢中加入适量的 Al,可生成稳定的 AlN,能够限制 Fe_4N 的生成和析出,不仅改善了钢的时效性,还可以阻止奥氏体晶粒的长大。

(5) 氮可以作为合金元素起到细化晶粒的作用。在冶炼铬钢、镍铬系钢或铬锰系等高合金钢时,加入适量的氮,能够改善钢的塑性和高温可加工性。氮还可以提高钢的奥氏体的稳定性，$w_{[N]}=0.15\%\sim0.20\%$，可使 1Cr18Ni9 型不锈钢完全形成奥氏体组织。

1-103　钢中氮的来源有哪些方面，怎样降低钢中氮含量？

钢中氮主要来自铁水、炉膛的炉气和与钢水接触的空气。

在炼钢生产中，针对不同钢种控制氮含量。一般情况下，是力求降低钢中氮含量。为此，应采用合理的冶炼工艺，提高终点控制的命中率，尽量避免后吹，控制好钢水温度和成分，严格出钢脱氧合金化操作，采用钢包与包盖密封的精炼工艺，实施全程保护浇注并选用性能良好的保护渣等措施，以降低钢中氮含量。

2 炼钢原材料

2-1 转炉炼钢用原材料有哪些,为什么要用精料?

炼钢用原材料分为主原料、辅原料和各种铁合金。氧气顶吹转炉炼钢用主原料为铁水和废钢(生铁块)。炼钢用辅原料通常指造渣剂(石灰、萤石、白云石、合成造渣剂)、冷却剂(铁矿石、氧化铁皮、烧结矿、球团矿)、增碳剂以及氧气、氮气、氩气等。炼钢常用铁合金有锰铁、硅铁、硅锰合金、硅钙合金、金属铝等。

原材料是炼钢的物质基础,原材料质量的好坏对炼钢工艺和钢的质量有直接影响。国内外大量生产实践证明,采用精料以及原料标准化,是实现冶炼过程自动化、改善各项技术经济指标、提高经济效益的重要途径。根据所炼钢种、操作工艺及装备水平合理地选用和搭配原材料可达到低费用投入,高质量产出的目的。

转炉入炉原料结构是炼钢工艺制度的基础,主要包括三方面内容:一是钢铁料结构,即铁水和废钢及废钢种类的合理配比;二是造渣料结构,即石灰、白云石、萤石、铁矿石等的配比制度;三是充分发挥各种炼钢原料的功能使用效果,即钢铁料和造渣料的科学利用。炉料结构的优化调整,代表了炼钢生产经营方向,是最大程度稳定工序质量,降低各种物料消耗,增加生产能力的基本保证。

2-2 转炉炼钢对铁水成分和温度有什么要求?

铁水是炼钢的主要原材料,一般占装入量的 70% ~ 100%。铁水的化学热与物理热是氧气顶吹转炉炼钢的主要热源。因此,对入炉铁水化学成分和温度必须有一定的要求。

A 铁水的化学成分

氧气顶吹转炉炼钢要求铁水中各元素的含量适当并稳定,这样才能保证转炉冶炼操作稳定并获得良好的技术经济指标。

(1) 硅(Si)。硅是转炉炼钢过程中发热元素之一。硅含量高,会增加转炉热源,能提高废钢比。有关资料表明,铁水中 w_{Si} 每增加 0.1%,废钢比可提高约 1.3%。铁水硅含量高,渣量增加,有利于去除磷、硫。但是硅含量过高将会使渣料和消耗增加,易引起喷溅,金属的收得率降低。Si 含量高使渣中 SiO_2 含量过高,也会加剧对炉衬的冲蚀,并影响石灰渣化速度,延长吹炼时间。

通常铁水 $w_{Si} = 0.30\% \sim 0.60\%$ 为宜。大中型转炉用铁水硅含量可以偏下限,而对于热量不富余的小型转炉用铁水硅含量可偏上限。转炉吹炼高硅铁水可采用双渣操作。

(2) 锰(Mn)。铁水锰含量高对冶炼有利,在吹炼初期形成 MnO,能加速石灰的溶解,促进初期渣及早形成,改善熔渣流动性,利于脱硫和提高炉衬寿命。铁水锰含量高,终点钢中余锰高,可以减少锰铁加入量,利于提高钢水纯净度等。转炉用铁水对 w_{Mn}/w_{Si} 比值的要求为 $0.8 \sim 1.0$,目前使用较多的为低锰铁水,$w_{Mn} = 0.20\% \sim 0.80\%$。

(3) 磷(P)。磷是高发热元素,对大多数钢种是要去除的有害元素。因此,要求铁水磷含量越低越好,一般要求铁水 $w_P \leqslant 0.20\%$;铁水中磷含量越低,转炉工艺操作越简化,并有利于提高各项技术经济指标。

铁水磷含量高时,可采用双渣或双渣留渣操作,现代炼钢采用炉外铁水脱磷处理,或转炉内预脱磷工艺,以满足低磷纯净钢的生产需要。

(4) 硫(S)。除了含硫易切削钢以外,绝大多数钢种硫也是要去除的有害元素。氧气转炉单渣操作的脱硫效率只有 30% ~ 40%。我国炼钢技术规范要求入炉铁水 $w_S \leqslant 0.05\%$。冶炼优质低硫钢的铁水硫含量则要求更低,纯净钢甚至要求铁水 $w_S \leqslant 0.005\%$。因此,必须进行铁水预处理降低入炉铁水硫含量。

(5) 碳(C)。铁水中 $w_C = 3.5\% \sim 4.5\%$,碳是转炉炼钢的主

要发热元素。

B 铁水的温度

铁水温度的高低是带入转炉物理热多少的标志,铁水物理热约占转炉热收入的 50% 。铁水温度高有利于稳定操作和转炉的自动控制。铁水的温度过低,影响元素氧化过程和熔池的温升速度,不利于成渣和去除杂质,容易发生喷溅。因此,我国炼钢规范规定入炉铁水温度应大于 1250℃,并且要相对稳定。

通常,高炉的出铁温度在 1350~1450℃,由于铁水在运输和待装过程中散失热量,所以最好采用混铁车或混铁炉的方式供应铁水,在运输过程应加覆盖剂保温,以减少铁水降温。

2-3 对铁水带渣量有什么要求,为什么?

铁水带来的高炉渣中 SiO_2、S 等含量较高,若随铁水进入转炉会导致石灰消耗量增多,渣量增大,容易造成喷溅,增加金属料消耗,影响磷、硫的去除,并损坏炉衬等。因此,要求入炉铁水带渣量比不超过 0.50% 。铁水带渣量大时,在铁水兑入转炉之前应进行扒渣。

2-4 转炉炼钢用废钢的来源有哪些,对废钢的要求是什么?

废钢的来源有自产废钢和外购废钢,自产废钢是指企业内部生产过程中产生的废钢或回收的废旧设备、铸件等,外购废钢是指从国内或国外购买的废钢。

转炉炼钢对废钢的要求有:

(1)废钢的外形尺寸和块度应保证能从炉口顺利加入转炉。废钢单重不能过重,以便减轻对炉衬的冲击,同时在吹炼期必须全部熔化。轻型废钢和重型废钢合理搭配。废钢的长度应小于转炉口直径的 1/2,废钢的块度一般不应超过 300kg,国标要求废钢的长度不大于 1000mm,最大单件重量不大于 800kg。

(2)废钢中不得混有铁合金。严禁混入铜、锌、铅、锡等有色金属和橡胶,不得混有封闭器皿、爆炸物和易燃易爆品以及有毒物品。废钢的硫、磷含量均不得大于 0.050%。

废钢中残余元素含量应符合以下要求:$w_{Ni}<0.30\%$、$w_{Cr}<0.30\%$、$w_{Cu}<0.30\%$、$w_{As}<0.08\%$。除锰、硅外,其他合金元素残余含量的总和不超过 0.60%。

(3) 废钢应清洁干燥,不得混有泥砂、水泥、耐火材料、油物、珐琅等,不能带水。

(4) 废钢中不能夹带放射性废物,严禁混有医疗临床废物。

(5) 废钢中禁止混有其浸出液中 pH 值大于等于 12.5 或小于等于 2.0 的危险废物。进口废钢容器、管道及其碎片必须向检验机构申报曾经盛装或输送过的化学物质的主要成分以及放射性检验证明书,经检验合格后方能使用。

(6) 不同性质的废钢分类存放,以免混杂,如低硫废钢、超低硫废钢、普通类废钢等。另外,应根据废钢外形尺寸将废钢分为轻料型废钢、统料型废钢、小型废钢、中型废钢、重型废钢等。非合金钢、低合金钢废钢可混放在一起,不得混有合金废钢和生铁。合金废钢要单独存放,以免造成冶炼困难,产生熔炼废品或造成贵重合金元素的浪费。

废钢按外形尺寸和重量分类见表 2-1。

表 2-1 废钢的分类

类 别	供应状态	外形尺寸/mm	单件重量/kg
重型废钢	块、型	长度≤600 宽度≤400 高度≤400 厚度≥10	5~800
中型废钢	块、条、板、型	长度≤800 宽度≤400 高度≤300 厚度≥6	3~600

类　别	供应状态	外形尺寸/mm	单件重量/kg
小型废钢	块、条、板、型	长度≤1000 宽度≤400 高度≤300 厚度≥4	1～400
统料型废钢	块、条、板、型	长度≤1000 宽度≤400 高度≤400 厚度≥2	≤300
轻料型废钢	块、条、板、型,打包块	长度≤1000 宽度≤400 高度≤400 厚度<2	≤300

2-5　转炉炼钢对入炉生铁块的要求是什么?

生铁块也叫冷铁,是铁锭、废铸铁件、包底铁和出铁沟铁的总称,其成分与铁水相近,但不含显热。它的冷却效应比废钢低,通常与废钢搭配使用。

入炉生铁块成分要稳定,硫、磷等杂质含量愈低愈好,最好 $w_S \leqslant 0.050\%$, $w_P \leqslant 0.10\%$。硅的含量不能太高,否则,增加石灰消耗量,对炉衬也不利,要求铁块 $w_{Si} < 1.25\%$。

2-6　转炉炼钢对铁合金有哪些要求,常用铁合金的主要成分是怎样的?

转炉炼钢对铁合金的主要要求是:

(1)铁合金块度应合适,为 10～50mm;精炼用合金块度为 10～30mm,成分和数量要准确。

(2)在保证钢质量的前提下,选用价格便宜的铁合金,以降低钢的成本。

表 2-2 常用铁合金成分

铁合金	成分 w/%	C	Mn	Si	P	S	其他	备注
高碳锰铁	FeMn78	≤8.0	75.0~82.0	≤1.5	≤0.20	≤0.03		1) 电炉锰铁 2) GB/T 3795—96
	FeMn68	≤7.0	65.0~72.0	≤2.5	≤0.25	≤0.03		
中碳锰铁	FeMn78	≤2.0	75.0~82.0	≤1.5	≤0.20	≤0.03		
	FeMn82	≤1.0	78.0~85.0	≤1.5	≤0.20	≤0.03		
低碳锰铁	FeMn84	≤0.7	80.0~87.0	≤1.0	≤0.20	≤0.02		
	FeMn88	≤0.2	85.0~92.0	≤1.0	≤1.0	≤0.02		
硅铁	FeSi75A	≤0.1	≤0.4	74.0~80.0	≤0.035	≤0.02		GB 2272—87
	FeSi75B	≤0.1	≤0.4	74.0~80.0	≤0.04	≤0.02		
	FeSi75C	≤0.2	≤0.5	72.0~80.0	≤0.04	≤0.02		
硅钙合金	Ca28Si60	≤1.0	Al≤2.4	55~65	≤0.04	≤0.05	Ca≥28	YB/T 5051—97
硅锰合金	Mn68Si22	≤1.2	65.0~72.0	20.0~23.0	≤0.10	≤0.04		GB/T 4008—96
	Mn64Si18	≤1.8	60.0~67.0	17.0~20.0	≤0.10	≤0.04		
铬铁	FeCr69C0.03	≤0.03		≤1.0	≤0.03	≤0.025	Cr=63.0~75.0	GB 5683-87
	FeCr69C1.0	≤1.0		≤1.5	≤0.03	≤0.025	Cr=63.0~75.0	
	FeCr67C9.5	≤9.5		≤3.0	≤0.03	≤0.04	Cr=62.0~72.0	
钒铁	FeV40A	≤0.75		≤2.0	≤0.10	≤0.06	V≥40;Al≤1.0	GB 4139—87
	FeV75B	≤0.30	≤0.50	≤2.0	≤0.10	≤0.05	V≥75;Al≤3.0	

续表 2-2

铁合金	成分 w/%	C	Mn	Si	P	S	其他	备注
钼铁	FeMo55	≤0.20	Cu≤0.5	≤1.0,Mo≥60	≤0.08	≤0.10	Sb≤0.05,Sn≤0.06	GB 3649—87
	FeMo60	≤0.15	Cu≤0.5	≤2.0,Mo≥55	≤0.05	≤0.10	Sb.Sn≤0.04	
硼铁	FeB23	≤0.05	Al≤3.0	≤2.0	≤0.015	≤0.01	B=20.0~25.0	GB/T 5682—95
	FeB16	≤1.0	Al≤0.5	≤4.0	≤0.2	≤0.01	B=15.0~17.0	
钛铁	FeTi40A	≤0.10	≤2.5,Al≤9.0	≤3.0	≤0.03	≤0.03	Ti=35.0~45.0	GB 3282—87
	FeTi40B	≤0.15	≤2.5,Al≤9.5	≤4.0	≤0.04	≤0.04	Ti=35.0~45.0	
铌铁	FeNb70	≤0.04	≤0.8	≤1.5	≤0.04	≤0.04	Nb+Ta=70~80	GB 7737—87
	FeNb50	≤0.05		≤2.5	≤0.05	≤0.05	Nb+Ta=50~60	
磷铁	FeP24	≤1.0	≤2.0	≤3.0	23~25	≤0.5		YB/T 5036—93
硅钙钡铝合金	Al16Ba9-Ca12Si30	≤0.4	≤0.40	≥30.0	≤0.04	≤0.02	Ca≥12,Ba≥9,Al≥12	YB/T 067—95
硅钡铝合金	Al26Ba9-Si30	≤0.20	≤0.30	≥30.0	≤0.03	≤0.02	Ba≥9,Al≥26	YB/T 066—95
硅铝合金	Al27Si30	≤0.40	≤0.40	≥30.0	≤0.03	≤0.03	Al≥27.0	YB/T 065—95
钨铁	FeW80A	≤0.10	≤0.25	≤0.5	≤0.03	≤0.06	W=75~85	GB/T 3648—96
硅钙钡合金	Ba-Ca-Si		Al≤2.0	52~56	≤0.05	≤0.15	Ca≥14,Ba≥14,Ca+Ba≥28	实际使用成分
铝锰铁	Fe-Mn-Al	1.30	30.8	1.58	0.070	0.006	Al=24.4	实际使用成分
氮钒铁	Fe-V-N	6.45	Al=0.14	0.09	0.02	0.10	V=79.06,N=12.6	实际使用成分

（3）铁合金应保持干燥、干净。

（4）铁合金成分应符合技术标准规定，以避免炼钢操作失误。如硅铁中的铝、钙含量，沸腾钢脱氧用锰铁的硅含量，都直接影响钢水的脱氧程度。

转炉脱氧合金化常用的铁合金有 Fe-Mn、Fe-Si、Mn-Si 合金、Ca-Si 合金、铝、Fe-Al、Ba-Ca-Si 合金、Ba-Al-Si 合金等。现将常用铁合金标准列于表 2-2。

2-7 转炉炼钢对增碳剂有什么要求？

转炉冶炼中、高碳钢种时，使用含杂质很少的石油焦作为增碳剂。对顶吹转炉炼钢用增碳剂的要求是固定碳要高，灰分、挥发分和硫、磷、氮等杂质含量要低，并要干燥，干净，粒度要适中。其固定碳 $w_C \geq 96\%$，挥发分 $\leq 1.0\%$，$w_S \leq 0.5\%$，水分 $\leq 0.5\%$，粒度在 $1 \sim 5mm$；粒度太细容易烧损，太粗加入后浮在钢液表面，不容易被钢水吸收。

2-8 转炉炼钢对石灰有什么要求？

石灰是炼钢主要造渣材料，具有脱 P，脱 S 能力，用量也最多。其质量好坏对吹炼工艺，产品质量和炉衬寿命等有着重要影响。因此，要求石灰 CaO 含量要高，SiO_2 含量和 S 含量要低，石灰的生过烧率要低，活性度要高，并且要有适当的块度，此外，石灰还应保证清洁、干燥和新鲜。

SiO_2 会降低石灰中有效 CaO 含量，降低 CaO 的有效脱硫能力。石灰中杂质越多越降低它的使用效率，增加渣量，恶化转炉技术经济指标。石灰的生烧率过高，说明石灰没有烧透，加入熔池后必然继续完成焙烧过程，这样势必吸收熔池热量，延长成渣时间；若过烧率高，说明石灰死烧，气孔率低，成渣速度也很慢。

石灰的渣化速度是转炉炼钢过程成渣速度的关键，所以对炼钢用石灰的活性度也要提出要求。石灰的活性度（水活性）是石灰反应能力的标志，也是衡量石灰质量的重要参数。此外，石灰极易水化潮解,生成 $Ca(OH)_2$,要尽量使用新焙烧的石灰。同时对石灰的贮存时间应加以限制,一般不得超过 2d。块度过大,熔解缓慢,影响成渣速度,过小的石灰颗粒易被炉气带走,造成浪费。一般以块度为 5~50mm 或 5~30mm 为宜,大于上限、小于下限的比例各不大于 10%。贮存和运输时必须防雨防潮。

我国对转炉入炉冶金石灰质量的要求见表 2-3。

表 2-3　冶金石灰的化学成分和物理性能

类别	指标品级	化学成分 w/%							活性度 (4mol/mL, 40±1℃,10min)
		CaO	CaO+MgO	MgO	SiO_2	S	P	CO_2	灼减	
		不小于			不大于					不小于
普通冶金石灰	一级	90.0		<5	2.5	0.10	0.02	2	5	300
	二级	85.0		<5	3.5	0.15	0.03	2	7	250
镁质冶金石灰	一级		91.0	≥5	2.5	0.10	0.02	2	6	280
	二级		86.0	≥5	3.5	0.15	0.03	2	8	230

注:活性度为 4mol 盐酸对 50g 石灰溶水后 10min 的滴定毫升数。

2-9　什么是活性石灰,活性石灰有哪些特点,使用活性石灰有什么好处?

通常把在 1050~1150℃ 温度下,在回转窑或新型竖窑(套筒窑)内焙烧的石灰,即具有高反应能力的体积密度小、气孔率高、比表面积大、晶粒细小的优质石灰叫活性石灰,也称软烧石灰。

活性石灰的水活性度大于 310mL,体积密度小,约为 1.7~2.0g/cm³,气孔率高达 40% 以上,比表面积为 0.5~1.3cm²/g;晶粒细小,熔解速度快,反应能力强。使用活性石灰能减少石灰、萤石消耗量和转炉渣量,有利于提高脱硫、脱磷效果,减少转炉热损失和对炉衬的蚀损,在石灰表面也很难形成致密的硅酸二钙硬壳,有利于加速石灰的渣化。

2-10 转炉用萤石起什么作用,对萤石有什么要求?

萤石是助熔剂,其主要成分是 CaF_2。纯 CaF_2 的熔点为 1418℃,萤石中还含有 SiO_2 和 S 等成分,因此熔点在 930℃左右;加入炉内后使 CaO 和石灰高熔点的 $2CaO \cdot SiO_2$ 外壳的熔点降低,生成低熔点化合物 $3CaO \cdot CaF_2 \cdot 2SiO_2$(熔点为 1362℃),也可以与 MgO 生成低熔点化合物(1350℃),从而改善炉渣的流动性。萤石助熔作用快、时间短。但过多使用萤石会形成严重的泡沫渣,导致喷溅,同时也加剧对炉衬的侵蚀,并污染环境。因此应严格控制吨钢萤石加入量。

转炉用萤石 $w_{CaF_2} \geqslant 85\%$,$w_{SiO_2} \leqslant 5.0\%$,$w_S \leqslant 0.10\%$,$w_P \leqslant 0.06\%$,块度在 5~50mm,并要干燥、清洁。

近年来,由于萤石供应不足,各钢厂从环保的角度考虑,试用多种萤石代用品,均为以氧化锰或氧化铁为主的助熔剂,如铁锰矿石、氧化铁皮、转炉烟尘、铁矾土等。

2-11 转炉用白云石或菱镁矿的作用是什么,对白云石和菱镁矿有什么要求?

(1) 白云石是调渣剂,有生白云石与轻烧白云石之分。

生白云石的主要成分为 $CaCO_3 \cdot MgCO_3$。经焙烧可成为轻烧白云石,其主要成分为 CaO、MgO。根据溅渣护炉技术的需要,加入适量的生白云石或轻烧白云石保持渣中的 MgO 含量达到饱和或过饱和,以减轻初期酸性渣对炉衬的蚀损,使终渣能够做黏,出钢后达到溅渣的要求。对生白云石的要求是 $w_{MgO} > 20\%$,$w_{CaO} \geqslant 29\%$,$w_{SiO_2} \leqslant 2.0\%$,烧减 $\leqslant 47\%$,块度为 5~30mm。

由于生白云石在炉内分解吸热,所以用轻烧白云石效果最为理想。对轻烧白云石的要求是 $w_{MgO} \geqslant 35\%$,$w_{CaO} \geqslant 50\%$,$w_{SiO_2} \leqslant 3.0\%$,烧减 $\leqslant 10\%$,块度为 5~40mm。

(2) 菱镁矿也是调渣剂,菱镁矿是天然矿物,主要成分是 $MgCO_3$,焙烧后用做耐火材料。对菱镁矿的要求是 $w_{MgO} \geqslant 45\%$,

$w_{CaO} < 1.5\%$，$w_{SiO_2} \leqslant 1.5\%$，烧减$\leqslant 50\%$，块度为 $5 \sim 30mm$。

（3）MgO-C 压块是吹炼终点碳低或冶炼低碳钢溅渣时的调渣剂，由轻烧菱镁矿和碳粉制成压块，一般 $w_{MgO} = 50\% \sim 60\%$，$w_C = 15\% \sim 20\%$，块度为 $10 \sim 30mm$。

2-12　转炉炼钢常用哪些冷却剂?

氧气顶吹转炉炼钢过程的热量有富余，因而根据热平衡计算需加入适量的冷却剂，以准确地命中终点温度。氧气顶吹转炉用冷却剂有废钢、生铁块、铁矿石、氧化铁皮、球团矿、烧结矿、石灰石和生白云石等，其中主要为废钢、铁矿石。上述冷却剂的冷却效应从大到小排列顺序为：铁矿石、氧化铁皮、球团矿、烧结矿、石灰石和生白云石、废钢、生铁块。

2-13　转炉炼钢对铁矿石有什么要求?

铁矿石主要成分为 Fe_2O_3 或 Fe_3O_4，铁矿石的熔化和铁被还原都吸收热量，因而能起到调节熔池温度的作用。但铁矿石带入脉石，增加渣量和石灰消耗量，同时一次加入量过多会引起喷溅和冒烟。铁矿石还能起到氧化作用。氧气顶吹转炉用铁矿石化学成分以 $w_{TFe} \geqslant 56\%$，$w_{SiO_2} \leqslant 10\%$，$w_S \leqslant 0.20\%$，块度为 $10 \sim 50mm$ 为宜，并要求干燥、清洁。

2-14　转炉炼钢对氧化铁皮有什么要求?

转炉炼钢用氧化铁皮来自轧钢和连铸过程产生的氧化壳层，其主要成分是氧化铁。因此，氧化铁皮可改善熔渣流动性，也有利于脱磷，并且可以降温。对氧化铁皮的要求是 $w_{TFe} > 70\%$，SiO_2、S、P 等其他杂质含量均低于 3.0%。粒度应不大于 $10mm$，使用前烘烤干燥，去除油污。

2-15　转炉炼钢用合成造渣剂的作用是什么?

合成造渣剂是用石灰加入适量的氧化铁皮、萤石、氧化锰或其他氧化物等熔剂,在低温下预制成型。这种合成渣剂的熔点低,碱度高,成分均匀,粒度小,而且在高温下易碎裂,成渣速度快,因而减轻了转炉造渣的负担。高碱度球团矿也可以做合成造渣剂使用,它的成分稳定,造渣效果良好。

2-16 氧气转炉炼钢对氧气有什么要求?

氧气是顶吹转炉炼钢的主要氧化剂。炼钢用工业纯氧是由空气分离制取的。对炼钢用氧气的要求是纯度要高,$\varphi_{O_2} > 99.6\%$,氧压应稳定,并要脱除水分。

2-17 转炉炼钢对氮气的要求是什么?

氮气是转炉溅渣护炉和复吹工艺的主要气源。对氮气的要求是满足溅渣和复吹需用的供气流量,气压要稳定。氮气的纯度大于99.95%,氮气在常温下干燥、无油。

2-18 转炉炼钢对氩气的要求是什么?

氩气是转炉炼钢复吹和钢包吹氩精炼工艺的主要气源。对氩气的要求是:满足吹氩和复吹用供气量,气压稳定,氩气纯度大于99.95%,无油、无水。

2-19 转炉炼钢对焦炭的要求是什么?

氧气顶吹转炉用焦炭烘烤炉衬。对焦炭的要求是:固定碳高(一般要求焦炭固定碳大于80%),发热值高,灰分和有害杂质含量低(水分应小于2%,$w_S \leqslant 0.7\%$),块度应为10~40mm。

3 铁水预处理

3-1 什么是铁水预处理？

铁水预处理是指铁水兑入炼钢炉之前，为脱硫或脱硅、脱磷而进行的处理过程。

除上述普通铁水预处理外还有特殊铁水预处理，如针对铁水含有特殊元素提纯精炼或资源综合利用而进行的提钒、提铌、提钨等预处理技术。

3-2 在炼钢生产中采用铁水预脱硫技术的必要性是什么？

（1）用户对钢的品种和质量要求提高，连铸技术的发展也要求钢中硫含量低（硫含量高容易使连铸坯产生裂纹）。铁水脱硫可满足冶炼低硫钢和超低硫钢种的要求。

（2）转炉炼钢整个过程是氧化气氛，脱硫效率仅为 30% ~ 40%；而铁水中的碳、硅等元素含量高，氧含量低，提高了铁水中硫的活度系数，故铁水脱硫效率高；铁水脱硫费用低于高炉、转炉和炉外精炼的脱硫费用。

（3）减轻高炉脱硫负担后，能实现低碱度、小渣量操作，有利于冶炼低硅生铁，使高炉稳定、顺行，可保证向炼钢供应精料。

（4）有效地提高钢铁企业铁、钢、材的综合经济效益。

3-3 铁水脱硫常用的脱硫剂有几类，各有何特点？

生产中，常用的脱硫剂有苏打灰（Na_2CO_3）、石灰粉（CaO）、电石粉（CaC_2）和金属镁等。以上脱硫剂可以单独使用，也可以几种配合使用。

(1) 苏打灰。其主要成分为 Na_2CO_3，铁水中加入苏打灰后，与硫作用发生以下 3 个化学反应：

$$Na_2CO_{3(l)} + [S] + 2[C] = Na_2S_{(l)} + 3\{CO\}$$

$$Na_2CO_{3(l)} + [S] + [Si] = Na_2S_{(l)} + SiO_{2(s)} + \{CO\}$$

$$Na_2O_{(l)} + [S] = Na_2S_{(l)} + [O]$$

用苏打灰脱硫，工艺和设备简单，其缺点是脱硫过程中产生的渣会腐蚀处理罐的内衬，产生的烟尘污染环境，对人有害。目前很少使用。

(2) 石灰粉。其主要成分为 CaO，用石灰粉脱硫的反应式如下：

$$2CaO_{(s)} + [S] + \frac{1}{2}[Si] = (CaS)_{(s)} + \frac{1}{2}(Ca_2SiO_4)$$

石灰价格便宜、使用安全，但在石灰粉颗粒表面易形成 $2CaO \cdot SiO_2$ 致密层，限制了脱硫反应进行，因此，石灰耗用量大，致使生成的渣量大和铁损大，铁水温降也较多。另外，石灰还有易吸潮变质的缺点。

(3) 电石粉。其主要成分为 CaC_2，电石粉脱硫的反应式如下：

$$CaC_2 + [S] = (CaS)_{(s)} + 2[C]$$

用电石粉脱硫，铁水温度高时脱硫效率高，铁水温度低于 1300℃ 时脱硫效率很低。另外，处理后的渣量大，且渣中含有未反应尽的电石颗粒，遇水易产生乙炔(C_2H_2)气体，故对脱硫渣的处理要求严格。在脱硫过程中也容易析出石墨碳污染环境。电石粉易吸潮生成乙炔(乙炔是可燃气体且易发生爆炸)，故电石粉需要以惰性气体密封保存和运输。

(4) 金属镁。镁喷入铁水后发生如下反应：

$$Mg + [S] = MgS_{(s)}$$

镁在铁水的温度下与硫有极强的亲和力，特别是在低温下镁脱硫效率极高，脱硫过程可预测，硫含量可控制在 0.001% 的精度。这是其他脱硫剂所不能比拟的。

金属镁活性很高,极易氧化,是易燃易爆品,镁粒必须经表面钝化处理后才能安全地运输、储存和使用。钝化处理后,使其镁粒表面形成一层非活性的保护膜。

用镁脱硫,铁水的温降小,渣量及铁损均少且不损坏处理罐的内衬,也不影响环境。因而铁水包喷镁脱硫工艺获得了迅猛的发展。

镁的价格较高,保存时须防止吸潮。

3-4 铁水脱硫的主要方法有哪些,铁水脱硫技术的发展趋势是怎样的?

迄今为止,人们已开发出多种铁水脱硫的方法,其中主要方法有:投入脱硫法、铁水容器转动搅拌脱硫法、搅拌器转动搅拌脱硫法和喷吹脱硫法等。

(1)投入法。该法不需要特殊设备,操作简单,但脱硫效果不稳定,产生的烟气污染环境。

(2)铁水容器搅拌脱硫法。该法主要包括转鼓法和摇包法,均有好的脱硫效果,该法容器转动笨重,动力消耗高,包衬寿命低,使用较少。

(3)采用搅拌器的机械搅拌法。如 KR 法(见图 3-1)即属于此类。

KR 搅拌法由于搅拌能力强和

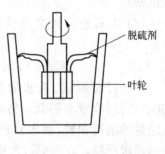

图 3-1 KR 脱硫法

脱硫前后能充分的扒渣,可将硫含量脱至很低,其缺点是设备复杂,铁水温降大。

(4)喷吹法。此法是用喷枪以惰性气体为载体,将脱硫剂与气体混合吹入铁水深部,以搅动铁水与脱硫剂充分混合的脱硫方法。该法可以在鱼雷罐车(混铁车)或铁水包内处理铁水。铁水包喷吹法目前已被广泛应用。图 3-2 为鱼雷罐车喷吹法脱硫装置示意图。

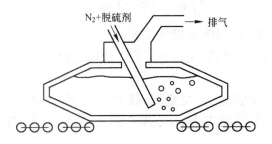

图 3-2 鱼雷罐车喷吹脱硫示意图

喷吹脱硫法具有脱硫反应速度快、效率高、操作灵活方便,处理铁水量大,设备投资少等优点。因而,它已成为铁水脱硫的主要方法。

铁水脱硫技术的发展趋势如下:

(1)采用全量铁水脱硫工艺;

(2)趋向在铁水包内预脱硫;

(3)脱硫方法以喷吹法为主;

(4)用金属镁做脱硫剂的趋势不断扩大。

3-5 用金属镁进行铁水脱硫的机理是什么?

镁为碱土金属,相对原子质量为 24.305,密度为 $1.738g/cm^3$;熔点为 651℃;沸点为 1107℃。当金属镁与硫结合生成 MgS 后,其熔点为 2000℃,密度为 $2.8g/cm^3$,如与氧结合生成 MgO 后,其熔点为 2800℃,密度为 $3.07 \sim 3.20g/cm^3$,二者均为高熔点、低密度稳定化合物。

镁通过喷枪喷入铁水中,镁在高温下发生液化、气化并溶于铁水:

$$Mg_{(s)} \longrightarrow Mg_{(l)} \longrightarrow \{Mg\} \longrightarrow [Mg]$$

Mg 与 S 的相互反应存在两种情况:

第一种情况: $\{Mg\} + [S] = MgS_{(s)}$ (3-1)

第二种情况：　　　$\{Mg\} \rightarrow [Mg]$ 　　　　　　　　(3-2)

$$[Mg] + [S] = MgS_{(s)}$$ 　　　　　　　(3-3)

在高温下,镁和硫有很强的亲和力,溶于铁水中的[Mg]和{Mg}都能与铁水中的[S]迅速反应生成固态的 MgS,上浮进入渣中。

在第一种情况下,在金属-镁蒸气泡界面,镁蒸气与铁水中的硫反应生成固态 MgS ,这只能去除铁水中 3%～8% 的硫。

在第二种情况下,溶解于铁水中的镁与硫反应生成固态 MgS,这是主要的脱硫反应,最为合理。在这种情况下,保证了镁与硫的反应不仅仅局限在镁剂导入区域或喷吹区域内进行,而是在铁水包整个范围内进行,这对铁水脱硫是十分有利的。

镁在铁水中的溶解度取决于铁水温度和镁的蒸气压。镁的溶解度随着压力的增加而增大,随铁水温度的上升而大幅度降低。为了获得高脱硫效率,必须保证镁蒸气泡在铁水中完全溶解,避免未溶解完的镁蒸气逸入大气造成损失。促进镁蒸气大量溶解于铁水中的措施是:铁水温度低;加大喷枪插入铁水液面以下的深度,提高镁蒸气压力,延长镁蒸气泡与铁水接触时间。

3-6　采用金属镁脱硫为什么要对镁粒进行表面钝化处理,对颗粒镁有什么要求?

金属镁活性很高,极易氧化,是易燃易爆品。镁粒只有经表面钝化处理后才能安全地运输、储存和使用。经钝化处理后,镁粒表面形成一层非活性的保护膜,如盐钝化的涂层颗粒镁,制备时采用熔融液态镁离心重复分散技术,利用空气动力逆向冷却原理将盐液包敷在镁颗粒外层,形成银灰色均匀的球状颗粒。

单吹镁脱硫用的涂层颗粒镁要求:

$w_{Mg} \geqslant 92\%$;粒度为 $0.5～1.6mm$,其中粒度大于 3mm 以上的针状不规则颗粒少于 8% 。

3-7　铁水脱硫容器为什么趋向采用铁水包?

在鱼雷罐内进行脱硫,动力学条件较差,脱硫剂喷入后,由于鱼雷罐形状影响搅拌的均匀性,反应重现性差,脱硫剂消耗量大。采用铁水包喷吹脱硫,由于铁水包的几何形状,使脱硫反应具有更好的动力学条件和反应空间,可根据冶炼具体要求更准确地控制铁水的硫含量。一般容量大于80t的铁水包铁液深度都比鱼雷罐深,喷入铁水的脱硫剂与铁水进行反应更加充分,因此在铁水包内喷吹脱硫可以有效利用脱硫剂。同时铁水包内的铁水温度比鱼雷罐内低一些,更促进镁脱硫获得理想的脱硫效果,降低了铁水处理成本。由于铁水包内喷吹脱硫有较高的效率,与在鱼雷罐脱硫相比,如果将硫含量从0.045%降到0.010%,可节省脱硫剂15%;如果将硫含量从0.045%降到0.005%,可节省脱硫剂24%。显然,硫含量的目标值越低,在铁水包喷吹脱硫剂的优势越大。20世纪80年代已开始发展到在铁水包内处理铁水。目前新建铁水脱硫装置大多采用铁水包单独喷吹镁或复合喷吹镁的技术和设备。

3-8　铁水包单吹颗粒镁脱硫的工艺流程及基本工艺参数是怎样的?

铁水包单吹颗粒镁脱硫工艺系统装备如图3-3所示。

单吹颗粒镁脱硫工艺流程如图3-4所示。

脱硫剂采用单一的颗粒金属镁,流动性好,喷吹罐配备了专门的计量给料装置。为保证把镁剂(不掺添加料)可靠地喷入铁水中并使镁的吸收率在95%以上,且不堵枪,应合理选择喷枪和输镁管路的结构和喷吹系统参数。应使供氮压力稳定,喷枪端面距包底约0.2m,喷枪结构要保证为镁溶解于铁水并继而被吸收创造良好的条件。喷枪浸入深度不足2.4m的铁水包,喷枪端部要装备锥形气化室。整个脱硫过程可采用计算机自动控制,每次处理前只需输入初始硫含量、目标硫含量、铁水温度、铁水重量等参数,脱硫处理过程便可自动进行。

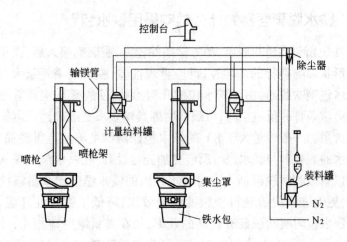

图 3-3 铁水包单吹颗粒镁脱硫工艺系统装备示意图

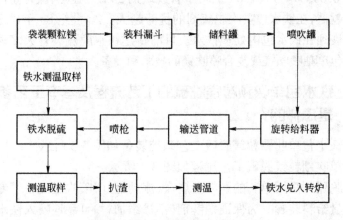

图 3-4 单吹颗粒镁脱硫工艺流程

单吹颗粒镁脱硫工艺参数如下：

(1) 脱硫剂　　颗粒镁,粒度为 $0.5\sim1.6$ mm, $w_{Mg}\geqslant92\%$

(2) 氮气压力　　　　1.0MPa

(3) 初始铁水　　　　$w_{[S]}=0.035\%$

(4) 目标铁水　　　　$w_{[S]}=0.005\%$

(5) 喷吹时间　　　　$\leqslant10$min

（6）脱硫剂（Mg）流量　　　8～15kg/min
（7）脱硫剂（Mg）消耗　　　0.46kg/t
（8）温降　　　　　　　　　10℃

3-9　铁水包镁基复合喷吹脱硫的工艺流程及基本工艺参数是怎样的?

镁基脱硫剂是由镁粉加上石灰粉或电石粉及其他添加剂组成,喷入铁水后脱硫反应主要由镁粉完成。复合喷吹的镁粉和石灰粉(或电石粉)分别存贮在两个喷吹罐内,用载气输送,在管道内混合。通过调节分配器的粉料输送速度来确定两种粉料的比例,对镁粉流动性无要求。整个脱硫过程可采用计算机自动控制,每次处理前只需输入初始硫含量、目标硫含量、铁水温度、铁水重量等参数、脱硫处理过程便可自动进行。

镁基复合喷吹脱硫工艺流程如图 3-5 所示。

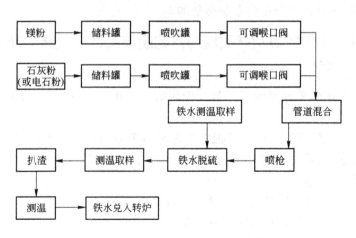

图 3-5　镁基复合喷吹脱硫工艺流程

镁基复合脱硫工艺参数如下:
（1）脱硫剂　　　　　　　　Mg+CaO
（2）氮气压力　　　　　　　1.1MPa

（3）初始铁水 $w_{[S]}$　　　　　　0.035%

（4）目标铁水 $w_{[S]}$　　　　　　0.005%

（5）喷吹时间　　　　　　　　10min

（6）脱硫剂流量　　　　　　　Mg 粉 12kg/min

　　　　　　　　　　　　　　石灰粉 45kg/min

（7）脱硫剂消耗　　　　　　　Mg 粉 0.65kg/t

　　　　　　　　　　　　　　石灰粉 1.92kg/t

（8）温降　　　　　　　　　　20℃

3-10　喷镁脱硫要求铁水包净空是多少?

当铁水包喷镁脱硫时,镁通过喷枪喷入铁水,载气对铁水有搅拌作用,可以促进反应物的传质和产物的排出。由于镁在高温下液化、气化和溶于铁水,气化时产生的镁气体对铁水的搅拌作用强烈,顶吹时常发生喷溅。因此,铁水包应有不小于 400mm 高度的净空,同时设置防溅包盖是必要的。

3-11　铁水包喷吹镁脱硫与其他脱硫工艺比较具有哪些优点?

铁水包喷镁脱硫工艺与其他脱硫工艺相比,具有以下显著的优点:

（1）脱硫效率高。可根据冶炼品种要求,铁水硫含量可脱至任意水平,深脱硫时达到 $w_S = 0.005\%$ 以下,甚至 $w_S = 0.002\%$ 以下;

（2）脱硫剂单耗低,处理时间短;

（3）形成渣量少,扒渣铁损低;

（4）对环境污染小;

（5）温度损失少;

（6）易于进行过程自动控制;

（7）综合成本低。

3-12　铁水包喷吹颗粒镁脱硫,镁的单位消耗主要取决于哪些因素?

用镁脱硫的单耗主要取决于铁水初始硫含量、终点硫含量、铁水温度、铁水重量(铁水包内铁水深度)。

在理论上 1kg 金属镁能脱除 1.32kg 的硫;实际上,由于铁水中还有残余的镁、用于脱氧的镁、少量的镁蒸气逸出及与载气、顶渣反应损失的镁等原因,镁的利用率不可能达到 100%。与初始硫含量低时相比,初始硫含量高时镁的利用率高。

镁脱硫与 CaO、CaC_2 脱硫不同,镁脱硫反应为放热反应,低温对反应有利,在低温下镁在铁水中的溶解度大,有利于镁参与反应而提高利用率;但温度高时有利于反应产物上浮进入顶渣提高反应速度,但总的来说温度低对镁脱硫更有利。

铁水量多,铁水包内铁水深度大,喷枪插入深,镁的利用率高。铁水包内铁水深度浅,喷枪插入浅,镁气泡来不及完全溶解就从铁水液面逸出。因此,喷吹深度大可以减少镁的逸出损失。

3-13　铁水脱硫后兑入转炉前为什么必须扒渣?

经过脱硫处理后的铁水,须将浮于铁水表面上的脱硫渣除去,以免炼钢时造成回硫,因为渣中 MgS 或 CaS 会被氧还原,即发生如下反应:

$$(MgS) + [O] = (MgO) + [S]$$
$$(CaS) + [O] = (CaO) + [S]$$

因此,只有经过扒渣的铁水才能兑入转炉。钢水硫含量要求越低,相应要求扒渣时扒净率越高,尽量减少铁水的带渣量。

3-14　脱硫后的低硫铁水兑入转炉炼钢,为什么吹炼终点常常出现增硫现象?

经脱硫处理后的低硫铁水($w_{[S]} = 0.002\% \sim 0.009\%$),兑入转炉炼钢,有时出现不能进一步脱硫,吹炼终点的钢水还常常有增硫现象,这是因为炼钢过程中铁水渣、铁块、废钢、石灰中的硫进入钢水,而吹炼过程脱硫量低于增硫量所致,吹炼终点增硫量可达0.002%～0.005%,甚至0.005%以上。增硫主要发生在吹炼的前期和中期,一般铁块、废钢和铁水渣带入硫占炉料总硫量的60%以上,所以增硫成为生产超低硫钢种的重大障碍。因此,生产$w_{[S]}$<0.005%的超低硫钢种时,可采用铁水脱硫处理加上较高的铁水装入比,并尽量减少铁水的带渣量,同时出钢加合成渣、二次精炼脱硫,特别是用 LF 炉造高碱度还原渣,进一步深脱硫。

3-15 脱硫后扒渣时的铁损大小与哪些因素有关?

脱硫后扒渣时的铁损大小与以下因素相关。

(1) 渣量越大,扒净率越高,铁损越大。

(2) 渣偏干,渣铁易分离,易于扒除,铁损低;渣越稀,渣铁分离困难,铁损大。扒渣时,可加入适量稠渣剂。

(3) 扒渣机工作性能好,扒渣效率高,铁损低。

(4) 铁水包包嘴形状和倾角应有利于扒渣需要,减少扒渣"死区"。

(5) 操作人员的技能十分重要,操作熟练、准确和灵敏,同样条件下能明显提高扒渣效率和降低铁水损失。

3-16 铁水采用三脱(脱硅、脱磷、脱硫)预处理有何优缺点?

铁水采用三脱预处理(工艺流程见图 3-6)优缺点如下:

(1) 可实现转炉少渣冶炼(渣量小于 30kg/t)。

(2) 铁水脱硫有利于冶炼高碳钢、高锰钢、低磷钢、特殊钢(如轴承钢)、不锈钢等。

(3) 可提高脱碳速度,有利于转炉高速冶炼。

(4) 转炉吹炼终点时钢水锰含量高,可用锰矿直接完成钢水合金化。

(5) 铁水采用三脱预处理的缺点是铁水中发热元素减少,转

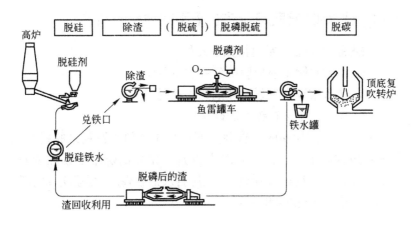

图 3-6　铁水三脱预处理工艺流程图

炉的废钢加入量减少。

3-17　为何铁水脱磷必须先脱硅？

　　铁水预脱硅技术是基于铁水预脱磷技术而发展起来的。由于铁水中氧与硅的亲和力比磷大,当加入氧化剂脱磷时,硅比磷优先氧化,形成的 SiO_2 大大降低渣的碱度。为此脱磷前必须将硅含量降至 0.15% 以下,这个值远远低于高炉铁水的硅含量,也就是说,只有当铁水中的硅大部分氧化后,磷才能被迅速氧化去除。所以脱磷前必须先脱硅。

3-18　铁水脱硅有哪些方法,采用何种脱硅剂？

　　铁水脱硅方法有下列几种：
　　(1) 在高炉出铁沟脱硅。
　　(2) 在高炉出铁沟摆槽上方喷射脱硅剂脱硅。
　　(3) 在鱼雷罐车中喷射脱硅剂脱硅。
　　(4) 在铁水罐中加入脱硅剂和吹氧脱硅。
　　脱硅剂均为氧化剂,常用高碱度烧结矿粒、氧化铁皮、铁矿石、铁锰矿、烧结粉尘、氧气等。

3-19　铁水脱磷有哪些方法，采用何种脱磷剂？

铁水脱磷方法主要包括如下几种：

(1) 在铁水罐中喷射脱磷剂并吹氧脱磷。

(2) 在鱼雷罐中喷射脱磷剂并吹氧脱磷。

(3) 在转炉中进行铁水脱磷。

目前最广泛使用的脱磷剂为苏打系脱磷剂或石灰系脱磷剂。石灰系脱磷剂主要成分为 CaO 并配加一定量的烧结矿粉和萤石粉。若铁水同时脱磷和脱硫，则先用石灰剂脱磷后，再喷吹苏打粉（Na_2CO_3）进一步脱磷和脱硫。

3-20　铁水三脱预处理，硅、磷、硫含量一般脱到什么水平？

一般来说，炼钢用铁水预处理前后的硅、磷、硫含量变化如下：

铁水	$w_{[Si]}$	$w_{[P]}$	$w_{[S]}$
预处理前	0.30% ~ 1.25%	0.08% ~ 0.20%	0.02% ~ 0.07%
预处理后	0.10% ~ 0.15%	< 0.01%	< 0.005%

3-21　采用转炉双联工艺进行铁水预处理的特点是什么？

采用转炉进行铁水三脱预处理，有利于实现全量（100%）铁水预处理。此法具有如下特点：

(1) 与喷吹法相比，放宽对铁水硅含量要求。采用转炉三脱，控制铁水 $w_{[Si]} \leqslant 0.3\%$，可以达到脱磷要求，而喷吹法脱磷要求铁水 $w_{[Si]} \leqslant 0.15\%$。因此，采用转炉三脱可以和高炉低硅铁冶炼工艺相结合，省去脱硅预处理工艺。

(2) 控制中等碱度 $R = 2.5 \sim 3.0$ 渣，可得到良好的脱磷、脱硫效果。通常采用的技术有：使用脱碳转炉精炼渣作为脱磷合成渣；增大底吹搅拌强度促进石灰渣化并适当增加萤石量；配加石灰粉和转炉烟尘制成的高碱度低熔点脱磷剂。

（3）严格控制处理温度，避免熔池脱碳升温。保证脱磷，抑制脱碳。

（4）增强熔池搅拌强度，同时采用弱供氧制度。

（5）渣量减少，冶炼时间缩短，生产节奏加快，炉龄提高。

转炉双联工艺进行铁水预处理示意图见图3-7。

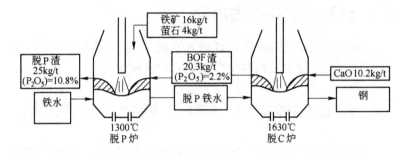

图 3-7 转炉双联工艺示意图

4 转炉炼钢工艺

4-1 装入制度包括哪些内容?

装入制度是确定转炉合理的装入量,合适的铁水废钢比。转炉的装入量是指主原料即铁水和废钢的装入数量。

4-2 什么是转炉的炉容比,影响转炉炉容比的因素有哪些?

新转炉砌砖完成后的容积称为转炉的工作容积,也称有效容积,以"V"表示,公称吨位用"T"表示,两者之比值"V/T"称之为炉容比,单位为(m^3/t)。一定公称吨位的转炉,都有一个合适的炉容比,即保证炉内有足够的冶炼空间,从而能获得较好的技术经济指标和劳动条件。炉容比过大,会增加设备重量、厂房高度和耐火材料消耗量,因而使整个车间的费用增加,成本提高,对钢的质量也有不良影响;而炉容比过小,炉内没有足够的反应空间,势必引起喷溅,对炉衬的冲刷加剧,操作恶化,导致金属消耗增高,炉衬寿命降低,不利于提高生产率。因此在生产过程中应保持设计时确定的炉容比。影响炉容比的因素有:

(1)铁水比和铁水成分。随着铁水比和铁水中 Si、P、S 含量增加,炉容比应相应增大。若采用铁水预处理工艺时,可以小些。

(2)供氧强度。供氧强度增大时,脱碳速度较快,为了不引起喷溅就要保证有足够的反应空间,炉容比应增大些。

(3)冷却剂的种类。若使用以铁矿石或氧化铁皮为主的冷却剂,成渣量大,炉容比也需相应增大些;若使用以废钢为主的冷却剂,成渣量小,则炉容比可适当小些。

炉容比还与氧枪喷嘴的结构有关。

转炉的炉容比一般在 $0.85 \sim 1.0 m^3/t$，为减少喷溅，炉容比应不低于 $0.90 m^3/t$。表 4-1 列出国内一些转炉的炉容比。

表 4-1 国内一些顶吹转炉炉容比

厂 名	太钢二炼	首钢三炼	攀钢	本钢二炼	鞍钢三炼	首钢二炼	宝钢一炼
吨位/t	50	80	120	120	150	210	300
炉容比/$m^3 \cdot t^{-1}$	0.97	0.84	0.90	0.91	0.86	0.97	1.05

4-3 确定装入量的原则是什么？

在确定合理的装入量时，除了考虑转炉要有一个合适的炉容比外，还应保持合适的熔池深度。以保证炉底不受氧气射流的冲击，熔池深度必须超过氧流对熔池的最大穿透深度。目前我国各类型转炉的熔池深度见表 4-2。

表 4-2 不同公称吨位转炉熔池深度

公称吨位/t	30	50	80	100	210	300
熔池深度/mm	800	1050	1190	1250	1650	1949

对于模铸工艺，装入量还应与锭型相配合。装入量减去吹损及浇注必要损失后的钢水量，应是各种锭型的整数倍，尽量减少注余。装入量可按式 4-1 进行计算：

$$装入量 = \frac{钢锭单重 \times 钢锭支数 + 浇注必要损失}{钢水收得率(\%)}$$

$$- 合金用量 \times 合金吸收率(\%) \qquad (4\text{-}1)$$

式 4-1 中的质量计量单位都采用 t。

对连铸车间，转炉装入量可根据实际情况在一定范围内波动。

此外，确定装入量时，既要考虑发挥现有设备潜力，又要防止片面不顾实际的盲目超装，以免造成事故和浪费。

4-4 生产中应用的装入制度有哪几种类型，各有什么特点？

氧气顶吹转炉的装入制度有：定量装入制度、分阶段定量装入制度和定深装入制度。其中定深装入制度是每炉装入量均使熔池深度保持不变,由于生产组织的制约,实际上难以实现。

(1) 定量装入制度。在整个炉役期间,每炉的装入量保持不变。这种装入制度的优点是:发挥了设备的最大潜力,生产组织、操作稳定,有利于实现过程自动控制。但炉役前期熔池深、后期熔池变浅,只适合大、中型转炉。国内外大型转炉已广泛采用定量装入制度。

(2) 分阶段定量装入制度。在一个炉役期间,按炉膛扩大的程度划分为几个阶段,每个阶段为定量装入。这样既大体上保持了整个炉役中具有比较合适的炉容比和熔池深度,又保持了各个阶段中装入量的相对稳定;既能增加装入量,又便于组织生产。这是适应性较强的一种装入制度。我国各中、小型转炉普遍采用这种装入制度。

4-5　供氧制度包括哪些内容,它有什么重要性?

供氧制度的主要内容包括确定合理的喷头结构、供氧强度、氧压和枪位控制。氧气顶吹转炉炼钢的供氧制度是使氧气射流最合理地供给熔池,创造良好的物理化学反应条件。它是控制整个吹炼过程的中心环节,直接影响吹炼效果和钢的质量。供氧是保证杂质去除速度、熔池升温速度、造渣速度、控制喷溅和去除钢中气体与夹杂物的关键操作。此外,它还关系终点碳和温度的控制以及炉衬寿命;对转炉强化冶炼、扩大钢的品种和提高质量也有重要影响。

4-6　什么是拉瓦尔型喷头,它有什么特点?

拉瓦尔喷头是收缩-扩张型喷孔,当出口氧压与进口氧压之比 $p_出/p_0 < 0.528$ 时才能够形成超音速射流,如图 4-1 所示。在拉瓦尔喷头中,气流在喉口处速度等于音速,在出口处达到超音速。

由于氧气是可压缩流体,当高压低速氧气流经拉瓦尔管收缩段(见图 4-1)时,氧流速度提高,在到达音速时若继续缩小管径,氧流速度并不再增高,只会造成氧气密度增大;此时要继续提高氧流速度,只能设法增大管径,使其产生绝热膨胀过程,氧压降低,密度减小、体积膨胀。当氧压与外界气压相等时,就可以获得超音速的氧射流,压力能转变为动能。扩大管径,见图4-1。拉瓦尔型喷头能够把压力能(势能)最大限度地转换成速度能(动能),并能获得比较稳定的超音速射流,在相同射流穿透深度的情况下,它的枪位可以高些,这就有利于改善氧枪的工作条件和炼钢的技术经济指标,因此拉瓦尔型喷头被广泛应用。

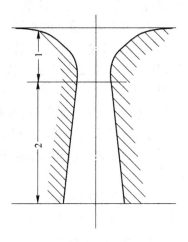

图 4-1　拉瓦尔型喷孔示意图

1—收缩段；2—扩张段

4-7　氧气自由射流的运动规律是怎样的?

气体从喷孔向无限大的空间喷出后,喷出气体与空间气体的物理性质相同时,所形成的气流称为自由射流或自由流股。

氧气从喷孔喷出后,形成超音速射流,如图4-2所示。由图可见,从喷孔喷出的氧气射流,在一段长度内其流速不变为等速段。由于射流边缘与周围介质气体发生摩擦,卷入部分介质气体并与之混合而减速;随着射流向前运动,到达一定距离后,射流中心轴线上的某一点速度等于音速,即马赫数 $Ma = 1$,在这点以前的区

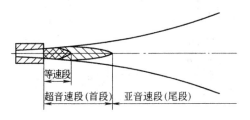

图 4-2　自由射流示意图

域,包括等速段,称为射流的超音速核心段,又称为首段。首段长度大约是喷孔出口直径的 6 倍。此点以后的区域,氧流的速度低于音速,称为亚音速射流段,又称为尾段。当射流截面上的速度与周围介质一样时,射流就沉没在周围介质之中。在超音速区域内,等速段以后射流周围有亚音速气流,射流的扩张角较小,为 10°~12°;亚音速区域内无超音速气流,射流的扩张角较大,为 22°~26°。

超音速核心段的长度一般随出口马赫数成正比例增加。超音速核心段的长度是决定氧枪高度的基础,也关系到射流对熔池的冲击能量。

高速氧气从喷孔喷出后,形成的射流与周围的气体相接触,由于射流内气体的静压低于外界静止气体的压强,周围的气体被卷入。距喷孔出口的距离越远,被卷入的气体数量越多。因此射流的流量不断增加,横截面不断扩大,同时流速不断降低,此现象称做射流的衰减。在同一横截面上速度的分布特点是射流中心轴线上的速度最大,离中心轴线越远,各点的速度逐渐降低一直到零。在速度等于零的部位是射流的界面。射流中心速度的减小速率也

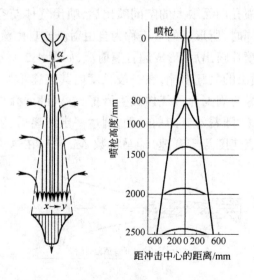

图 4-3　氧气射流流量与速度变化示意图

称射流的衰减率,射流截面直径增大速率也称射流扩展率,这两个参数是自由射流的基本特征,如图4-3所示。

4-8 多孔喷头氧气射流运动有什么特点?

从多孔喷头喷出的氧气流是多股的,增加了与熔池的接触面积,使氧气逸出更均匀,吹炼过程更平稳。多孔喷头的每一股氧流在与其他各股氧流相汇交之前,保持着自由射流的特性。当各股氧流开始相交后,就有了动量的交换,相互混合,这种混合从射流的边缘逐渐向中心轴线发展,各单股氧流所具有的自由射流特性逐渐消失。如果多股氧流在汇合前就与熔池液面相接触,对熔池的冲击力减小,冲击面积增大,枪位操作稳定,利于吹炼。

多股氧流是从其内侧开始混合的,混合后的射流内侧边缘卷入周围介质气体的数量比外侧少,内侧氧流速度降低慢,外侧氧流速度降低快,于是每股氧流的最大速度点就偏离了氧流的几何中心轴线位置,偏向氧枪的轴线。这样就出现了各股氧流的轴线逐渐向氧枪中心线靠拢的趋势。

若喷孔与中心线夹角过小,多股氧射流过早汇合,就与单个自由射流一样,减小了对熔池的冲击面积,对吹炼不利。因此在设计多孔喷头时,要合理选择每个拉瓦尔喷孔与氧枪中心轴线的夹角,保证各股氧流在到达熔池液面以前,基本上不汇合,这样就能充分发挥多孔喷头的优越性。

多孔喷头有三孔、四孔、五孔、六孔、七孔、甚至八孔等类型。小型转炉使

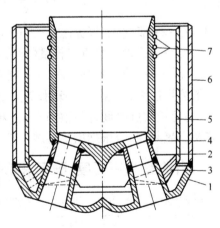

图 4-4 锻压组合式喷头结构
1—喷头端部及喷孔扩张段;2—喷孔喉口段;
3—导水板;4—进氧气管;5—中层管;
6—外层管;7—"O"形密封圈

用三孔拉瓦尔喷头;而中型和大型转炉普遍采用四孔、五孔及五孔以上喷头。与单孔喷头相比,多孔喷头有许多突出优点:如可以提高供氧强度和冶炼强度,可以增大冲击面积,利于成渣,操作平稳不易喷溅。但是,多孔喷头端面的中心区域(俗称鼻子尖部位)冷却效果较差,吹炼过程中该区域气压较低,钢液和熔渣易被吸入并黏附到喷头上而被烧坏。为了加强这个区域的冷却,采用中心水冷铸造喷头,可延长多孔喷头的使用寿命。

锻压组合式氧枪喷头见图 4-4,它能有效地改善喷孔之间的冷却效果,提高喷头寿命。

4-9　什么是氧气流量,确定氧气流量的依据是什么?

氧气流量(Q)是指在单位时间(t)内向熔池供氧的数量(体积)V,常用标准状态下体积(标态)量度,其单位是 m^3/min 或 m^3/h。氧气流量是根据吹炼每吨金属料所需要的氧气量、金属装入量、供氧时间等因素确定的,即:

$$Q = \frac{V}{t} \tag{4-2}$$

式中　Q——氧气流量(标态),m^3/min 或 m^3/h;

V——一炉钢的氧气耗量(标态),m^3;

t——一炉钢吹炼时间,min 或 h。

氧流量过大,就会使化渣、脱碳失去平衡,造成喷溅。氧流量过小,会延长吹炼时间,降低生产率。对于一定的原料成分、造渣工艺及供氧制度,应根据冶炼实践总结出氧流量最佳控制范围。

4-10　什么是供氧强度,确定供氧强度的依据是什么?

供氧强度 I 是单位时间内每吨钢的氧耗量,它的单位(标态)是 $m^3/(t \cdot min)$,可由下式确定:

$$I = \frac{Q}{T} \tag{4-3}$$

式中　I——供氧强度(标态),$m^3/(t \cdot min)$;

Q——氧气流量(标态),m^3/min;

T——出钢量,t。

供氧强度的大小应根据转炉的公称吨位、炉容比来确定。供氧强度过大,会造成严重的喷溅,供氧强度过小延长吹炼时间。通常在不产生喷溅的情况下,尽可能采用较大的供氧强度。目前国内中、小型转炉的供氧强度(标态)为 $2.5\sim4.5m^3/(t\cdot min)$,大于 120t 转炉的供氧强度(标态)为 $2.8\sim3.6m^3/(t\cdot min)$;国外转炉供氧强度(标态)波动在 $2.5\sim4.0m^3/(t\cdot min)$ 之间。

4-11 如何确定每吨金属料的氧气耗量?

吹炼 1t 金属料所需要的氧气量可以通过计算求出来。其步骤是:首先计算出熔池各元素氧化所需氧气量和其他氧耗量,然后再减去铁矿石或氧化铁皮带给熔池的氧量,现举例说明。

已知:金属装入量中铁水占 90%,废钢占 10%;吹炼钢种是 Q235B;渣量是金属装入量的 8%;吹炼过程中,金属料中 90% 的碳氧化生成 CO、10% 的碳氧化生成 CO_2,渣中 $w_{(FeO)}=9\%$;$w_{(Fe_2O_3)}=3\%$。计算 100kg 金属料元素氧化消耗的氧气量为多少?

100kg 金属料中各元素氧化量见表 4-3。

表 4-3 100kg 金属料中各元素氧化量

项目	元素成分 $w/\%$						
	C	Si	Mn	P	S	Fe	
铁 水	4.30	0.50	0.30	0.080	0.030		
废 钢	0.10	0.25	0.40	0.020	0.020		
平 均	3.88	0.475	0.31	0.074	0.029		
终 点	0.10		0.124	0.015	0.020	FeO	Fe_2O_3
氧化量/kg	3.78	0.475	0.186	0.059	0.009	0.560	0.168

铁水 $w_{[C]}=4.3\%$;占装入量的 90%;

废钢 $w_{[C]} = 0.1\%$；占装入量的 10%；

平均碳含量 $4.3\% \times 90\% + 0.1\% \times 10\% = 3.88\%$

同理可以算出 Si、Mn、P、S 的平均成分，见表 4-3。

各元素氧化所需氧气量见表 4-4。

表 4-4　100kg 金属料各元素氧化氧气耗量

元素	100kg 金属料中该元素的氧化量/kg	元素氧化反应式及产物	氧气耗量/kg
C	3.78	$C + \frac{1}{2}O_2 = CO$	$3.78 \times 90\% \times \frac{16}{12} = 4.536$
		$C + O_2 = CO_2$	$3.78 \times 10\% \times \frac{32}{12} = 1.008$
Si	0.475	$Si + O_2 = SiO_2$	$0.475 \times \frac{32}{28} = 0.543$
Mn	0.186	$Mn + \frac{1}{2}O_2 = MnO$	$0.186 \times \frac{16}{55} = 0.054$
P	0.059	$2P + \frac{5}{2}O_2 = P_2O_5$	$0.059 \times \frac{80}{62} = 0.076$
S	0.009	$S + O_2 = SO_2$	$0.009 \times \frac{1}{4} \times \frac{32}{32} = 0.002$
Fe	$100 \times 8\% \times 9\% \times \frac{56}{72}$ $= 0.560$	$Fe + \frac{1}{2}O_2 = FeO$	$0.560 \times \frac{16}{56} = 0.160$
	$100 \times 8\% \times 3\% \times \frac{112}{160}$ $= 0.168$	$2Fe + \frac{3}{2}O_2$ $= Fe_2O_3$	$0.168 \times \frac{48}{112} = 0.072$
共计	5.237		6.451

注：气化脱硫量占脱硫总量的 1/4。

　　100kg 金属料中元素氧化所需氧气量为 6.451kg，这是氧耗量的主要部分。另外还有一部分氧耗量是随生产条件的变化而有差异。例如炉气中部分 CO 燃烧生成 CO_2 所需要的氧气量，炉气中含有一部分自由氧，还有烟尘中的氧含量以及喷溅物中的氧含量等等。其数量随枪位、氧压、供氧强度、喷头结构、转炉炉容比、原材料条件等因素的变化而波动,波动范围较大。例如炉气中 CO_2 含量的波动范围是 $\varphi_{[CO_2]} = 5\% \sim 30\%$;自由氧含量 $\varphi_{[O_2]} = 0.1\% \sim 0.8\%$。这部分的氧耗量是无法精确计算的,因此用一个氧气的利用系数加以修正。根据生产经验认为氧气的利用系数一般在 $85\% \sim 95\%$。

每 100kg 金属氧耗量: $\dfrac{6.451}{85\% \sim 95\%} = 7.589 \sim 6.791(kg)$。

若采用铁矿石或氧化铁皮为冷却剂时,将带入熔池一部分氧,这部分氧量与铁矿石的成分和加入的数量有关。若铁矿石用量是金属料的 0.418%,根据矿石成分计算,每 100kg 金属料由铁矿石带入熔池的氧量为 0.096kg,若全部用来氧化杂质,则每 100kg 金属料的氧耗量是:

$$(7.589 \sim 6.791) - 0.096 = 7.502 \sim 6.695(kg)$$

氧气纯度为 99.6%,密度为 $1.429kg/m^3$,则每吨金属料的氧耗量(标态)是:

$$\frac{(7.502 \sim 6.695)}{99.6\% \times 1.429} \times \frac{1000}{100} = 52.7 \sim 47.0(m^3/t)$$

平均每吨金属料的氧耗量为 49.85(标态)(m^3/t)

若吹损为 8%,换算成吨钢水氧耗量(标态)为 $\dfrac{49.85}{(1-8\%)} = 54.18(m^3/t)$。

各厂每吨钢水实际氧耗量(标态)为 $52 \sim 58m^3/t$ 与计算的结果大致相当。

4-12　如何确定氧压,氧压过高或过低对氧气射流有何影响?

炼钢操作氧压是测定点的氧压,以 $p_{用}$ 表示;氧气经过管道、金属软管及氧枪中心管,才能到达喷头喷孔前沿,氧气从测定点到喷头喷孔前这段距离,会有一定的氧压损失。其氧压损失数值是可以测定出来的。

喷孔前的氧压用 p_0 表示,出口氧压用 $p_{出}$ 表示。p_0 和 $p_{出}$

都是喷头设计的重要参数。喷孔最佳操作氧压应等于或稍大于设计氧压,绝对不能在低于设计氧压下吹炼。在设计压力下操作时,喷孔出口的氧压 $p_{出}$ 等于炉内环境压力,可以获得稳定的射流,不会产生激波。

如果操作氧压高于设计氧压过多,则气流在到达喷孔出口时,尚未完成膨胀过程,仍然具有一定的压力能没有转换,这时氧流离开喷孔出口后继续进行膨胀,形成膨胀波系,射流会产生激波,使得氧流很不稳定,射流的能量损失比较大,不利于吹炼。导致这种情况的喷头叫做"膨胀不足的喷头"。

如果操作氧压低于设计氧压,氧流未到达出口之前就完成膨胀,且气流离开喷孔管壁,这时出口氧压小于环境压力,射流能量在喷孔内部由于激波的产生而损失比较大,氧流出喷孔后形成收缩波系使射流轴心速度衰减加快,导致这种情况的喷头叫做"过度膨胀喷头"。

喷孔前氧压 p_0 的值由出口马赫数确定,通常选取出口马赫数 $Ma = 1.9 \sim 2.1$,可以根据公式算出 p_0 值。出口氧压 $p_{出}$ 应稍高于或等于炉内环境压力。

操作氧压最好是在等于或稍高于设计氧压下吹炼,当操作氧压过高时,造成化渣不好,喷溅增加;如果操作氧压超过设计氧压20%以上时,能量损失增加,氧流也不稳定,所以不能用过高的氧压操作。操作氧压过低时,熔池搅拌减弱,渣中 TFe 含量过高,氧气利用率降低。

4-13　确定氧枪枪位应考虑哪些因素,枪高在多少合适?

调整氧枪枪位可以调节氧射流与熔池的相互作用,从而控制吹炼进程。因此氧枪枪位是供氧制度的一个重要参数。确定合适的枪位主要考虑两个因素:一是要有一定的冲击面积;二是在保证炉底不被损坏的条件下,有一定的冲击深度。枪位过高射流的冲击面积大,但冲击深度减小,熔池搅拌减弱,渣中 TFe 含量增加,吹炼时间延长。枪位过低,冲击面积小,冲击深度加大,渣中 TFe

含量减少,不利化渣,易损坏炉底。因此应确定合适的枪位。

氧枪枪位是以喷头端面与平静熔池面的距离来表示。氧枪枪位(H/mm)与喷头喉口直径($d_{喉}/mm$)的经验关系式为:

$$多孔喷头\ H = (35\sim50)d_{喉} \qquad (4\text{-}4)$$

根据生产中的实际吹炼效果再加以调整。通常冲击深度 L 与熔池深度 L_0 之比为: $L/L_0 = 0.70$ 左右。若冲击深度过浅,脱碳速度和氧气利用率降低;若冲击深度过深,易损坏炉底,造成严重喷溅。

4-14　氧枪枪位对熔池搅动、渣中 TFe 含量、熔池温度有什么影响?

A　枪位与熔池搅拌的关系

采用硬吹时,因枪位低,氧流对熔池的冲击力大,冲击深度深,气-熔渣-金属液乳化充分,炉内的化学反应速度快,特别是脱碳速度加快,大量的 CO 气泡排出熔池得到充分的搅动,同时降低了熔渣的 TFe 含量,长时间的硬吹易造成熔渣"返干"。枪位越低,熔池内部搅动越充分。

软吹时,因枪位高,氧流对熔池的冲击力减小,冲击深度变浅,反射流股的数量增多,冲击面积加大,加强了对熔池液面的搅动;而熔池内部搅动减弱。脱碳速度降低,因而熔渣中的 TFe 含量有所增加,也容易引起喷溅,延长吹炼时间。

如果枪位过高或者氧压很低,吹炼时,氧流的动能低到根本不能吹开熔池液面,只是从表面掠过,这种操作叫"吊吹"。吊吹会使渣中(TFe)积聚,易产生爆发性喷溅,应该禁止"吊吹"。

合理调整枪位,可以调节熔池液面和内部的搅拌作用。如果短时间内高、低枪位交替操作,还有利于消除炉液面上可能出现的"死角",消除渣料成坨,加快成渣。

B　枪位与渣中 TFe 含量的关系

枪位不仅影响着(FeO)的生成速度,同时也关系着(FeO)的消耗速度。当枪位低到一定的程度,或长时间使用某一低枪位吹炼时,熔池内脱碳速度快,FeO 的消耗数量也多,因此熔渣中 TFe 的含量会减少,导致熔渣返干,进而引起金属喷溅。高枪位吹炼时,由于氧流对熔池搅拌作用减弱,熔池内的化学反应速度减慢,熔渣中 FeO 聚积,起到提高(TFe)含量的作用;但长时间高枪位吹炼也会引起喷溅。

在吹炼的不同时期,应根据吹炼的任务,通过枪位的改变控制渣中 TFe 含量。如吹炼初期要求稍高枪位操作,渣中 TFe 含量高些可及早形成初期渣脱除磷、硫;吹炼中期,适当降低枪位控制合适(TFe)含量以防喷溅;吹炼后期最好降低枪位以降低渣中 TFe 含量,提高钢水收得率。

C 枪位与熔池温度的关系

枪位对熔池温度的影响是通过炉内化学反应速度来体现的,采用低枪位操作,气-熔渣-金属液乳化充分,接触密切,化学反应速度快,熔池搅拌力强,升温速度快,吹炼时间短,热损失部分相对减少,炉温较高。

采用高枪位操作,熔池搅拌力弱,反应速度减慢,因而熔池升温速度也缓慢,吹炼时间延长,热损失部分相对增多,温度偏低。

4-15 如何确定开始吹炼枪位?

开吹枪位一般应比过程枪位高些,其确定原则是早化渣,多去磷、保护炉衬。因此,开吹前必须了解铁水温度和成分,测量液面高度,了解总管氧压以及所炼钢种的成分和温度要求。确定合适的开吹枪位应考虑以下情况:

(1)铁水成分。若硅含量高、渣量大,则易喷溅,枪位不要过高。铁水锰含量高,枪位可以低些;铁水 P、S 含量高时,应尽快成渣去 P、S,枪位应适当高些;废钢中生铁块多导热性差,不易熔化,应降低枪位。

(2)铁水温度。遇到铁水温度偏低时,可先开氧吹炼后加头批料,即"低枪点火";铁水温度高时,碳氧反应会提前到来,渣中

TFe 含量降低,枪位可以稍高些,以利于成渣。

(3) 装入量。超装量多熔池液面高,应提高枪位。

(4) 炉龄。开新炉,炉温低,应适当降低枪位;炉役前期液面高,可适当提高枪位;炉役后期熔池液面降低面积增大,可在短时间内采用高、低枪位交替操作以加强熔池搅拌,利于成渣。

(5) 化渣情况及渣料。炉渣不好化或石灰量多,又加了调渣剂,枪位应稍高些,有利于石灰和调渣剂的渣化。使用活性石灰成渣较快,整个过程的枪位都可以稍低些。

铁矿石、氧化铁皮和萤石的用量多时,熔渣容易形成,同时流动性较好,枪位可以适当低些。

4-16　如何控制过程枪位?

过程枪位的控制原则是:熔渣不"返干"、不喷溅、快速脱碳与脱硫、熔池均匀升温。在碳的激烈氧化期间,尤其要控制好枪位。枪位过低,会产生炉渣"返干",造成严重的金属喷溅,有时甚至喷头粘钢而被损坏。枪位过高,渣中 TFe 含量较高,又加上脱碳速度快,同样会引起大喷或连续喷溅。

4-17　如何控制后期枪位,终点前为什么要降枪?

在吹炼后期,枪位操作要保证出钢温度、碳、磷、硫含量达到目标控制要求。有的操作分为两段,即提枪段和降枪段。这主要是根据过程化渣情况、所炼钢种、铁水磷含量高低等具体情况而定。

若过程熔渣黏稠,需要提枪改善熔渣流动性。但枪位不宜过高,时间不宜过长,否则会产生大喷。在吹炼中、高碳钢种时,可以适当地提高枪位,保持渣中有足够 TFe 含量,以利于脱磷;如果吹炼过程中熔渣流动性良好,可不必提枪,避免渣中 TFe 过高,不利于吹炼。

在吹炼末期降枪,主要目的是使熔池钢水成分和温度均匀,加强熔池搅拌,稳定火焰,便于判断终点。同时可以降低渣中 TFe 含量,减少铁损,提高钢水收得率,达到溅渣的要求。

4-18　什么是恒流量变枪位操作,它有几种操作模式?

恒流量变枪位操作,是在一炉钢的吹炼过程中,供氧流量保持不变,通过调节枪位来改变氧流与熔池的相互作用来控制吹炼。我国大多数厂家是采用分阶段恒流量变枪位操作。

由于转炉吨位、喷头结构、原材料条件及所炼钢种等情况不同,氧枪操作也不完全一样。目前有如下两种氧枪操作模式。

(1)高-低-高-低的枪位模式。如图 4-5 所示,开吹枪位较高,及早形成初期渣,二批料加入后适时降枪,吹炼中期熔渣返干时可提枪或加入适量助熔剂调整熔渣流动性,以缩短吹炼时间,终点拉碳出钢。

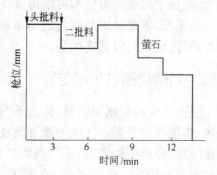

图 4-5　高-低-高-低的枪位操作示意图

(2)高-低-低的枪位模式。如图 4-6 所示,开吹枪位较高,尽快形成初期渣;吹炼过程枪位逐渐降低,吹炼中期加入适量助熔剂调整熔渣流动性,终点拉碳出钢。

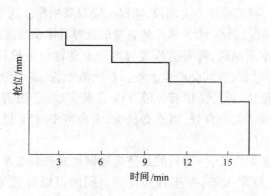

图 4-6　高-低-低的枪位操作示意图

4-19　什么是变枪位变流量操作？

变枪位变流量操作是在一炉钢的吹炼过程中,通过调节供氧流量和枪位来改变氧流与熔池的相互作用,控制吹炼过程。常用的模式是:供氧流量前期大,中期小,后期大;枪位前期高,中后期低些。

4-20　氧枪喷头损坏的原因和停用标准是什么,如何提高喷头寿命？

喷头损坏的原因有:

(1) 高温钢渣的冲刷和急冷急热作用。喷头的工作环境极其恶劣,氧流喷出后形成的反应区温度高达约2500℃,喷头受高温和不断飞溅的熔渣与钢液的冲刷和浸泡,逐渐地熔损变薄;由于温度频繁地急冷急热,喷头端部产生龟裂,随着使用时间的延续龟裂逐步扩展,直至端部渗水乃至漏水报废。

(2) 冷却不良。研究证明,喷头表面晶粒受热长大,损坏后喷头中心部位的晶粒与新喷头相比长大5～10倍;由于晶粒的长大引起喷孔变形,氧射流性能变坏。

(3) 喷头端面粘钢。由于枪位控制不当,或喷头性能不佳而粘钢,导致端面冷却条件变差,寿命降低。多孔喷头射流的中间部位形成负压区,泡沫渣及夹带的金属液滴熔渣被不断地吸入,当高温并具有氧化性的金属液滴击中和粘附在喷头端面的一瞬间,铜呈熔融状态,钢与铜形成Fe-Cu固溶体牢牢地粘结在一起,影响了喷头的导热性(钢的导热性只有铜的1/8),若再次发生炽热金属液滴粘结,会发生[Fe]-[O]反应,放出的热量使铜熔化,喷头损坏。

(4) 喷头质量不佳。制作喷头用的铜,其纯度、密度、导热性能、焊接性能等比较差,造成喷头寿命低。经金相检验铜的夹杂物为CuO,并沿着晶界呈串状分布,有夹杂物的晶界为薄弱部位,钢滴可能从此侵入喷头的端面导致喷头被损坏。

喷头不能保持设计的射流特性,就应及时更换。氧枪喷头停用的标准如下：

（1）喷孔出口变形大于等于 3mm，应更换。

（2）喷孔蚀损变形，冶炼指标恶化，应及时更换。

（3）喷头、氧枪出现渗水或漏水，要更换。

（4）喷头或枪身涮进大于等于 4mm 时，应更换。

（5）喷头或枪身粘钢变粗达到一定直径，应立即更换。

（6）喷头被撞坏、枪身弯曲大于 40mm 时，应更换。

提高喷头寿命的途径有：

（1）喷头设计合理，保证氧气射流的良好性能。

（2）采用高纯度无氧铜锻压组合工艺或铸造工艺制作喷头，确保质量。

（3）最好用锻压组合式喷头（见图 4-4）代替铸造喷头，提高其冷却效果和使用性能，延长喷头使用寿命。

（4）采用合理的供氧制度，在设计氧压条件下工作，严防总管氧压不足。

（5）提高原材料质量，保持其成分的稳定并符合标准规定。采用活性石灰造渣；当原材料条件发生变化时，及时调整枪位，保持操作稳定，避免烧坏喷头。

（6）提高操作水平，实施标准化操作。化好过程渣，严格控制好过程温度，提高终点碳和温度控制的命中率；要及时测量炉液面高度，根据炉底状况，调整过程枪位。

（7）采用复合吹炼工艺时，在底吹流量增大时，顶吹枪位要相应提高，以求吹炼平稳。

4-21　氧枪喷头的主要尺寸是如何计算和确定的?

喷头的合理结构是氧气转炉合理供氧的基础。氧枪喷头的计算，关键在于正确选择喷头参数。

（1）供氧流量计算。通过物料平衡计算能精确求得吨钢耗氧量，根据公式 4-2 计算供氧流量。对于中、小型转炉，以转炉炉役平均出钢量进行计算。

(2) 理论氧压。理论设计氧压(绝对压力)是喷头进口处的氧压,是设计喷头喉口和出口直径的重要参数。在选择理论设计氧压时,考虑到氧流附面层的存在,喷头有效出口直径减少,会使实际的理论设计氧压大约降低 0.049MPa 左右。确定马赫数后,理论设计氧压可由公式计算,一般在 0.7～1.0MPa 为宜。

(3) 喷头出口马赫数。马赫数的大小决定喷头氧气出口速度,即决定氧射流对熔池的冲击能力。选用值过大,则喷溅大,增大渣料消耗及金属损失,而且转炉内衬及炉底易损坏;选用值过小,由于搅拌减弱氧的利用率低,渣中 TFe 含量高,也会引起喷溅。当 $Ma > 2.0$ 时随马赫数的增长氧气的出口速度增加变慢,要求更高理论设计氧压,这样在技术上不够合理,经济上也不合算。

目前国内推荐 $Ma = 1.9～2.1$。大于 120t 转炉,$Ma = 2.0～2.1$。

(4) 喷孔夹角和喷孔间距。喷头孔数和夹角之间的关系可参考表 4-5 数据选用。

表 4-5　喷头孔数与夹角的关系

孔　数	3	4	5	>5
夹角 $\beta/(°)$	9～11	10～13	13～16	16～17

喷孔之间间距过小,氧气射流之间相互吸引,射流向中心偏移,从而影响每股射流中心速度的衰减。因此在喷头端面,喷孔中心同喷头中心轴线之间的距离保持在 $(0.8～1.0)d_{出}$($d_{出}$ 为喷孔出口直径)较为合理。

(5) 喷头喉口的氧流量公式:

$$W = \sqrt{\frac{K}{R}\left(\frac{2}{K+1}\right)^{\frac{K+1}{K-1}}} \times \frac{A_{喉}}{\sqrt{T_0}}p_0 \qquad (4-5)$$

式中　W——氧气质量流量,kg/s;

　　　K——常数,双原子气体取值为 1.4;

R——气体常数，$259.83 \text{m}^2/(\text{s}^2 \cdot \text{K})$；

T_0——氧气滞止温度，K；

$A_{喉}$——喉口总断面面积，m^2；

p_0——理论设计氧压（绝对），MPa。

若质量流量的单位换算为标态下 m^3/min，则体积流量 Q 为：

$$Q = \frac{60}{1.43}\sqrt{\frac{K}{R}\left(\frac{2}{K+1}\right)^{\frac{K+1}{K-1}}} \times \frac{A_{喉}p_0}{\sqrt{T_0}}$$

式中　Q——氧流量（标态），m^3/min；

1.43——氧气密度（标态），$1.43\text{kg}/\text{m}^3$；

$$Q = \frac{60}{1.43}\sqrt{\frac{1.4}{259.83}\left(\frac{2}{1.4+1}\right)^6} \times \frac{A_{喉}p_0}{\sqrt{T_0}}$$

$$= 1.782 \frac{A_{喉}p_0}{\sqrt{T_0}} \; (\text{m}^3/\text{min})$$

必须指出，氧流量（Q）公式是根据等熵流导出的喷头流量公式。实际氧气流通过时必定有摩擦，不能完全绝热，因此应乘以流量系数 C_D 加以修正。

$$Q_{实} = 1.782 C_D \times \frac{A_{喉}p_0}{\sqrt{T_0}} \qquad (4\text{-}6)$$

式中　$Q_{实}$——实际氧流量（标态），m^3/min；

p_0——理论设计氧压，MPa；

T_0——氧气滞止温度 K，一般按当地夏季温度选取，

$T_0 = 273 + (20 \sim 30)\text{K}$；

C_D——喷孔流量系数，$C_D = 0.90 \sim 0.96$。

（6）喉口段长度的确定。喉口段长度的作用一是为稳定气流，二是为加工方便，喉口段长度推荐为 $5 \sim 40\text{mm}$ 较为适合。

（7）收缩段尺寸的确定。每孔收缩段的半锥角 β 希望值为 $18° \sim 23°$，最大不超过 $30°$。

收缩段的长度 $L = (0.8 \sim 1.5)d_{喉}$。　　　　(4-7)

收缩段入口处的直径，为喉口直径的 2 倍左右。

（8）扩张段的扩张角与扩张段长度。每孔扩张段的扩张角一般取 $8° \sim 10°$，半锥角 α 为 $4° \sim 5°$。

扩张段长度 L 可由计算公式求得：

$$L = \frac{d_{出} - d_{喉}}{2\tan\alpha} \tag{4-8}$$

扩张段长度也可由经验数据选定，即：

$$\frac{L}{d_{出}} \approx 1.2 \sim 1.5 \tag{4-9}$$

喷头计算实例如下：

计算 120t 转炉用氧枪四孔喷头主要尺寸。

（1）计算氧流量。转炉吨钢氧耗量（标态）取 $55m^3/t$，吹氧时间取 16.5min。根据公式 4-2 计算氧流量（标态）：

$$Q = \frac{55 \times 120}{16.5} = 400(m^3/min)$$

（2）选用喷孔出口马赫数。选定马赫数 $Ma = 2.0$，四孔喷孔与中心线夹角为 $12°$。

（3）理论设计氧压。理论氧压应根据表 4-6 等熵流确定。

表 4-6　等熵流表

Ma	p/p_0	ρ/ρ_0	T/T_0	A/A_0
1.80	0.1740	0.2868	0.6068	1.430
1.83	0.1662	0.2776	0.5989	1.472
1.85	0.1612	0.2715	0.5936	1.495
1.88	0.1539	0.2627	0.5859	1.531
1.90	0.1492	0.2570	0.5807	1.555
1.93	0.1425	0.2486	0.5731	1.593
1.95	0.1381	0.2432	0.5680	1.619
1.97	0.1339	0.2378	0.5630	1.646
1.99	0.1298	0.2326	0.5589	1.674
2.00	0.1278	0.2300	0.5556	1.688
2.03	0.1220	0.2225	0.5482	1.730
2.05	0.1182	0.2176	0.5433	1.760
2.07	0.1146	0.2128	0.5385	1.790
2.10	0.1094	0.2058	0.5313	1.837
2.30	0.07997	0.1646	0.4859	2.193

表中　Ma——马赫数；

$\quad\quad p$——出口氧压，MPa；

$\quad\quad p_0$——理论设计氧压，MPa；

$\quad\quad \rho$——喷孔出口氧气的体积密度，kg/m³；

$\quad\quad \rho_0$——进入喷孔前氧气的体积密度，kg/m³；

$\quad\quad T$——喷孔出口氧气的温度，K；

$\quad\quad T_0$——氧气滞止温度，K；

$\quad\quad A$——喷孔出口总断面面积，m²；

$\quad\quad A_0$——喷孔喉口总断面面积，m²。

查等熵流表，当 $Ma = 2.0$ 时，$p/p_0 = 0.1278$。

$p = 0.1015$MPa；

$$p_0 = \frac{0.1015}{0.1278} \times 10^6 = 0.79 \times 10^6 \text{Pa}。$$

(4) 计算喉口直径。喉口直径根据公式 4-6 计算。

每孔氧流量(标态)$q = \dfrac{Q}{4} = \dfrac{400}{4} = 100(\text{m}^3/\text{min})$，

$$q = 1.782 C_\text{D} \times \frac{A_\text{喉}\, p_0}{\sqrt{T_0}}$$

令 $C_\text{D} = 0.93$，$T_0 = 273 + 25 = 298$K，$p_0 = 0.79$MPa，代入上式：

$$100 = 1.782 \times 0.93 \times \frac{\pi d_\text{喉}^2}{4} \times \frac{0.79 \times 10^6}{\sqrt{298}}$$

$$d_\text{喉}^2 = \frac{100 \times 4 \times \sqrt{298}}{1.782 \times 0.93 \times 3.1416 \times 0.79 \times 10^6} = \frac{6905.0706}{4113093.93}$$

$$= 0.0016788(\text{m}^2) = 16.788(\text{cm}^2)$$

则 $d_\text{喉} = 41$mm

(5) 喷孔喉口长度的确定。喉口直线段 $l = 10$mm。

(6) 计算出口直径。依据 $Ma = 2.0$，查表 4-6 得 $A_\text{出}/A_\text{喉} = 1.688$，

$$A_\text{出} = 1.688 \times \frac{\pi d_\text{喉}^2}{4} = 1.688 \times \frac{3.1416 \times 41^2}{4} = 2228.59(\text{mm}^2)$$

$$d_{出} = \sqrt{\frac{4 \times 2228.59}{3.1416}} = 53.3(\text{mm})$$

（7）收缩段的长度：

$$L_{收} = 1.2 \times d_{喉} = 1.2 \times 41 = 49.2(\text{mm}) \approx 49(\text{mm})$$

（8）计算扩张段长度：

取半锥角为5°，则：

$$\tan 5° = \frac{53 - 41}{2L}$$

$$L = \frac{53 - 41}{2\tan 5°} = 68.58(\text{mm}) \approx 68(\text{mm})$$

计算结果四孔喷头主要尺寸为：喉口直径为41mm，出口直径为53.3mm，喉口直线段长度为10mm，收缩段长度为49mm，扩张段长度为68mm，扩张角为10°，四孔喷孔与中心线夹角为12°。

氧枪枪身各层配管的尺寸计算见本书第11-20题。

4-22 造渣制度包括哪些内容？

造渣制度是确定合适的造渣方法、渣料的种类、渣料的加入数量和时间以及加速成渣的措施。

4-23 什么是单渣操作，它有什么特点？

单渣操作就是在吹炼过程中只造一次渣，中途不倒渣、不扒渣，直到吹炼终点出钢。

入炉铁水Si、P、S含量较低，或者钢种对P、S要求不太严格，以及冶炼低碳钢时，均可以采用单渣操作。

采用单渣操作，工艺比较简单，吹炼时间短，劳动条件好，易于实现自动控制。单渣操作一般脱磷效率在90%左右，脱硫效率约为30%～40%。

4-24 什么是双渣操作，它有什么特点？

在吹炼中途倒出或扒除约1/2～2/3炉渣，然后加入渣料重新造渣为双渣操作。根据铁水成分和所炼钢种的要求,也可以多次倒渣造新渣。

在铁水磷含量高且吹炼高碳钢、铁水硅含量高,为防止喷溅,或者在吹炼低锰钢种时,为防止回锰等均可采用双渣操作。但当前有的转炉终点不能一次拉碳,多次倒炉并添加渣料补吹,这也是一种变相的双渣操作;这对钢的质量、材料消耗以及炉衬都十分不利。

双渣操作脱磷效率可达 95% 以上,脱硫效率约 60% 左右。双渣操作会延长吹炼时间,增加热量损失,降低金属收得率,也不利于过程自动控制、恶化劳动条件。对炼钢用铁水最好采用预处理进行三脱。

4-25 什么是留渣操作,它有什么特点?

留渣操作就是将上炉终渣的一部分留给下炉使用。终点熔渣的碱度高,温度高,并且有一定(TFe)含量,留到下一炉,有利于初期渣尽早形成,并且能提高前期去除 P、S 的效率,有利于保护炉衬,节省石灰用量。

采用留渣操作时,在兑铁水前首先要加石灰或者先加废钢稠化冷凝熔渣,当炉内无液体渣时方可兑入铁水,以避免引发喷溅。

溅渣护炉技术在某种程度上可以看作是留渣操作的特例。

4-26 石灰的加入量如何确定?

石灰加入量是根据铁水、废钢、生铁块中 Si、P 含量及炉渣碱度 R 来确定的。

铁水 $w_{[P]} < 0.30\%$ 时,可按下式计算石灰加入量:

$$石灰加入量(kg/t) = \frac{2.14 \times w_{[Si]}}{w_{CaO,石灰} - R \times w_{SiO_2,石灰}} \times R \times 1000$$

$$(4-10)$$

式中 2.14——SiO_2 与 Si 相对分子质量之比值 $\left(\dfrac{28 + 2 \times 16}{28}\right)$,它的含义是 1kg 的 Si,氧化后生成 2.14kg 的 SiO_2;

R——炉渣碱度;

$w_{CaO,石灰} - R \times w_{SiO_2,石灰}$————石灰中的有效氧化钙。其中 $R \times w_{SiO_2,石灰}$ 相当用于和石灰中的 SiO_2 结合消耗的 CaO 量。

废钢、生铁块也应该根据式 4-10 计算需补加的石灰量。

若采用部分铁矿石为冷却剂时,还应根据铁矿石加入量及铁矿石成分补加石灰。

$$每千克矿石补加石灰量(kg) = \frac{R \times w_{SiO_2,矿}}{w_{CaO,石灰} - R \times w_{SiO_2,石灰}} \times 1$$

$$(4\text{-}11)$$

除了加入铁矿石需要补加石灰外,加入萤石、贫锰矿、白云石、菱镁矿、煤块、硅石等含 SiO_2 的辅助原料,以及铁水带渣,都应该补加石灰,补加量计算方法与式 4-11 相同。

铁水 $w_{[P]} > 0.30\%$ 时,可按下式计算石灰加入量:

$$每吨铁水的石灰加入量(kg)$$
$$= \frac{2.14 \times w_{[Si]} + 2.29 \times w_{[P]}}{w_{CaO,石灰} - R \times w_{SiO_2,石灰}} \times R \times 1000 \qquad (4\text{-}12)$$

式中　2.29————P_2O_5 与 P 相对分子质量之比,它的含义是 1kg 的 P 氧化后生成 $2.29kg P_2O_5$;

石灰加入总量应是铁水需石灰加入量与各种原料需补加石灰量的总和,再除以石灰熔化率。

例题　1t 金属料中铁水占 85%,废钢占 10%,生铁块占 5%,每吨金属料加铁矿石 5kg,萤石 3kg,铁水带渣量比为 0.5%,石灰熔化率为 85%,各原料成分列在下表中,炉渣碱度 $R = 3.5$;计算 1t 金属料所需石灰加入量为多少?

原料\成分	铁水	废钢	生铁块	铁水带渣	石灰	矿石	萤石
$w_{[Si]}$/%	0.50	0.10	1.40				
w_{CaO}/%				37.5	83		
w_{SiO_2}/%				36	2.5	6.0	5.0

金属料所需石灰量按式 4-10 计算：

石灰加入量 =

$$\frac{2.14\times(w_{[Si],铁水}\times铁水量+w_{[Si],废钢}\times废钢量+w_{[Si],生铁块}\times生铁块量)}{w_{CaO,石灰}-R\times w_{SiO_2,石灰}}\times$$

$$R\times1000=$$

$$\frac{2.14\times(0.50\%\times85\%+0.10\%\times10\%+1.4\%\times5\%)}{83\%-3.5\times2.5\%}\times$$

$$3.5\times1000$$

$$=50.94(kg/t)$$

铁水带渣量为 $1000\times85\%\times0.5\%=4.25kg$

铁水带渣带入的 SiO_2 应考虑铁水渣中 CaO 相当的 SiO_2 量：

$$w_{SiO_2有效,铁水渣}=w_{SiO_2,铁水渣}-\frac{w_{CaO,铁渣}}{R}$$

$$=36\%-\frac{37.5\%}{3.5}=25.29\%$$

辅原料及铁水带渣所需石灰量用式 4-11 计算：

补加石灰量(kg) =

$$\frac{R\times(w_{SiO_2,矿石}\times矿石量+w_{SiO_2,萤石}\times萤石量+w_{SiO_2,有效,铁水渣}\times铁水带渣量)}{w_{CaO,石灰}-R\times w_{SiO_2,石灰}}$$

$$=\frac{3.5\times(5\times6\%+3\times5\%+4.25\times25.29\%)}{83\%-3.5\times2.5\%}=7.19(kg)$$

石灰总加入量 $=\dfrac{50.94+7.19}{85\%}=68.39(kg/t)$

故每吨金属料应加入 68.39kg 石灰。

4-27　渣料的加入批量和时间应怎样考虑,为什么?

　　渣料的加入批量和时间对成渣速度有直接的影响。若在开吹时将渣料全部一次加入炉内,必然导致熔池温度偏低,熔渣不易形成,并且还会抑制碳的氧化。所以单渣操作时,渣料一般都是分两批加入。第一批渣料是总量的一半或一半以上,其余的第二批加入。如果需要调整熔渣或炉温,才有所谓第三批渣料。

在正常情况下,第一批渣料是在开吹的同时加入。第二批渣料的加入时间是在 Si、Mn 氧化基本结束,第一批渣料基本化好,碳焰初起时加入。

4-28 转炉炼钢造渣为什么要少加、不加萤石或使用萤石代用品?

萤石作为助熔剂的优点是化渣快,效果明显。但用量过多,对炉衬有侵蚀作用,对环境也有污染,有时容易形成严重泡沫渣而引起喷溅。另外,萤石是贵重资源,所以要尽量少用或不用。

铁矿石、烧结矿、OG 泥烧结矿都可代替萤石。由于它们又是冷却剂,加入量要根据熔池温度而定。有条件的也可采用贫锰矿石作助熔剂。

4-29 渣量的大小对冶炼有哪些影响,如何用锰平衡法计算渣量?

大渣量操作对冶炼的影响如下:

(1) 能适当地提高脱磷、脱硫效率;

(2) 加大了渣料消耗量;

(3) 容易造成喷溅,并增加热损失和铁损;

(4) 加剧对炉衬的冲刷蚀损,降低炉龄。

所以在保证最大限度地去除磷、硫条件下,渣量越少越好。

渣量可以用元素平衡法计算。Mn 和 P 两元素,从渣料及炉衬中的来源很少,其数量可以忽略不计。因而可以用 Mn 或 P 的平衡来计算渣量。

例如,转炉装入铁水 135t,锰含量为 0.40%;废钢 27.5t,锰含量为 0.50%;散料带入锰含量忽略不计。冶炼终点钢水量为 150t,余锰量为 0.12%,终点渣中 $w_{(MnO)} = 4.5\%$,用锰平衡法计算渣量(Mn 的相对原子质量为 55,O 的相对原子质量为 16)。

解题步骤如下:

设渣量为 x。

终点渣中 $w_{(MnO)} = 4.5\%$，则

$$w_{(Mn)} = 4.5\% \times \frac{55}{55 + 16} = 3.49\%。$$

锰来源量 = 铁水带锰量 + 废钢带锰量

$$= 135 \times 1000 \times 0.40\% + 27.5 \times 1000 \times 0.50\%$$

$$= 677.5(kg)$$

锰支出量 = 钢水带锰量 + 炉渣带锰量

$$= 150 \times 1000 \times 0.12\% + 1000 \times 3.49\% x$$

根据质量守恒定律，锰来源量 = 锰支出量。

$$150 \times 1000 \times 0.12\% + 1000 \times 3.49\% x = 677.5$$

$$x = 14255(kg) = 14.255(t)$$

渣量为 14.255t，占金属量的 $\frac{14.255}{135 + 27.5} \times 100\% = 8.7\%$。

渣量计算过程也可参见下表。

渣 量 计 算 表

		装入量/kg	$w_{[Mn]}$/%	Mn 量/kg		
Mn 收入 量数据	铁水 135000	0.40		$135000 \times 0.40\% = 540.00$		
	废钢 27500	0.50		$27500 \times 0.50\% = 137.50$		
	Mn 收入总量			$540.00 + 137.50 = 677.50$		
	项　　目	$w_{(MnO)}$/%	w_{Mn}/%		kg	
Mn 支出 量数据	钢水 150000		0.12		$150000 \times 0.12\% = 180.00$	
	炉　　渣	4.50	$4.5\% \times \frac{55}{55 + 16} = 3.49$		$677.50 - 180.00 = 497.50$	
渣量/kg			$\frac{497.50}{3.49\%} = 14255$			
渣量占金属量比/%			$\frac{14.255}{135 + 27.5} \times 100\% = 8.7$			

4-30　什么是少渣操作,转炉炼钢为什么要采用少渣操作?

在一般情况下,转炉炼钢渣量占金属量的 10% 以上,但经过三脱预处理的铁水,硅、磷、硫含量都很低,转炉炼钢脱磷、脱硫的负荷大大减轻了,可以只承担脱碳和升温的任务,能够做到少渣操作。

当每吨金属料中石灰加入量小于 20kg/t 时,每吨金属料形成渣量小于 30kg/t 为少渣操作。

少渣操作的优点如下:

(1) 由于铁水硅含量很低($w_{[Si]} \leqslant 0.15\%$),为保证炉渣碱度所需的石灰加入量也可减少,降低了渣料消耗和能耗,减少了污染物的排放。

(2) 转炉中渣量少,因此氧的利用率高,终点氧含量低,余锰高,铁损少,合金元素吸收率较高。

(3) 减少对炉衬侵蚀,减少喷溅。

4-31　石灰渣化的机理是怎样的?

石灰在炉内渣化过程是通过试验及对未熔透石灰块的成分分析了解的。

开吹后,各元素的氧化产物 FeO、SiO_2、MnO、Fe_2O_3 等形成了熔渣。加入的石灰块就浸泡在初期渣中,被这些氧化物包围着。这些氧化物从石灰表面向其内部渗透,并与 CaO 发生化学反应,生成一些低熔点的矿物,引起了石灰表面的渣化。这些反应不仅在石灰块的外表面进行着,而且也在石灰气孔的内表面进行着。石灰就是这样逐渐被渣化的。

转炉炼钢炉渣碱度都大于 3.0,其成分点在 $CaO\text{-}FeO\text{-}SiO_2$ 三元相图 1600℃ 等温截面图(见图 4-7)上处于Ⅲ、Ⅳ区,石灰在渣化过程中其表面会形成质地致密、高熔点的 $2CaO \cdot SiO_2$,阻碍着石灰进一步的渣化。若渣中含有足量的 FeO,可使 $2CaO \cdot SiO_2$ 解体,其

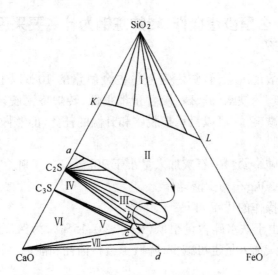

图 4-7　CaO-FeO-SiO$_2$ 相图

（1600℃的等温截面图）

成分点移至Ⅱ区（液相区）。MnO 和 Fe$_2$O$_3$ 同样也能够破坏 2CaO·SiO$_2$ 的生成。CaF$_2$ 和少量 MgO 能够扩大 CaO-FeO-SiO$_2$ 三元相图液相区,对成渣有利。

　　在吹炼前期,由于(TFe)含量高,虽然炉温不太高,石灰也可以部分渣化;在吹炼中期,由于碳的激烈氧化,(TFe)被大量消耗,熔渣的矿物组成发生了变化,由 2FeO·SiO$_2$→CaO·FeO·SiO$_2$→2CaO·SiO$_2$,熔点升高,石灰的渣化有些停滞,出现返干现象。大约在吹炼的最后的 $\frac{1}{3}$ 时间内,碳氧化的高峰已过,(TFe)又有所增加,因而石灰的渣化加快了,渣量又有增加。

4-32　吹炼过程中加速石灰渣化的途径有哪些?

　　根据石灰渣化的机理分析,加快石灰渣化的途径有:

　　(1) 改进石灰质量,采用软烧活性石灰。这种石灰气孔率高,比表面积大,可以加快石灰的渣化。

（2）适当改变助熔剂的成分。增加 MnO、CaF_2 和少量的 MgO 含量，都有利于石灰的渣化。

（3）提高开吹温度，石灰在初期渣中渣化速度也会加快。以废钢为冷却剂时，是在开吹前加入，前期炉温提高较慢。如果是用铁矿石为冷却剂，它可以分批加入，有利于前期炉温的提高，也有助于前期成渣。

（4）控制合适的枪位既能促进石灰的渣化，又可避免发生喷溅，还可在碳的激烈氧化期熔渣不返干。

（5）采用合成渣可以促进熔渣的快速形成。

4-33　泡沫渣是怎样形成的，它对吹炼有什么影响，如何控制泡沫渣？

在吹炼过程中，由于氧流与熔池的相互作用，形成了气-熔渣-金属液密切混合的三相乳化液。分散在炉渣中的小气泡的总体积，往往超过熔渣本身的体积。熔渣成为薄膜，将气泡包住并使其隔开，引起熔渣发泡膨胀，形成泡沫渣。正常泡沫渣的厚度经常在 $1\sim2m$ 乃至 $3m$。

由于炉内的乳化现象，大大发展了气-熔渣-金属液的界面，加快了炉内化学反应速度。从而达到了良好的吹炼效果。倘若控制不当，严重的泡沫渣也会导致事故。

在吹炼初期，炉渣碱度低，并含有一定量的 FeO、SiO_2、P_2O_5 等成分，主要是这些表面活性物质稳定了气泡。

在吹炼中期，碳激烈氧化产生大量的 CO 气体，由于炉渣碱度提高，形成了硅酸盐及磷酸盐等高熔点矿物，表面活性物质减少，稳定气泡主要是固体悬浮微粒。此时如果能控制得当，避免或减轻熔渣返干现象，就能得到合适的泡沫渣。

在吹炼后期，脱碳速度降低，只要熔渣碱度不过高，稳定泡沫的因素就大大减弱了，一般不会产生严重的泡沫渣。

在吹炼过程中，氧压低，枪位过高，渣中（TFe）大量增加，会促进泡沫渣的发展，严重时还会产生泡沫性喷溅或溢渣。相反，枪位过低,尤其是在碳氧化激烈的中期,(TFe)含量低,又会导致熔渣的返干而造成金属喷溅。所以,只有控制得当,才能够保持正常的泡沫渣。

4-34 吹炼过程中为什么会出现熔渣"返干"现象?

在吹炼过程中,因氧压高,枪位过低,尤其是在碳氧化激烈的中期,(TFe)含量低,导致熔渣高熔点 $2CaO \cdot SiO_2$、MgO 等矿物的析出,造成熔渣黏度增加,不能覆盖金属液面,称为熔渣返干。返干严重时会导致金属喷溅。此时,应适当提高枪位,增加渣中(TFe)含量,保持正常的泡沫渣。

4-35 用轻烧白云石为调渣剂其加入量怎样确定?

加入轻烧白云石为调渣剂,是给炉渣提供足够数量的 MgO,使其溶解度达到饱和或过饱和。可以减轻初期渣对炉衬的蚀损量;终渣能够做黏,便于挂渣和溅渣,保护炉衬利于延长炉衬的使用寿命。

终点渣 MgO 含量控制范围在 $8\% \sim 10\%$,因此轻烧白云石的加入数量也不一样。

下面通过实例计算轻烧白云石加入量,调渣剂成分见下表:

原料 成分	石 灰	轻烧白云石	炉 衬
$w_{[Si]}/\%$			
$w_{CaO}/\%$	83	50	
$w_{SiO_2}/\%$	2.5	2.0	
$w_{MgO}/\%$	4.09	37	77

计算条件:终渣成分要求 $w_{(MgO),渣} = 9.66\%$,渣量为金属装入量的 8.2%,炉衬侵蚀量是装入量的 0.05%。其他条件同本书第 4-26 题。

炉渣中 MgO 主要来自加入的轻烧白云石、石灰中的 MgO 以及被侵蚀炉衬中的 MgO。从终渣要求的 MgO 量中减去炉衬和石灰带入 MgO 量,再除以轻烧白云石中 MgO 含量就可以计算出轻烧白云石的加入量。

A　计算轻烧白云石加入量

由题 4-26 计算的结果是不加轻烧白云石时石灰加入量为 68.39kg/t;

石灰带入 MgO 量:$68.39 \times 4.09\% = 2.80$(kg);

炉衬蚀损带入 MgO 量:$1000 \times 0.05\% \times 77\% = 0.385$(kg);

根据 1t 装入量计算终渣 MgO 量:$1000 \times 8.2\% \times 9.66\% = 7.92$(kg/t);

所以轻烧白云石加入量为:

$$\frac{终渣要求 MgO 量 - 炉衬侵蚀 MgO 量 - 石灰带入 MgO 量}{轻烧白云石 MgO 含量}$$

$$= \frac{7.92 - 0.385 - 2.80}{37\%} = 12.80(kg/t)$$

B　根据式 4-11 计算轻烧白云石需补加石灰量

$$补加石灰量 = \frac{Rw_{SiO_2,白} \times 轻烧白云石量}{w_{CaO,石灰} - Rw_{SiO_2,石灰}}$$

$$= \frac{3.5 \times 2\% \times 12.80}{83\% - 3.5 \times 2.5\%} = 1.21(kg/t)$$

C　计算轻烧白云石相当的石灰量

$$轻烧白云石相当石灰量 = \frac{12.80 \times 50\%}{83\% - 3.5 \times 2.5\%} = 8.62(kg/t)$$

石灰加入总量:$68.39 - 8.62 + 1.21 = 60.98$(kg/t)

如果保持终点渣 $w_{MgO,渣} = 9.66\%$,每吨金属料需要加入轻烧白云石 12.80kg。

若用生白云石或菱镁矿为调渣剂,还要考虑熔池的温度。

4-36　对轻烧白云石或菱镁矿的加入时间如何考虑?

根据转炉初期渣碱度与炉衬蚀损量关系的研究发现,当 $R =$

0.7时,炉衬的蚀损最严重;在 $R > 1.2$ 时,炉衬的蚀损量才显著下降。根据这个结论来看,轻烧白云石或菱镁矿应早加为好,以保持初期渣中 $w_{(MgO)} \geqslant 8\%$,减少炉衬蚀损,加速炉渣熔化。出钢后根据熔渣状况和溅渣的要求,确定是否补加调渣剂稠渣。

4-37　转炉炼钢的温度制度包括哪些内容,它对冶炼有什么影响?

温度制度主要是指炼钢过程温度控制和终点温度控制。

吹炼任何钢种,对其出钢温度都有要求。如果出钢温度过低,水口容易结瘤,钢包易粘钢甚至出现要回炉处理的事故。若出钢温度过高,不仅会增加钢中夹杂物和气体含量,影响钢的质量,而且还会增加铁的烧损,降低合金元素吸收率,降低炉衬和钢包内衬寿命,造成连铸坯(或钢锭)多种缺陷甚至浇注漏钢。沸腾钢出钢温度过高时,还会引起浇注前期模内不沸腾,后期大翻,导致坚壳带过薄等缺陷。因此,控制好终点温度是顶吹转炉吹炼工艺的重要环节之一。控制好炼钢过程温度是确保终点温度达到目标值的关键。

4-38　吹炼过程中熔池热量的来源与支出各有哪些方面?

氧气顶吹转炉炼钢的热量来源是铁水的物理热和化学热。铁水的物理热是指铁水带入的热量,与铁水温度有直接关系;铁水的化学热就是铁水中各元素氧化、成渣过程所放出的热量,它与铁水的化学成分有关。

从表 4-7 可以清楚地分析热量的来源、热量的支出及热量损失等方面情况及其各占的比例。

表 4-7　热 量 平 衡 表

热 量 收 入			热 量 支 出		
项　目	热量/kJ	占比例/%	项　目	热量/kJ	占比例/%
铁水物理热	112290.300	59.20	钢液物理热	$135461.371 + 302.684$ $= 135764.055$	71.58

热量收入			热量支出		
项　目	热量/kJ	占比例/%	项　目	热量/kJ	占比例/%
元素氧化热 C	52054.761	27.44	炉渣物理热	17199.764 + 411.536 = 17611.300	9.28
Si	13859.075	7.31	炉气物理热	17111.976 + 4.841 = 17116.817	9.02
Mn	1226.298	0.65	烟尘物理热	1917.712	1.01
P	1219.716	0.64	渣中金属铁珠物理热	952.561 + 23.065 = 975.626	0.51
Fe	3263.994 + 78.202 = 3342.196	1.76	喷溅金属物理热	1682.225	0.89
SiO$_2$ 成渣热	1908.360 + 44.049 = 1952.409	1.03	生白云石分解热	5484.000	2.89
烟尘氧化热	3732.422	1.97	其他热损失	7582.197 + 4.891 = 7587.088	4.00
			矿石分解吸热	1538.381	0.81
合　计	189677.177	100.00	合　计	189677.204	100.00

　　从热量的来源看,铁水的物理热和化学热大约各占一半,因此铁水的温度与化学成分直接关系转炉炼钢热量的来源,所以对转炉用铁水的温度和化学成分必须有一定的要求。

　　从热量支出来看,钢水的物理热约占 70%,这是一项主要的支出,熔渣带走的热量大约占 10%,炉气物理热也约占 10%,金属铁珠及喷溅带走热、炉衬及冷却水带走热、烟尘物理热,生白云石及矿石分解热,还有其他热损失总共约占 10%。

4-39　什么叫转炉的热效率,如何提高热效率?

　　转炉炼钢的热效率是有效热占总热量的百分比,其中有效热指钢水物理热及矿石分解热。

$$总热效率 = \frac{有效热}{总热量} \times 100\% \tag{4-13}$$

从表4-7看出,真正有效热占整个热量来源的70%左右,在热量的利用上还有一定潜力。其中,熔渣带走的热量大约占10%,它与渣量的多少有关。因此在保证去除 P、S 的条件下,宜用最小的渣量。渣量过大不仅增加渣料的消耗,也增加热量的损失,为此最好应用铁水预处理技术,实现少渣操作;同时在吹炼过程中还要尽量减少和避免喷溅;缩短冶炼周期,减少炉与炉的间隔时间等,都是减少热损失,提高转炉热效率的措施。热效率提高以后,可以多加废钢,或多加冷却剂铁矿石,以提高金属收得率。

4-40　什么是转炉炼钢的物料平衡与热平衡,物料平衡与热平衡计算的原理是什么,物料平衡与热平衡计算有什么意义?

物料平衡是炼钢过程中加入炉内参与炼钢过程的全部物料与炼钢过程的产物之间的平衡关系。热平衡是炼钢过程的热量来源与支出之间的平衡关系。

物料平衡和热平衡计算的理论依据是质量守恒定律和能量守恒定律。具体计算过程见本书后附录 4。

通过物料平衡和热平衡的计算,结合炼钢生产的实践,可以确定许多重要的工艺参数。对于指导生产和分析、研究、改进冶炼工艺、设计炼钢车间、选用炼钢设备以及实现炼钢过程的自动控制都具有重要意义。

4-41　出钢温度是怎样确定的?

出钢温度首先取决于所炼钢种的凝固温度。而凝固温度要根据钢种的化学成分而定。

钢液的凝固温度计算有多种经验公式,目前常用的凝固温度计算公式是

$$T_{凝} = 1536 - (78w_{[C]} + 7.6w_{[Si]} + 4.9w_{[Mn]} + 34w_{[P]}$$
$$+ 30w_{[S]} + 5.0w_{[Cu]} + 3.1w_{[Ni]} + 2.0w_{[Mo]}$$
$$+ 2.0w_{[V]} + 1.3w_{[Cr]} + 18w_{[Ti]} + 3.6w_{[Al]}) \quad (4\text{-}14)$$

公式 4-14 适用于各种钢种。

$$T_{凝} = 1536 - (100.3w_{[C]} - 22.4w_{[C]}^2 - 0.61 + 13.55w_{[Si]}$$
$$- 0.64w_{[Si]}^2 + 5.82w_{[Mn]} + 0.3w_{[Mn]}^2 + 0.2w_{[Cu]}$$
$$+ 4.18w_{[Ni]} + 0.01w_{[Ni]}^2 + 1.59w_{[Cr]} - 0.007w_{[Cr]}^2)$$
$$(4\text{-}15)$$

公式 4-15 适用于特殊钢种。

式中　$w_{[C]}$ 等——各元素的质量分数(计算时只带入百分数的分子值)。

出钢温度还要考虑从出钢→浇注各阶段的温降。

$$T_{出} = T_{凝} + \alpha + \Delta t_1 + \Delta t_2 + \Delta t_3 + \Delta t_4 + \Delta t_5 \quad (4\text{-}16)$$

式中　α——钢液过热度,℃;

连铸中间包钢水的过热度与钢种、坯型有关,如低合金钢方坯取 20~25℃,板坯取 15~20℃;

Δt_1——出钢过程温降,℃;

出钢温降包括钢流温降和加入合金温降;

Δt_2——出钢完毕至精炼开始之前的温降,℃;

Δt_3——钢水精炼过程温降,℃;

Δt_4——钢水精炼完毕至开浇之前的温降,℃;

Δt_5——钢水从钢包至中间包的温降,℃。

在实际生产中,各厂家可根据本厂的实际来确定各个阶段的温降数值。例如,冶炼 Q345A,钢种成分见下表:

w/%	[C]	[Si]	[Mn]	[P]	[S]	Al
Q345A	0.12~ 0.20	0.20~ 0.55	1.20~ 1.60	0.015~ 0.045	0.015~ 0.045	0.003~ 0.006
中限值	0.16	0.375	1.30	0.020	0.020	0.0045

根据式 4-14 可计算出凝固温度的中限：

$$T_{凝} = 1536 - (78w_{[C]} + 7.6w_{[Si]} + 4.9w_{[Mn]} + 34w_{[P]}$$
$$+ 30w_{[S]} + 5.0w_{[Cu]} + 3.1w_{[Ni]} + 2.0w_{[Mo]}$$
$$+ 2.0w_{[V]} + 1.3w_{[Cr]} + 18w_{[Ti]} + 3.6w_{[Al]})$$
$$= 1536 - (78 \times 0.16 + 7.6 \times 0.375 + 4.9 \times 1.4$$
$$+ 34 \times 0.020 + 30 \times 0.020 + 3.6 \times 0.0045)$$
$$= 1512℃$$

Q345A 凝固温度的中限是 1512℃。

以某厂 200t 转炉为例,确定出钢温度的控制区间。

具体条件是:采用板坯连铸工艺,过热度取 20℃,出钢时间为 6min,加入 Mn-Si 合金 22kg/t,温降为 51℃,出钢完毕到精炼时间在 10min 以内,温降速度为 0.8℃/min,吹氩精炼温降为 37℃,吹氩完毕到钢包回转台间隔 10min,温降速度为 0.4℃/min,连浇时钢包→中间包及过程钢水温度降为 25℃。

求解过程如下:

$\alpha = 20℃, \Delta t_1 = 51℃, \Delta t_2 = 10 \times 0.8 = 8℃, \Delta t_3 = 37℃, \Delta t_4 = 10 \times 0.4 = 4℃, \Delta t_5 = 25℃$。

根据公式 4-16,可得:

$$T_{出} = T_{凝} + \alpha + \Delta t_1 + \Delta t_2 + \Delta t_3 + \Delta t_4 + \Delta t_5$$
$$= 1512 + 20 + 51 + 8 + 37 + 4 + 23 = 1655℃$$

上述计算表明,在前述条件下,Q345A 钢种连浇的出钢温度为 1655℃。

为便于控制出钢温度,将几个有代表性钢种的凝固温度列于表 4-8。

表 4-8　几个钢种的凝固温度

钢　种	计算凝固温度所用成分 w/%					凝固温度/℃	
	[C]	[Si]	[Mn]	[P]	[S]	下限	上限
YT1F	≤0.04	≤0.03	≤0.10	≤0.015	≤0.025	1531	1533

钢　种	计算凝固温度所用成分 w/%					凝固温度/℃	
	[C]	[Si]	[Mn]	[P]	[S]	下限	上限
H08A	≤0.10	≤0.03	0.30~0.55	≤0.030	≤0.030	1523	1531
P1①	≤0.06	≤0.04	≤0.35	0.05~0.08	≤0.020	1526	1531
DW3	≤0.005	1.55~1.70	0.20~0.35	0.015~0.035	≤0.005	1520	1523
Q235A	0.14~0.22	≤0.30	0.30~0.65	≤0.045	≤0.050	1510	1522
HRB335	0.17~0.25	0.40~0.80	1.20~1.60	≤0.045	≤0.045	1500	1513
Q345A	≤0.20	≤0.55	1.20~1.60	≤0.045	≤0.045	1506	1519
ML25	0.22~0.30	≤0.20	0.30~0.60	≤0.035	≤0.035	1506	1516
45	0.42~0.50	0.17~0.37	0.50~0.80	≤0.035	≤0.035	1488	1499
65	0.62~0.70	0.17~0.37	0.50~0.80	≤0.035	≤0.035	1472	1484
U71	0.64~0.77	0.13~0.28	0.60~0.90	≤0.040	≤0.050	1467	1482
80	0.77~0.85	0.17~0.37	0.50~0.80	≤0.035	≤0.035	1461	1472
GCr15	0.95~1.05	0.15~0.35	0.25~0.45	≤0.025	≤0.025	1526	1536

① 考虑了 $w_{[Al]_s} = 0.02\% \sim 0.07\%$。

4-42　什么是冷却剂的冷却效应,各冷却剂之间的冷却效应值是怎样换算的?

在一定条件下,加入 1kg 冷却剂所消耗的热量就是该冷却剂的冷却效应。

冷却剂吸收的热量包括冷却剂提高温度所消耗的物理热和参加化学反应消耗的化学热两个部分。

$$Q_冷 = Q_物 + Q_化 \tag{4-17}$$

$Q_物$ 取决于冷却剂的性质以及出钢温度。$Q_化$ 不仅与冷却剂本身的成分和性质有关,还与冷却剂在熔池内参加的化学反应有关。在不同条件下,同一冷却剂可以有不同的冷却效应。

若铁矿石成分：　$w_{(Fe_2O_3)} = 81.4\%$，$w_{(FeO)} = 0\%$

矿石一般是在吹炼前期加入，所以温升取 1350℃。1kg 铁矿石的冷却效应是

$$Q_{矿} = 1 \times \left(1.016 \times (1350 - 25) + 209 + 81.4\% \times \frac{112}{160} \right.$$

$$\left. \times 6459 + 0\% \times \frac{56}{72} \times 4249 \right)$$

$$= 5236(kJ/kg)$$

式中　1.016——铁矿石热容，$kJ/(kg \cdot ℃)$；

　　　1350——铁矿石加入熔池后需升温度值，℃；

　　　209——铁矿石的熔化潜热，kJ/kg；

　　　160——Fe_2O_3 的相对分子质量；

　　　112——两个铁原子的相对原子质量；

6459、4249——分别为在炼钢温度下，由液态 Fe_2O_3 和 FeO 还原出 1kg 铁时吸收的热量。

Fe_2O_3 的分解热所占比重很大，铁矿石冷却效应随 Fe_2O_3 含量而变化。

1kg 废钢由 25℃升高至出钢温度为 1680℃时的冷却效应是

$$Q_{废} = 1 \times (0.699 \times (1500 - 25) + 272 + 0.837 \times (1680 - 1500))$$

$$= 1454(kJ/kg)$$

式中　0.699、0.837——分别为固态钢和液态钢的平均热容，

　　　　　　　　　　　$kJ/(kg \cdot ℃)$；

　　　　　1500——废钢的熔化温度，℃；

　　　　　25——室温，℃；

　　　　　272——熔化潜热，kJ/kg；

　　　　　1680——出钢时钢水温度，℃。

废钢的冷却效应为 1454kJ/kg，可用它核算加入废钢转炉的温降值。例如，加入 1t 废钢对 200t 转炉降温值为

$$\frac{1 \times 1000 \times 1454}{210 \times 1000 \times 0.837 + 20 \times 1000 \times 1.247} = 7.24℃$$

式中　20——渣量,t;

　　210——钢水量,t;

　　1000——1t＝1000kg;

　　0.837——液态钢水热容,kJ/(kg·℃);

　　1.247——液态渣热容,kJ/(kg·℃)。

即200t钢水加入1t废钢降温7.24℃,与实际值7.3℃相近。

如果规定废钢的冷却效应值为1.0,其他冷却剂冷却效应与废钢冷却效应的比值为冷却效应换算值。铁矿石是5236/1454＝3.60。由于铁矿石的成分有变化,所以其冷却效应在一定的范围内波动。各种常用冷却剂冷却效应值换算见表4-9。

表4-9　常用冷却剂冷却效应值换算

冷却剂	重废钢	轻薄废钢	压　块	铸铁件	生铁块	金属球团
冷却效应值	1.0	1.1	1.6	0.6	0.7	1.5
冷却剂	烧结矿	铁矿石	氧化铁皮	石灰石	石　灰	生白云石
冷却效应值	3.0	3.0~3.6	3.0	2.2	1.0	2.2
冷却剂	无烟煤	焦　炭	Fe-Si	菱镁矿	萤　石	OG泥烧结矿
冷却效应值	-2.9	-3.2	-5.0	2.2	1.0	2.8

4-43　吹炼过程中怎样控制和调整熔池温度?

在吹炼过程中,可根据炉口火焰特征和参考氧枪冷却水进出水温度差判断熔池的温度。过程温度的控制首先应根据终点温度的要求,确定冷却剂加入总量,然后在一定时间内分批加入。废钢是在开吹前一次加入。铁矿石和氧化铁皮又能起到助熔剂的作用,可随造渣材料同时加入。若发现熔池温度不合要求,凭经验数据加入提温剂或冷却剂加以调整。

4-44　调整冷却剂用量有哪些经验数据？

掌握了各种冷却剂的冷却效应和影响冷却剂用量的主要因素，可根据上炉情况，以及对本炉温度有影响的各个因素的变动情况综合考虑进行调整，确定本炉冷却剂的加入数量。表 4-10、表 4-11、表 4-12 和表 4-13 列出 30t 和 200t 转炉温度控制的经验数据。

表 4-10　30t 氧气顶吹转炉温度控制经验数据

因　　素	变 动 量	终点温度变化量/℃	调整矿石量/kg
铁　水　$w_{[C]}$/%	±0.10	±9.74	±65
铁　水　$w_{[Si]}$/%	±0.10	±15	±100
铁　水　$w_{[Mn]}$/%	±0.10	±6.14	±41
铁水温度/℃	±10	±6	±40
废钢加入量/t	±1	∓47	∓310
铁水加入量/t	±1	±8	±53
停吹温度/℃	±10	±10	±66
终点 $w_{[C]}$<0.2%	±0.01%	∓3	∓20
石灰加入量/kg	±100	∓5.7	∓38
硅铁加入量/kg·(炉)$^{-1}$	±100kg/炉钢	±20	±133
铝铁加入量/kg·t^{-1}	±7	±50	±333
吨钢加合金量(硅铁除外)/kg	±7	∓10	∓67

表 4-11　200t 转炉铁水成分、温度、铁水比变动对应调整废钢比

因　素	铁　水 $w_{[C]}$	铁水 $w_{[Si]}$	铁　水 $w_{[Mn]}$	铁水温度	铁水比	停吹温度	停吹 $w_{[C]}$
变动量	±0.10%	±0.10%	±0.10%	±10℃	±0.10%	±10℃	见表 4-13
调整废钢比/%	±0.53	±1.33	±0.21	±0.88	±0.017	±0.55	

表 4-12　200t 转炉空炉时间对应调整废钢比

变动因素	开 新 炉					检 修 后				停炉后(空炉时间)			
	第1炉	第2炉	第3炉	第4炉	第5炉	第1炉	第2炉	第3炉	第4炉	30 min	60 min	90 min	120 min
调整废钢比/%	-3.5	-3.0	-1.5	-0.5	0	-2.5	-1.0	-0.5	0	-0.5	-1.0	-1.5	-2.0

表 4-13　200t 转炉停吹碳含量对应调整废钢比

停吹 $w_{[C]}$/%	0.04	0.05	0.06	0.07	0.08	0.09	0.10	0.11
废钢比/%	1.6	0.7	0	-0.6	-1.1	-1.6	-2.0	-2.4
停吹 $w_{[C]}$/%	0.12	0.13	0.15	0.16	0.17	0.18	0.19	0.20
废钢比/%	-2.7	-2.9	-3.3	-3.4	-3.5	-3.6	-3.7	-3.8

4-45　由于铁水因素的变动,如何调整冷却剂用量?

根据表 4-11 所列数据,计算废钢加入量应考虑以下因素。

(1) 由于铁水成分变化引起废钢加入量的变化

铁水碳 a =(本炉铁水 $w_{[C]}$ -参考炉铁水 $w_{[C]}$)/0.1%×0.53%;

铁水硅 b =(本炉铁水 $w_{[Si]}$ -参考炉铁水 $w_{[Si]}$)/0.1%×1.33%;

铁水锰 c =(本炉铁水 $w_{[Mn]}$ -参考炉铁水 $w_{[Mn]}$)/0.1%×0.21%;

(2) 由于铁水温度变化引起废钢加入量的变化

$$d=(本炉铁水温度-参考炉铁水温度)/10×0.88\%;$$

(3) 由于铁水加入量变化引起废钢加入量的变化

$$e=(本炉铁水比-参考炉铁水比)/1×0.017;$$

(4) 目标停吹温度变化引起废钢加入量的变化

$$f=(本炉目标停吹温度-参考炉目标停吹温度)/10×0.55\%。$$

本炉废钢加入量=上炉废钢加入量+ a + b + c + d + e + f +⋯

除表 4-10～表 4-12 所列数据以外,还有其他情况下温度控制的修正值,如铁水入炉后等待吹炼、终点停吹等待出钢、钢包粘钢等,这里就不再一一列举了。但在出钢前若发现温度过高或过低时,应及时在炉内处理,决不能轻易出钢。

4-46　什么是终点控制,终点的标志是什么?

终点控制主要是指终点温度和成分的控制。对转炉终点的精确控制不仅要保证终点碳、温度的精确命中,确保 S、P 成分达到出钢要求,而且要求控制尽可能低的钢水氧含量[O]。

转炉兑入铁水后,通过供氧、造渣等操作,经过一系列物理化学反应,而达到该钢种所要求的成分和温度的时刻,称为"终点"。到达终点的具体标志如下。

(1) 钢中碳含量达到所炼钢种要求的控制范围;

(2) 钢中 P、S 含量低于规定下限要求的一定范围;

(3) 出钢温度保证能顺利进行精炼和浇注;

(4) 达到钢种要求控制的氧含量。

4-47　什么叫终点控制的"双命中",后吹有什么危害?

通常把吹炼中钢水的碳含量和温度达到吹炼目标要求的时刻,停止吹氧操作称做"一次拉碳"。一次拉碳钢水中碳含量或温度达到目标要求称为命中,碳含量和温度同时达到目标要求范围叫"双命中"。

所以准确拉碳,减少后吹,提高终点命中率是终点控制的基本要求。采用计算机动态控制炼钢,终点命中率可达 90% 以上,控制精度 $w_{[C]}$ 为 ±0.015%,温度 t 为 ±12℃,而靠经验炼钢,终点命中率只有 60% 左右。由于终点命中率大幅度提高,因此钢水中气体含量低,钢水质量得到改善。

一次拉碳未达到控制的目标值需要进行补吹,补吹也称为后吹。拉碳碳含量偏高、拉碳硫、磷含量偏高或者拉碳温度偏低均需要补吹。因此,后吹是对未命中目标进行处理的手段。后吹会给转炉冶炼造成如下严重危害。

（1）钢水碳含量降低,钢中氧含量升高,从而钢中夹杂物增多,降低了钢水纯净度,影响钢的质量。

（2）渣中 TFe 增高、降低炉衬寿命。

（3）增加了金属铁的氧化,降低钢水收得率,使钢铁料消耗增加。

（4）延长了吹炼时间,降低转炉生产率。

（5）增加了铁合金和增碳剂消耗量,氧气利用率降低,成本增加。

4-48　终点碳控制有哪些方法,各有什么优缺点?

终点碳控制的方法有:一次拉碳操作、低碳低磷增碳操作和高拉碳低氧操作。

A　一次拉碳操作

根据终点碳和温度的要求进行吹炼,终点碳和温度同时达到目标时提枪,这种操作称为一次拉碳。一次拉碳要求操作技术水平高,其优点是可以消除后吹的危害。

B　低碳低磷操作

终点碳的控制目标是根据终点钢中硫、磷含量情况而确定,只有在低碳状况下炉渣才更利于充分脱磷;由于碳含量低,在出钢过程必须进行增碳,到精炼工序再微调成分以达到最终目标成分要求。

除超低碳钢种外的所有钢种,终点均控制在 $w_{[C]} = 0.05\% \sim 0.08\%$,然后根据钢种规格要求加入增碳剂。

这种操作的优点是

（1）只有终点碳低时,熔渣 TFe 含量高,脱磷效率才可能提高。

（2）操作简单,生产率高。

（3）操作稳定,易于实现自动控制。

（4）废钢比高。

C　高拉碳低氧操作

高拉碳的优点是终渣氧化铁含量低、金属收得率高、氧气消耗低、合金收得率高、钢水气体含量少。但高拉碳法终渣氧化铁含量较低，除磷有困难；同时，在中、高碳范围拉碳终点的命中率也较低，通常须等成分确定是否补吹。因此，要根据成品磷的要求，决定高拉碳范围，既能保证终点钢水氧含量低，又能达到成品磷的要求，并减少增碳量。

4-49　如何判断终点钢水中的碳含量？

现代炼钢是通过副枪探头测定碳含量，或对烟道中炉气连续检测分析预报终点碳。如尚未使用副枪和炉气分析预报等动态控制手段，仍然需要凭经验人工判断终点。用红外碳硫分析仪、直读光谱仪分析成分决定出钢。

人工凭经验判断终点碳的方法如下。

A　看火焰

转炉内碳氧化在炉口形成了火焰。炉口火焰的颜色、亮度、形状、长度随炉内脱碳量和速度有规律地变化，所以能够从火焰的外观来推断炉内的碳含量。

在吹炼前期碳氧化量少温度低，所以炉口火焰短，颜色呈暗红色；吹炼中期碳开始激烈氧化，火焰白亮，长度增加，也显得有力；当碳含量进一步降低到 0.20% 左右时，由于脱碳速度明显减慢，这时火焰要收缩、发软、打晃，看起来火焰也稀薄些。炼钢工根据自己的具体体验可以把握住拉碳时机。

B　看火花

在炉口有炉气带出的金属小粒，遇到空气后被氧化，产生火花。碳含量越高（$w_{[C]} > 1.0\%$）火花呈火球状和羽毛状，火花弹跳有力；随碳含量的逐渐降低火花依次爆裂成多叉、三叉、二叉，弹跳力也随之减弱；当碳 $w_{[C]} < 0.10\%$ 时，火花几乎消失，跳出来的均是小火星和流线。

C 取钢样

在正常吹炼条件下,吹炼终点拉碳后取钢样,将样勺表面的覆盖渣拨开,根据钢水沸腾情况可判断终点碳含量。

$w_{[C]}=0.3\%\sim0.4\%$ 时:火花分叉较多且碳花密集,弹跳有力,射程较远。

$w_{[C]}=0.18\%\sim0.25\%$ 时:火花分叉较清晰,一般分为 $4\sim5$ 叉,弧度较大。

$w_{[C]}=0.12\%\sim0.16\%$ 时:碳花较稀,分叉明晰可辨,分为 $3\sim4$ 叉,落地呈"鸡爪"状,跳出的碳花弧度较小,多呈直线状。

$w_{[C]}<0.10\%$ 时:碳花弹跳无力,基本不分叉,呈球状颗粒。

$w_{[C]}$ 再低时,火花呈麦芒状,短而无力,随风飘摇。

同样,由于钢水的碳含量不同,在样模内的碳氧反应和凝固也有区别,因此可以根据凝固后钢样表面出现结膜和毛刺,凭经验判断碳含量。

此外还可以用吹炼一炉钢的供氧时间和氧气消耗量作为拉碳的参考。

同时采用红外碳硫分析仪、直读光谱仪等成分的快速测定手段验证经验判断的准确性。

4-50　红外碳硫分析仪的工作原理是怎样的?

红外碳硫分析仪是利用被测气体 CO_2 和 SO_2 对红外线具有选择吸收的原理进行气体定量分析的仪器。试样在瓷性坩埚中,通入氧气经高频感应加热燃烧,试样中的碳和硫氧化生成 CO_2、SO_2。经氧气载流送入检测单元,CO_2、SO_2 吸收红外能量,因而检测单元接受的能量减少,根据红外能量的衰减变化与被测气体浓度间的关系可以确定被测气体的浓度,进而求出试样中 C、S 元素的含量,分析结果以质量分数直接显示。

4-51　热电偶测量温度的原理是怎样的,测温时应注意什么?

目前插入式钨-铼热电偶被广泛使用,转炉吹炼终点直接插入熔池钢水中,从电子电位差计上得到温度的读数。

热电偶测量原理如图 4-8 所示。两种不同导体或半导体 A 和 B,称为热电极,将两热电极的一端 1 连接在一起,形成热端,插入钢水中。由于不同金属中的自由电子数目不同,受热后随温度升高自由电子运动速度上升,在两热电极的另一端 2,即冷端产生一个电动势。温度越高,电动势越大,在热电偶冷端通过导线与电位差计相连,由测量出电动势的大小判定温度

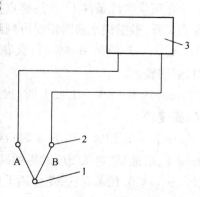

图 4-8　热电偶测温原理图
1—热端;2—冷端;3—电位差计

的高低。当热电极的材料确定以后,热电势的大小只与热、冷两端点温度差有关,与线的粗细、长短、接点处以外的温度无关。

测温时应注意以下几点:

(1)测温枪应插在炉内钢液面以下中心深处部位,严禁插在钢液或渣层表面以及靠近炉衬部位,防止测量出假温度;

(2)测温时间保持在 5s 左右,以防烧坏测温枪;

(3)保持测温枪插接件干燥、干净,并且线路安全可靠;

(4)测温枪的保护纸管应及时更换,避免测温枪烧坏;

(5)测温头和保护纸管应保持干燥。

4-52　终点温度过高或过低如何调整?

发现终点温度高于目标值,补救的办法是向炉内加冷却剂(铁矿石或生白云石),根据冷却剂的冷却效应确定用量。加入大量冷却剂后要降枪点吹,以防渣料结团和炉内温度不均匀。当终点碳含量高、温度也高时,用铁矿石调温;如终点温度高、碳含量不高时,可用生白云石或石灰石调温。用矿石调温应注意防止炉口冒烟,影响环境。

吹炼终点温度过低,若终点碳在钢种目标值的上限,可采用补

吹提温。若终点碳低,通常的办法是向炉内加硅铁或焦炭,补吹提温。根据钢种成分碳含量要求,在钢包内进行增碳。用硅铁提温应根据硅铁含硅量补加石灰,同时考虑补加石灰对炉温的影响;用焦炭提温应考虑其对钢水的增硫量。

4-53　转炉终点控制简易计算有哪些参考参数?

转炉终点控制简易计算可快速准确地得出冷却剂加入量和氧耗量。根据本炉铁水条件,废钢量、铁块量等与相邻参考炉次的差异,以及空炉时间、参考炉次终点情况等确定本炉热量平衡和氧耗量,进行转炉升温、降碳操作,通过后期微调控制,准确达到终点。

简易计算的参考参数是由理论计算和大量生产经验数据经过修正得到的,随着原料、工艺条件、转炉吨位不同而有所变化,因此,应结合各自工厂的实际情况加以修正。首钢 210t 转炉终点控制简易计算的参考参数见表 4-14,空炉时间对终点温度的影响参考参数见表 4-15,终点碳对终点温度的影响参考参数见表 4-16。

表 4-14　终点控制简易计算参考参数

序 号	参　数	调整范围	温度变化/℃	供氧变化/m^3
1	铁水量/t	1	1.4	48
2	铁水碳含量/%	0.1	10	185
3	铁水硅含量/%	0.1	24.4	125
4	铁水温度	10℃	8.2	
5	废钢量/t	1	−7.3	−4
6	铁块量/t	1	−4.1	45
7	石灰、萤石量/t	1	−6.5	40
8	补热硅铁/kg	100	6.0	50
9	空炉时间/min	1	查表 4-15	
10	终点碳含量/%		查表 4-16	查表 4-16
11	焦炭量/t	1	25.0	780
12	矿石量/t	1	−24	−180
13	生白云石量/t	1	−18	25

表 4-15　空炉时间对终点温度的影响(参考)

停炉时间[①]/min	终点温降/℃		停炉时间[①]/min	终点温降/℃		停炉时间[①]/min	终点温降/℃	
	后期炉	前期炉		后期炉	前期炉		后期炉	前期炉
10	0	0	75	63	48	180	111	89
15	6	5	80	67	51	190	114	91
20	12	10	85	71	54	200	116	93
25	18	14	90	74	57	210	228	95
30	23	18	95	77	60	220	120	97
35	28	22	100	80	63	230	122	98
40	33	26	110	86	66	240	124	99
45	38	30	120	91	70	250	126	100
50	43	33	130	95	74	260	128	101
55	47	36	140	99	78	270	129	102
60	51	39	150	102	82	280	130	103
65	55	42	160	105	85	290	131	104
70	59	45	170	108	87	300	132	105

① 停炉时间为:上炉出钢毕至本炉开氧之间间隔时间。

表 4-16　终点碳对终点温度和供氧量的影响(参考值)

w_C/%	升温/℃	供氧量/m³	w_C/%	升温/℃	供氧量/m³	w_C/%	升温/℃	供氧量/m³
1.00	0	0	0.42	62.5	1450	0.17	100.5	2270
0.95	5.0	125	0.40	65.0	1500	0.16	103.0	2320
0.90	10.0	250	0.38	67.5	1550	0.15	105.5	2375
0.85	15.0	375	0.36	70.0	1600	0.14	108.0	2430
0.80	20.0	500	0.34	73.0	1650	0.13	111.0	2500
0.75	25.0	625	0.32	76.0	1710	0.12	114.5	2580
0.70	30.0	750	0.30	79.0	1770	0.11	118.5	2670
0.65	35.0	875	0.28	82.0	1830	0.10	123.0	2780
0.60	40.0	1000	0.26	85.0	1900	0.09	128.0	2899
0.58	42.5	1050	0.25	86.5	1935	0.08	134.0	3000
0.56	45.0	1100	0.24	88.0	1970	0.07	141.0	3140
0.54	47.5	1150	0.23	89.5	2005	0.06	149.0	3320
0.52	50.0	1200	0.22	91.0	2045	0.05	158.0	3530
0.50	52.5	1250	0.21	92.5	2085	0.04	168.0	3800
0.48	55.0	1300	0.20	94.5	2125	0.03	180.0	4200
0.46	57.5	1350	0.19	96.0	2170			
0.44	60.0	1400	0.18	980	2220			

4-54　转炉出钢时对出钢口有什么要求,为什么?

出钢口应保持一定的直径、长度和合理的角度,以维持合适的出钢时间。若出钢口变形扩大,出钢易散流、还会大流下渣,出钢时间缩短等,这不仅会导致回磷,而且降低合金吸收率。出钢时间太短,加入的合金未得到充分熔化,分布也不均匀,影响合金吸收率的稳定性。出钢时间过长,加剧钢流二次氧化,加重脱氧负担,而且温降也大,同时也影响转炉的生产率。

出钢口要定期更换,可采用整体更换的办法,也可采用重新做出钢口的办法。在生产中对出钢口应进行严格的检查维护。为延长出钢口的使用寿命,一方面要提高出钢口材质,另一方面在不影响质量的前提下,造黏渣减少熔渣对出钢口的侵蚀、冲刷。此外采用挡渣出钢的方法,也能延长出钢口的使用寿命。

4-55　为什么要挡渣出钢,有哪几种挡渣方法?

少渣或挡渣出钢是生产纯净钢的必要手段之一。其目的是有利于准确控制钢水成分,有效地减少钢水回磷,提高合金元素吸收率,减少合金消耗。有利于降低钢中夹杂物含量,提高钢包精炼效果。还有利于降低对钢包耐火材料蚀损。同时,也提高了转炉出钢口的寿命。目前,炉外精炼要求钢包渣层厚度小于 50mm,吨钢渣量小于 3kg/t。

挡渣的方法有:用挡渣帽法阻挡一次下渣;阻挡二次下渣采用挡渣球法、挡渣塞法、气动挡渣器法、气动吹渣法等。图 4-9 是其中几种方法的示意图。

(1)挡渣帽。在出钢口外堵以钢板制成的锥形挡渣帽,挡住开始出钢时的一次熔渣。

(2)挡渣球。挡渣球的密度介于钢水与炉渣之间,临近出钢结束时投入炉内出钢口附近,随钢水液面的降低,挡渣球下沉而堵住出钢口,避免随之而来的熔渣进入钢包,见图 4-9a。

挡渣球合理的密度在 $4.2\sim4.5\mathrm{g/cm^3}$。挡渣球为球形结构,

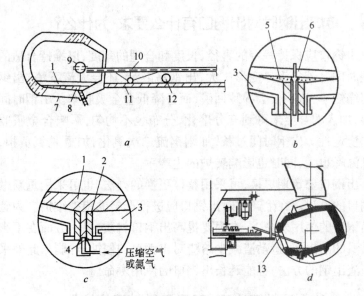

图 4-9　几种挡渣方法示意图

a—挡渣球；b—挡渣塞；c—气动挡渣器；d—气动吹渣法
1—炉渣；2—出钢口砖；3—炉衬；4—喷嘴；5—钢渣界面；6—挡渣锥；
7—炉体；8—钢水；9—挡渣球；10—挡渣小车；11—操作平台；
12—平衡球；13—气动吹渣装置

其中心用铸铁块、生铁屑压合块或小废钢坯等材料做骨架，外部包砌耐火泥料。可采用高铝耐火混凝土或耐火砖粉为掺和料的高铝矾土耐火混凝土或镁质耐火泥料。挡渣球直径应稍大于出钢口直径，以起到挡渣作用。

挡渣球一般在出钢量达 2/3～3/4 之间投入，挡渣命中率较高。熔渣过黏，影响挡渣效果。熔渣黏度大，挡渣球可适当早点投入，以提高挡渣命中率。

（3）挡渣塞。挡渣塞能有效地阻止熔渣进入钢流。挡渣塞的结构由塞杆和塞头组成，其材质与挡渣球相同，其密度可与挡渣球相同或稍低。塞杆上部是用来夹持定位的钢棒，下部包裹耐火材料。出钢即将结束时，按照转炉出钢角度，严格对位，用机械装置将塞杆插入出钢口。出钢结束时，塞头就封住出钢口。塞头上有沟槽,炉内剩余钢水可通过沟槽流出,钢渣则被挡在炉内。由于挡渣塞比挡渣球挡渣效果好,目前得到普遍应用。见图 4-9b。

(4) 气动挡渣器。出钢将近结束时,由机械装置从转炉外部用挡渣器喷嘴向出钢口内吹气,阻止炉渣流出。此法对出钢口形状和位置要求严格,并要求喷嘴与出钢口中心线对中。见图 4-9c。

(5) 气动吹渣法。挡住出钢后期的涡流下渣最难,涡流一旦产生,容易出现渣钢混出。因此,为防止出钢后期产生涡流,或者即便有涡流产生,在涡流钢液表面能够挡住熔渣的方法,也是最为有效的方法,这就是气动吹渣法。采用高压气体将出钢口上部钢液面上的钢渣吹开挡住,达到除渣的目的。该法能使钢包渣层厚度达到 15～55mm,见图 4-9d。

4-56　出钢过程为什么向钢包内加钢包渣改质剂,有几种改质方法?

出钢时虽然采取挡渣措施,但要彻底挡住高氧化性的终渣是很困难的,为此在提高挡渣效率的同时,应开发和使用钢包渣改质剂。其目的一是降低熔渣的氧化性,减少其污染;二是形成合适的脱硫、吸收上浮夹杂物的精炼渣。

在出钢过程中加入预熔合成渣,经钢水混冲,完成炉渣改质和钢水脱硫的冶金反应,此法称为渣稀释法。改质剂由石灰、萤石或铝矾土等材料组成。

另一种炉渣改质方法是渣还原处理法,即出钢结束后,添加如 $CaO + Al$ 粉或 $Al + Al_2O_3 + SiO_2$ 等改质剂。

钢包渣改质后的成分是:碱度 $R \geqslant 2.5$; $w_{(FeO + MnO)} \leqslant 4\%$; $w_{SiO_2} \leqslant 10\%$; $\dfrac{w_{CaO}}{w_{Al_2O_3}} = 1.2 \sim 1.5$;脱硫效率为 $30\% \sim 40\%$。

钢包渣中 $(FeO + MnO)$ 含量的降低,形成还原性熔渣,是具有良好吸附夹杂的精炼渣,为最终达到精炼效果创造了条件。

4-57　如何防止或减少钢包钢水的回磷?

为了防止钢包回磷或使回磷降低至最低限度,需要严格管理和维护好出钢口,避免出钢下渣;采取挡渣出钢,减少出钢带渣量。出钢过程向钢包内加入钢包渣改质剂,一方面抵消因硅铁脱氧后引起炉渣碱度的降低;另一方面可以稀释熔渣中磷的含量,以减弱回磷反应。另外,挡渣不好时精炼前应扒除钢包渣。

4-58　影响钢水氧含量的因素有哪些?

吹炼终点钢水氧含量也称为钢水的氧化性。钢水氧化性对钢的质量、合金吸收率以及对沸腾钢的脱氧,都有重要的影响。

影响钢水氧含量的因素主要有:

(1)钢中氧含量主要受碳含量控制。碳含量高,氧含量就低;碳含量低时,氧含量相应就高;它们服从碳-氧平衡规律。

(2)钢水中的余锰含量也影响钢中氧含量。在 $w_C < 0.1\%$ 时,锰对氧化性的影响比较明显,余锰含量高,钢中氧含量会降低。

(3)钢水温度高,增加钢水的氧含量。

(4)操作工艺对钢水的氧含量也有影响。例如高枪位,或低氧压,熔池搅拌减弱,将增加钢水的氧含量,当 $w_C < 0.15\%$ 时,进行补吹会增加钢水氧含量;拉碳前,加铁矿石或氧化铁皮等调温剂,也会增加钢水氧含量。因此,钢水要获得正常的氧含量,首先应该稳定吹炼操作。

4-59　什么是脱氧,什么是合金化?

向钢中加入脱氧元素,使之与氧发生反应,生成不溶于钢水的脱氧产物,并从钢水中上浮进入渣中,钢中氧含量达到所炼钢种的要求,这项工艺称为脱氧。

为了调整钢中合金元素含量达到所炼钢种规格的成分范围,向钢中加入所需的铁合金或金属的操作是合金化。

通常,锰铁及硅铁既作为脱氧剂使用,又是合金化元素。有些合金只是作为脱氧剂使用,如硅钙合金,硅铝合金及铝等。冶炼含铝的钢种,铝也是合金化元素。另有一些合金只用于合金化,如铬铁、铌铁、钒铁、钨铁、钼铁等。在一般情况下,脱氧与合金化的操作是同时进行的。

4-60　由于脱氧工艺不同,脱氧产物的组成有何不同,怎样才有利于脱氧产物的排除?

钢包脱氧合金化后,钢中的氧$[O]_溶$形成氧化物,只有脱氧产物上浮排除才能降低$[O]_夹$,达到去除钢中一切形式氧含量的目的。

脱氧工艺有 3 种。

(1) 用 Si + Mn 脱氧,形成的脱氧产物可能有:固相的纯 SiO_2;液相的 $MnO·SiO_2$;固溶体 MnO-FeO。

通过控制合适的$\frac{w_{(Mn)}}{w_{(Si)}}$比,能得到液相的 $MnO·SiO_2$ 产物,夹杂物易于上浮排除。

(2) 用 Si + Mn + Al 脱氧,形成的脱氧产物可能有蔷薇辉石($2MnO·Al_2O_3·5SiO_2$);硅铝榴石($3MnO·Al_2O_3·3SiO_2$);Al_2O_3($w_{Al_2O_3}>30\%$)。

控制夹杂物成分在低熔点范围,为此钢中 $w_{[Al]}\leqslant0.006\%$,钢中$[O]_溶$可达 0.0020%(20ppm)而无 Al_2O_3 沉淀,钢水可浇性好,不堵水口,铸坯不会产生皮下气孔。

(3) 用过量铝脱氧。对于低碳铝镇静钢,钢中酸溶铝$[Al]_S$含量为 0.02%～0.04%,则脱氧产物全部为 Al_2O_3。Al_2O_3 熔点高达2050℃,在钢水中呈固态;若 Al_2O_3 含量多钢水的可浇性变差,易堵水口。另外,Al_2O_3 为不变形夹杂物,影响钢材性能。

通过吹氩搅拌加速 Al_2O_3 上浮排出,或者喂入 Si-Ca 线、Ca 线的钙处理,改变 Al_2O_3 性态。

$[Al]_S$ 含量较低,钙处理生成低熔点 $2CaO·Al_2O_3·SiO_2$;

$[Al]_S$ 较高,钙处理应保持合适的$\frac{w_{(Ca)}}{w_{(Al)}}$比,以形成 12CaO·

$7Al_2O_3$。

对于低碳铝镇静钢，通过钙处理，产物易于上浮排除纯净了钢水，改善了可浇性。

4-61 什么是合金元素的吸收率，影响合金元素吸收率的因素有哪些？

合金元素的吸收率又称收得率或回收率(η)，是指进入钢中合金元素的质量占合金元素加入总量的百分比。所炼钢种、合金加入种类、数量和顺序、终点碳以及操作因素等，均影响合金元素吸收率。

$$吸收率 = \frac{合金元素进入钢中质量}{合金元素加入总量} \times 100\% \qquad (4-18)$$

不同合金元素吸收率不同；同一种合金元素，钢种不同，吸收率也有差异。影响合金元素吸收率的因素主要有：

（1）钢水的氧化性。钢水氧化性越强，吸收率越低，反之则高。钢水氧化性主要取决于终点钢水碳含量，所以，终点碳的高低是影响元素吸收率的主要因素。

（2）终渣 TFe 含量。终渣的 TFe 含量高，钢中氧含量也高，吸收率低，反之则高。

（3）终点钢水的余锰含量。钢水余锰含量高，钢水氧含量会降低，吸收率有提高。

（4）脱氧元素脱氧能力。脱氧能力强的合金吸收率低，脱氧能力弱的合金吸收率高。

（5）合金加入量。在钢水氧化性相同的条件下，加入某种元素合金的总量越多，则该元素的吸收率也高。

（6）合金加入的顺序。钢水加入多种合金时，加入次序不同，吸收率也不同。对于同样的钢种，先加的合金元素吸收率就低，后加的则高。倘若先加入部分金属铝预脱氧，后继加入其他合金元素，吸收率就高。

（7）出钢情况。出钢钢流细小且发散，增加了钢水的二次氧化，或者是出钢时下渣过多，这些都降低合金元素的吸收率。

（8）合金的状态。合金块度应合适，否则吸收率不稳定。块度过大，虽能沉入钢水中，但不易熔化，会导致成分不均匀。但块度过小，甚至粉末过多，加入钢包后，易被裹入渣中，合金损失较多，降低吸收率。

4-62　对终点钢水余锰含量应如何考虑?

终点钢水余锰含量是确定含锰合金加入量的重要数据。终点余锰与铁水锰含量、终点碳、炉渣氧化性及终点温度有关。铁水锰含量高，终点温度高，终点碳含量高，钢中余锰含量高；后吹次数多、喷溅大钢中余锰含量低。此外，凡影响终渣 TFe 增高的因素，钢中余锰含量都会降低，相反余锰含量会增高。目前转炉用铁水均为低锰铁水，终点钢中余锰很低。表 4-17 是余锰含量占铁水锰含量的百分比，根据钢水终点碳含量确定，可供参考。

表 4-17　钢中余锰占铁水锰含量的比

终点 $w_{[C]}$/%	余锰量占铁水锰含量的比/%	终点 $w_{[C]}$/%	余锰量占铁水锰含量的比/%
0.21~0.28	40	0.08~0.10	25~30
0.14~0.20	40	0.05~0.07	20
0.11~0.13	35	0.02~0.04	10~20

4-63　合金加入量计算公式有哪些?

各种铁合金的加入量可按下列公式计算。

$$合金加入量(kg/t) = \frac{钢种规格中限\% - 终点残余成分\%}{铁合金合金元素含量\% \times 合金元素吸收率\%} \times 1000$$

$$(4\text{-}19)$$

$$钢种规格中限\% = \frac{钢种规格上限\% + 钢种规格下限\%}{2}$$

$$(4\text{-}20)$$

$$合金增碳量 = \frac{合金加入量 \times 合金碳含量 \times 碳吸收率\%}{1000} \times 100\%$$

$$(4\text{-}21)$$

$$增碳剂加入量(kg) = \frac{增碳量\% \times 1000}{增碳剂碳含量\% \times 碳元素吸收率\%}$$

$$(4-22)$$

合金元素吸收率($\eta\%$)核算公式：

$$\eta\% = \frac{钢种成品实际成分\% - 终点残余成分\%}{合金元素含量\% \times 合金加入量(kg/t)} \times 1000$$

$$(4-23)$$

4-64　二元合金加入量如何计算？

冶炼镇静钢加入两种以上合金脱氧时，合金加入量计算步骤如下：

(1) 若用单一合金 Fe-Mn 和 Fe-Si 脱氧时，分别计算 Fe-Mn 和 Fe-Si 加入量。

(2) 若用 Mn-Si 合金、Fe-Si、Al-Ba-Si 等复合合金脱氧合金化时，先根据钢种 Mn 含量中限计算 Mn-Si 合金加入量。再计算各合金增硅量；以增硅量作残余硅含量，计算硅铁补加数量。

举实例说明计算步骤：

例：冶炼 Q345A，若采用 Mn-Si、Al-Ba-Si、Ca-Si 合金脱氧合金化，每吨钢水加 Al-Ba-Si 合金 0.75kg，Ca-Si 合金 0.70kg，$w_{[Mn],余}$ $=0.16\%$，计算合金加入量。Q345A 规格成分和各合金成分如下表所示：

项　　目	成　分　$w/\%$		
	C	Si	Mn
Mn-Si 合金	1.6	18.4	68.5
Fe-Si 合金		75	
Al-Ba-Si 合金	0.10	30	
Ca-Si 合金	0.8	58	
Q345A	0.12~0.20	0.20~0.55	1.20~1.60
η	90	80	85

解：先计算 Mn-Si 加入量，根据公式 4-19：

$$Mn\text{-}Si \text{ 合金加入量} = \frac{(\text{钢种规格中限}\% - \text{终点残余成分}\%)}{\text{铁合金合金元素含量}\% \times \text{合金元素吸收率}\%} \times 1000$$

$$= \frac{(1.40\% - 0.16\%)}{68.5\% \times 85\%} \times 1000 = 21.30(kg/t)$$

$$Mn\text{-}Si \text{ 合金增硅量} = \frac{\text{合金加入量} \times \text{合金含硅量} \times \text{硅吸收率}\%}{1000} \times 100\%$$

$$= \frac{21.30 \times 18.4\% \times 80\%}{1000} \times 100\% = 0.313\%$$

$$Al\text{-}Ba\text{-}Si \text{ 合金增硅量} = \frac{0.75 \times 30\% \times 80\%}{1000} \times 100\% = 0.018\%$$

$$Si\text{-}Ca \text{ 合金增硅量} = \frac{0.7 \times 58\% \times 80\%}{1000} \times 100\% = 0.032\%$$

Si 量不足,补加 Fe-Si 合金量,根据公式 4-19:

$$Fe\text{-}Si \text{ 合金加入量} = \frac{(0.38\% - 0.313\% - 0.018\% - 0.032\%)}{75\% \times 80\%} \times 1000$$

$$= 0.28 kg/t$$

答:每吨钢水需加 Mn-Si 合金 21.30kg,Fe-Si 合金 0.28kg。

4-65 多元合金加入量如何计算?

例:吹炼钢种为 10MnPNbRE,余锰量为 0.10%,余磷量为 0.010%,钢种成分、铁合金成分及元素吸收率如下表所示:

名 称	成 分 $w/\%$							
	C	Si	Mn	P	S	Nb	RE	Ca
10MnPNbRE	≤0.14	0.20 ~0.60	0.80 ~1.20	0.06 ~0.12	≤0.05	0.015 ~0.050	≤0.20	
Fe-Nb	6.63	1.47	56.51	0.79		4.75		
中碳 Fe-Mn	0.48	0.75	80.00	0.20	0.02			
Fe-P	0.64	2.18		14.0	0.048			
Fe-RE		38.0					31	
CaSi 合金		64.48						20.6
Fe-Si		75						
Al-Ba-Si 合金	0.10	42		0.03	0.02			
$\eta/\%$	95	75	80	85		70	100	

吨钢脱氧剂加入量:Ca-Si 合金 2kg/t;Al-Ba-Si 合金 1kg/t。计算 1t 钢水合金加入量和增碳量。

解:计算步骤是先计算合金表中稀有元素合金加入量,后计算其他各种合金加入量,即计算顺序按:Fe-RE→Fe-Nb→中碳 Fe-Mn→Fe-P→Fe-Si 进行。

(1) Fe-RE 加入量,根据公式 4-19,

$$Fe\text{-}RE\ 加入量 = \frac{钢种规格中限\% - 终点残余成分\%}{铁合金合金元素含量\% \times 合金元素吸收率\%} \times 1000$$

$$= \frac{(0.15\% - 0\%)}{31\% \times 100\%} \times 1000 = 4.84(kg/t)$$

(2) Fe-Nb 加入量

$$Fe\text{-}Nb\ 加入量 = \frac{(0.0325\% - 0\%)}{4.75\% \times 70\%} \times 1000 = 9.77(kg/t)$$

(3) 中碳 Fe-Mn 加入量,根据公式 4-21,

Fe-Nb 增锰量

$$增锰量 = \frac{合金加入量 \times 合金含锰量 \times 锰吸收率\%}{1000} \times 100\%$$

$$= \frac{9.77 \times 56.51\% \times 80\%}{1000} \times 100\% = 0.442\%$$

中碳 Fe-Mn 加入量,根据公式 4-19,

$$Fe\text{-}Mn\ 加入量 = \frac{(1.00\% - 0.442\% - 0.10\%)}{80\% \times 80\%} \times 1000 = 7.16(kg/t)$$

(4) Fe-P 加入量:

Fe-Nb 增磷量:

$$增磷量 = \frac{9.77 \times 0.79\% \times 85\%}{1000} \times 100\% = 0.0066\%$$

中碳 Fe-Mn 增磷量:

$$增磷量 = \frac{7.16 \times 0.20\% \times 85\%}{1000} \times 100\% = 0.0012\%$$

Al-Ba-Si 合金增磷量:

$$增磷量 = \frac{1 \times 0.03\% \times 85\%}{1000} \times 100\% \approx 0$$

Fe-P 加入量,根据公式 4-19,

Fe-P 加入量

$$= \frac{(0.09\% - 0.0066\% - 0.0012\% - 0.010\% - 0)}{14.0\% \times 85\%} \times 1000$$

$$= 6.07(\text{kg/t})$$

(5) Fe-Si 加入量:

Ca-Si 合金增硅量:

$$增硅量 = \frac{2 \times 64.48\% \times 75\%}{1000} \times 100\% = 0.097\%$$

Fe-Nb 增硅量:

$$增硅量 = \frac{9.77 \times 1.47\% \times 75\%}{1000} \times 100\% = 0.011\%$$

中碳 Fe-Mn 增硅量:

$$增硅量 = \frac{7.16 \times 0.75\% \times 75\%}{1000} \times 100\% = 0.004\%$$

Fe-P 增硅量:

$$增硅量 = \frac{6.07 \times 2.18\% \times 75\%}{1000} \times 100\% = 0.010\%$$

Fe-RE 增硅量:

$$增硅量 = \frac{4.84 \times 38.0\% \times 75\%}{1000} \times 100\% = 0.138\%$$

Al-Ba-Si 合金增硅量:

$$增硅量 = \frac{1 \times 42.0\% \times 75\%}{1000} \times 100\% = 0.032\%$$

Fe-Si 加入量,根据公式 4-15,

Fe-Si 加入量

$$= \frac{(0.40\% - 0.097\% - 0.011\% - 0.004\% - 0.010\% - 0.138\% - 0.032\%)}{75\% \times 75\%}$$

$\times 1000 = 1.92 (\mathrm{kg/t})$

（6）增碳量,根据公式 4-21,

增碳量

$$= \frac{(4.84\times0\% + 9.77\times6.63\% + 7.16\times0.48\% + 6.07\times0.64\% + 1.92\times0\% + 1\times0.10\%)\times95\%}{1000}$$

$\times 100\% = 0.07\%$

终点碳应在 $0.14\% - 0.07\% = 0.07\%$ 以下,实际控制在 $0.05\% \sim 0.07\%$。

答:每吨钢加入 Fe-RE 4.84kg,Fe-Nb 9.77kg,中碳 Fe-Mn 7.16kg,Fe-P6.07kg,Fe-Si 1.92kg,增碳量为 0.07%。

4-66　脱氧剂铝加入量如何计算?

例:出钢量为 150t,钢水中氧含量 700ppm,计算钢水全脱氧需要加多少铝?(小数点后保留一位有效数字,铝的相对原子质量为 27,氧的相对原子质量为 16)。

解:（1）反应式:$2Al + 3[O] = (Al_2O_3)$

（2）钢中含 0.07%(700ppm)$[O]$,150t 钢水中总氧含量:

$$150 \times 1000 \times 0.07\% = 105 (\mathrm{kg})$$

（3）计算铝加入量,设铝加入量为 x:

$$2Al + 3[O] = (Al_2O_3)$$
$$2\times27 \quad 3\times16$$
$$x \quad\quad 105$$

$$\frac{2\times27}{x} = \frac{3\times16}{105}$$

$$x = \frac{2\times27\times105}{3\times16} = 118.1 (\mathrm{kg})$$

答:钢水全脱氧需要加入铝 118.1kg。

4-67　合金加入的顺序和原则是怎样的?

在常压下脱氧剂加入的顺序有两种。

（1）先加脱氧能力弱的，后加脱氧能力强的脱氧剂。这样既能保证钢水的脱氧程度达到钢种的要求，又利于脱氧产物上浮，质量合乎钢种的要求。因此，冶炼一般钢种时，脱氧剂加入的顺序是：Fe-Mn→Fe-Si→Al。

（2）对拉低碳工艺，脱氧剂的加入顺序是：先强后弱，即 Al→Fe-Si→Fe-Mn。实践证明，利于 Al_2O_3 上浮，减少钢中夹杂物，同时可以大大提高并稳定 Si 和 Mn 元素的吸收率，相应减少合金用量。但必须采用相应精炼措施。

一般合金加入顺序应考虑以下原则：

（1）以脱氧为目的的元素先加，合金化元素后加。

（2）易氧化的贵重合金应在脱氧良好的情况下加入。如 Fe-V、Nb-Fe、Fe-B 等合金应在 Fe-Mn、Fe-Si、铝等脱氧剂全部加完以后再加，以减少其烧损。为了成分均匀，加入的时间也不能过晚。微量元素还可以在精炼过程中加入。

（3）难熔的、不易氧化的合金，如 Fe-Cr、Fe-W、Fe-Mo、Fe-Ni 等可加在精炼炉或转炉内。其他合金均加在钢包内。

4-68　合金加入时间应如何掌握？

大多数钢种均在钢包内完成脱氧合金化。这种方法简便，大大缩短冶炼周期，而且能提高合金元素的吸收率。合金加入时间，一般在钢水流出总量的 1/4 时开始加入，流出 3/4 时加完。为保证合金熔化和搅拌均匀，合金应加在钢流冲击的部位或同时吹氩搅拌。

4-69　喷溅有哪些危害，产生喷溅的基本原因是什么，转炉炼钢喷溅有哪几种类型？

喷溅是顶吹转炉吹炼过程中经常见到的一种现象。喷溅的危害如下：

（1）喷溅造成金属损失在 0.5%～5%，避免喷溅就等于增加钢产量。

（2）喷溅冒烟污染环境。

(3) 喷溅的喷出物堆积,清除困难,严重喷溅还会引发事故,危及人身及设备安全。

(4) 由于喷溅物大量喷出,不仅影响脱除 P、S,热量损失增大,还会引起钢水量变化,影响冶炼控制的稳定性。限制供氧强度的提高。

防止和减少喷溅是顶吹转炉吹炼的重要课题之一。

炉内钢水的密度约 $7.0t/m^3$,熔渣的密度约为 $3.2t/m^3$,如果没有足够的力量,金属和熔渣是不会从炉口喷出的。喷溅主要源自碳氧的不均衡反应,瞬间产生的大量 CO 气体,从炉口夺路而出,将金属和熔渣托出炉外。

爆发性喷溅、泡沫性喷溅和金属喷溅是氧气顶吹转炉吹炼常见的喷溅。

4-70　为什么会产生爆发性喷溅?

熔池内碳氧反应不均衡发展,瞬时产生大量的 CO 气体,这是发生爆发性喷溅的根本原因。

碳氧反应:$[C] + (FeO) = \{CO\} + [Fe]$ 是吸热反应,反应速度受熔池碳含量、渣中(TFe)含量和温度的共同影响。由于操作上的原因,熔池骤然受到冷却,抑制了正在激烈进行的碳氧反应;供入的氧气生成了大量(TFe)并聚积;当熔池温度再度升高到一定程度(一般在 1470℃ 以上),(TFe)聚积到 20 % 以上时,碳氧反应重新以更猛烈的速度进行,瞬时间排出大量具有巨大能量的 CO 气体从炉口夺路而出,同时还挟带着一定量的钢水和熔渣,形成了较大的喷溅。例如因二批渣料加入时间不当,在加入二批料之后不久,随之而来的大喷溅,就是由于上述原因造成的。

在熔渣氧化性过高,熔池温度突然冷却后又升高的情况下,就有可能发生爆发性喷溅。

4-71　吹炼过程中怎样预防爆发性喷溅?

根据爆发性喷溅产生的原因,可以从以下几方面预防:

(1) 控制好熔池温度。前期温度不要过低,中后期温度不要过高,均匀升温,碳氧反应得以均衡的进行;严禁突然冷却熔池,消除爆发性碳氧反应的条件。

(2) 控制(TFe)不出现聚积现象,以避免熔渣过分发泡或引起爆发性的碳氧反应。具体讲应注意以下的情况:

1) 若初期渣形成过早,应及时降枪以控制渣中(TFe);同时促进熔池升温,使碳得以均衡的氧化。避免碳焰上来后的大喷。

2) 适时加入二批料,这样熔池温度不会明显降低,有利于消除因二批渣料的加入过分冷却熔池而造成的大喷。

3) 在处理炉渣"返干"或加速终点渣形成时,不要加入过量的萤石,或用过高的枪位吹炼,避免(TFe)积聚。

4) 终点适时降枪,降枪过早熔池碳含量还较高,碳的氧化速度猛增,也会产生大喷。

5) 炉役前期炉膛小,同时温度又低,要注意适时降枪,避免(TFe)含量过高,引起喷溅。

6) 补炉后炉衬温度偏低,前期温度随之降低,要注意及时降枪,控制渣中(TFe)含量,以免喷溅。

7) 若采用留渣操作时,兑铁前必须采取冷凝熔渣的措施,防止产生爆发性喷溅。

(3) 吹炼过程一旦发生喷溅就不要轻易降枪,因为降枪以后,碳氧反应更加激烈,反而会加剧喷溅。此时可适当的提枪,这样一方面可以缓和碳氧反应和降低熔池升温速度,另一方面也可以借助于氧气射流的冲击作用吹开熔渣,利于气体的排出。

(4) 在炉温很高时,可以在提枪的同时适当加一些石灰,稠化熔渣,有时对抑制喷溅也有些作用,但加入量不宜过多。也可以用如废绝热板、小木块等密度较小的防喷剂,降低渣中(TFe)含量,达到减少喷溅的目的。此外,适当降低氧流量也可以减弱喷溅强度。

4-72　为什么会产生泡沫性喷溅,怎样预防泡沫性喷溅?

除了碳的氧化不均衡外,还有如炉容比、渣量、炉渣泡沫化程度等因素也会引起喷溅。

在铁水 Si、P 含量较高时,渣中 SiO_2、P_2O_5 含量也高,渣量较大,再加上熔渣中 TFe 含量较高,其表面张力降低,阻碍着 CO 气体通畅排出,因而渣层膨胀增厚,严重时能够上涨到炉口。此时只要有一个不大的推力,熔渣就会从炉口喷出,熔渣所夹带的金属液也随之而出,形成喷溅。同时泡沫渣对熔池液面覆盖良好,对气体的排出有阻碍作用。严重的泡沫渣可能导致炉口溢渣。

显然,渣量大时,比较容易产生喷溅;炉容比大的转炉,炉膛空间也大,相对而言发生较大喷溅的可能性小些。

泡沫性喷溅由于渣中(TFe)含量较高,往往伴随有爆发性喷溅。

泡沫性喷溅预防的措施如下:

(1) 控制好铁水中的 Si、P 含量,最好是采用铁水预处理,实施三脱,或者采用双渣操作,如铁水中 Si、P 含量高,渣量大,在吹炼前期倒出部分酸性泡沫渣,可避免泡沫性喷溅。

(2) 控制好(TFe)含量,不出现(TFe)的聚积现象,以免熔渣过分发泡。

4-73　为什么会产生金属喷溅,怎样预防金属喷溅?

当渣中 TFe 含量过低,熔渣黏稠,熔池被氧流吹开后熔渣不能及时返回覆盖液面,CO 气体的排出带着金属液滴飞出炉口,形成金属喷溅。飞溅的金属液滴粘附在氧枪喷头上,会严重恶化喷头的冷却条件,导致喷头损坏。熔渣"返干"会产生金属喷溅。可见,形成金属喷溅的原因与爆发性喷溅正好相反。当长时间低枪位操作、二批料加入过早、炉渣未化透就急于降枪脱碳以及炉液面上升而没有及时调整枪位,都有可能产生金属喷溅。

金属喷溅预防和处理措施如下:

(1) 保证合理装入量,避免超装,防止熔池过深,炉容比过小。

(2) 炉底上涨应及时处理;经常测量炉液面高度,以防枪位控制不当。

(3) 控制好枪位,化好渣,避免枪位过低(TFe)过低。

(4) 控制合适的(TFe)含量,保持正常熔渣性能。

5　转炉炼钢过程的自动控制

5-1　计算机控制炼钢有哪些优点?

与经验炼钢相比,计算机控制炼钢具有以下优点:

(1) 较精确地计算吹炼参数。计算机控制炼钢计算模型是半机理半经验的模型,且可不断优化,比凭经验炼钢的粗略计算精确得多,可将其吹炼的氧气消耗量和渣料数量控制在最佳范围,合金和原料消耗量有明显的降低。

(2) 无倒炉出钢。计算机控制炼钢补吹率一般小于8%,其冶炼周期可缩短5～10min;

(3) 终点命中率高。计算机控制吹炼终点命中率一般水平不小于80%,先进水平不小于90%;经验炼钢终点控制命中率约60%左右;大幅提高终点控制命中率,因此钢水气体含量低,钢质量得到改善。

(4) 改善劳动条件。计算机控制炼钢采用副枪或其他设备测温、取样,能减轻工人劳动强度,也减少倒炉冒烟的污染,改善劳动环境。

5-2　炼钢计算机控制系统包括哪些部分?

炼钢计算机控制系统一般分三级:管理级(三级机)、过程级(二级机)、基础自动化级(一级机),图 5-1a 是某厂炼钢计算机控制系统图。

计算机炼钢过程控制是以过程计算机控制为核心,实行对冶炼全过程的参数计算和优化、数据和质量跟踪、生产顺序控制和管理。

图 5-1b 是某厂炼钢过程计算机(二级机)系统控制框图。

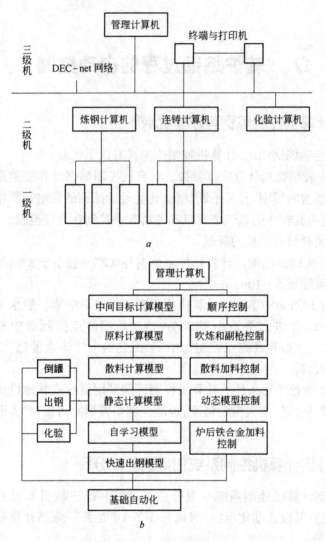

a

b

图 5-1　炼钢计算机控制系统

a—炼钢计算机系统；*b*—炼钢过程计算机系统控制框图

计算机过程控制的功能包括以下内容：

(1) 从管理计算机接收生产和制定计划。

（2）向上传输一级系统的过程数据。

（3）向一级系统下达设定值。主要包括熔炼钢号,散状材料重量,吹氧量,吹炼模式（吹炼枪位、供氧曲线散料加入批量和时间、底吹曲线,副枪下枪时间和高度）,动态过程的吹氧量和冷却剂加入量。

（4）从化验室接收铁水、钢液和炉渣的成分分析数据。

（5）建立钢种字典。

（6）完成转炉装料计算。

（7）完成转炉动态吹炼的控制计算。

（8）完成冶炼记录。

（9）将生产数据传送到管理计算机。

5-3 计算机控制炼钢的条件是什么?

用计算机控制转炉炼钢,不仅需要计算机硬件和软件,而且还必须具备以下条件:

（1）设备无故障或故障率很低。计算机控制炼钢要求生产连续稳定,设备准确地执行基础自动化发出的工作指令,基础自动化准确控制设备运行。保证生产能连续正常地按顺序进行。因此要求转炉系统设备无故障或故障率很低。

（2）过程数据检测准确可靠。无论是静态控制,还是动态控制,都是建立在对各种原材料数量和成分,以及温度、压强、流量、钢液成分和温度的准确测量基础上,所以要求各种传感器必须稳定可靠,以保证吹炼过程参数的测量准确可信。

（3）原材料达到精料标准,质量稳定。计算机控制炼钢要进行操作条件（如吹炼所需的装入量、氧气消耗量和渣料用量等）计算,这些计算以吹炼参考炉次和正常吹炼控制反应为基准。因此要求吹炼前的初始条件如铁水、废钢、渣料成分和铁水温度等参数稳定,计算值修正变化量较少,吹炼处于平稳状态。

（4）要求人员素质高。计算机控制炼钢是一个复杂的系统工程,它对原材料管理、工艺过程控制、设备运行等有很高的要求。

因此企业要具有很高的管理水平,高素质的管理人员、技术人员、操作人员和设备维修人员,确保整个系统的正常运转。

我国有的钢厂采用计算机炼钢已达到全程控制率大于 90％,终点命中率大于 80％(控制精度: $w_{[C]}$ 为 ±0.015％,温度为 ±12℃),转炉补吹率小于 8％的水平。

5-4　什么是计算机软件,什么是计算机硬件?

软件是计算机系统中的程序和有关的文件。

程序包括系统程序和应用程序。系统程序是管理计算机的程序。后面说到的静态模型和动态模型属于应用软件,是计算机对炼钢过程和炼钢要求用数学模型加以描述。

文件是为了便于了解程序所需资料说明。程序必须装入机器内部才能工作,文件一般是用于阅读,不一定装入机器。

程序作为一种具有逻辑结构的信息,精确而完整地描述计算任务中的处理对象和处理规则。这一描述还必须通过合适的计算机及外部设备才能实现。

计算机及外部设备就是计算机硬件。

5-5　什么是静态模型,静态模型计算包括哪些内容?

静态模型就是根据物料平衡和热平衡计算,再参照经验数据统计分析得出的修正系数,确定吹炼加料量和氧气消耗量,预测终点钢水温度及成分目标。

静态模型计算是假定在同一原料条件下,采用同样的吹炼工艺,则应获得相同的冶炼效果。若条件有变,根据本炉次与参考炉次的原料、工艺等条件的差异,可推算出本炉次的目标值。本书的第 4-45 题就是静态模型计算的一个实例。静态模型的计算通常包括氧气量模型、枪位模型、辅原料模型和合金料模型。

氧气量模型的计算包括:先根据化学反应式计算吹炼一炉钢所需的氧气量;再计算由于加入铁矿石而带人的氧气量;然后用氧气利用系数修正一炉钢所需的氧气量;最后计算不同吹炼阶段消

耗的氧气量。

枪位模型的计算包括:根据不同阶段计算枪位和根据炉内液面高度计算枪位。

辅原料模型的计算包括:铁矿石加入量、石灰加入量计算、萤石加入量的计算以及白云石加入量的计算。

合金料模型的计算包括:各种合金料加入量的计算

5-6 什么是动态模型,动态模型计算包括哪些内容?

动态模型是指当转炉接近终点时,将测到的温度及碳含量数值输送到过程计算机;过程计算机根据所测到的实际数值,计算出达到目标温度和目标碳含量补吹所需的氧气量及冷却剂加入量,并以测到的实际数值作为初值,以后每吹氧 3s,启动一次动态计算,预测熔池内温度和目标碳含量。当温度和碳含量都进入目标范围时,发出停吹命令。图 5-2 是动态过程碳含量、温度预测示意图。

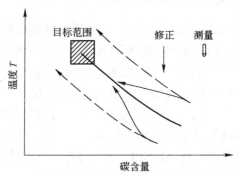

图 5-2 动态控制阶段钢水温度与碳含量预测示意图

动态模型的计算包括:

(1)计算动态过程吹氧量。动态吹氧量与碳含量、测定后加入的冷却剂成分、熔池脱碳速度有关。

(2)推算终点碳含量。定碳后,依动态吹氧量计算终点钢水碳含量。

(3)推算终点钢水温度。测温后,根据钢液原始温度、熔池升温状况和动态冷却剂加入情况推算终点钢水温度。

（4）计算动态过程冷却剂加入量。根据终点碳含量和终点温度值，可计算出动态过程冷却剂加入量。

（5）修正计算。用实际数值对计算结果进行修正。

动态模型学习系数可通过过程计算机自学习模型不断进行修正。

5-7 副枪有哪些功能，其探头有哪几种类型？

副枪有测试副枪与操作副枪之分。

测试副枪的功能是在吹炼过程和终点测量温度、取样、测定钢水中碳含量和氧含量以及炉液面的高度等，以提高控制的准确性，获取冶炼过程的中间数据，是转炉炼钢计算机动态控制的一种过程测量装置。它是由枪体与探头（又称测试头）组成的水冷枪。

探头有单功能探头和复合功能探头，目前应用广泛的是测温、定碳与取样的复合功能探头和定氧探头。

5-8 结晶定碳的原理是怎样的？

终点钢水中的主要元素是 Fe 与 C，碳含量高低影响着钢水的凝固温度；反之，根据凝固温度不同也可以判断碳含量。如果在钢水凝固的过程中连续地测定钢水温度，当到达凝固温度时，由于凝固潜热抵消了钢水降温散发的热量，这时温度随时间变化的曲线出现了一个平台，这个平台的温度就是钢水的凝固温度；不同碳含量的钢液凝固时就会出现不同温度的平台，所以根据凝固温度也可以推出钢水的碳含量。副枪测定终点碳含量就是这个原理。

5-9 应用副枪测量熔池液面高度的工作原理是怎样的？

利用副枪测量熔池液面高度的工作原理是：在探头前装有两个电极，当探头与金属液面接触时导通电路，测出副枪此时的枪位，也就测出了熔池液面值。

5-10 测定熔池钢水中氧含量的原理是怎样的？

熔池钢水氧含量的测定原理是：用电解质 $ZrO_2 + MgO$ 以耐

火材料的形式包住 $Mo + MoO_2$ 组成的一个标准电极板,而以钢水中[O] + Mo 为另一个电极板,钢水中氧浓度与标准电极 Mo + MoO_2 氧浓度不同,在 $ZrO_2 + MgO$ 电解质中形成氧浓度差电池。测定电池的电动势,可以得出钢液中氧含量。

对于低碳钢,根据终点定氧的结果,通过碳-氧浓度乘积关系可以得出碳含量。

5-11　副枪的构造是怎样的,对副枪有哪些要求?

副枪是安装在氧枪侧面的一支水冷枪,在水冷枪的头部安有可更换探头。测试副枪枪体是由 3 层同心圆钢管组成。内管中心

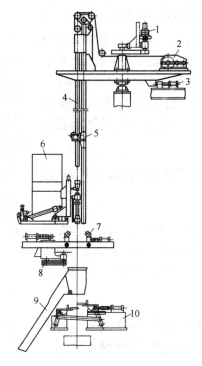

图 5-3　副枪探头装置示意图

1—旋转机构;2—升降机构;3—定位装置;4—副枪;5—活动导向小车;6—装头装置;
7—拔头机构;8—锯头机构;9—溜槽;10—清渣装置及枪体矫直装置组成的集合体

装有信号传输导线,并通氮气保护;中层管与外层管分别为进、出冷却水的通道;在枪体的下部底端装有导电环和探头的固定装置。

副枪探头借助机械手等装置更换。更换探头装置结构见图5-3。

测试副枪装好探头插入熔池,将所测温度、碳含量数据反馈给计算机或计器仪表。副枪提出炉口以上后,锯掉探头样杯部分,取出钢样并通过溜槽风动送至化验室校验成分;拔头装置拔掉旧探头,装头装置再装上新探头准备下一次测试使用。

对副枪的要求有:副枪的运行速度在高速(150m/min),中速(36m/min),低速(6m/min)时,停位要准确;探头可自动装卸,使用方便可靠;做到既可自动操作又可手动操作,既可集中操作又能就地操作,既能强电控制也能弱电控制;当探头未装好或未装上、二次仪表未接通或不正常、枪管内冷却水断流或流量过低、或水温过高等任一情况发生,副枪均不能运行,并报警。在突然停电,或电力拖动出现故障,或断绳、乱绳时,可通过氮气马达迅速将副枪提出转炉炉口。

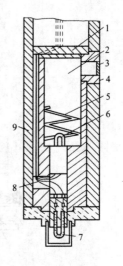

5-12 副枪测温定碳的探头的结构是怎样的?

测温、定碳复合探头的结构形式,按钢水进入探头样杯的方式分为:上注式、侧注式和下注式。侧注式是普遍采用的形式,其结构见图5-4。

5-13 副枪的安装位置怎样确定,副枪测试的时间应如何考虑?

副枪的安装位置应确保测温、取样的代表性。它与氧枪间的中心距应满足以下条

图5-4 侧注式测温定碳头

1—压盖环;2—样杯;3—进样口盖;4—进样口保护套;5—脱氧铝;6—定碳热电偶;7—测温热电偶;8—补偿导线;9—保护纸管

件：

(1) 副枪要避开氧射流以及氧射流与熔池作用的"火点"，并有一定的安全距离。

(2) 在转炉炉口粘钢粘渣最严重的情况下，副枪枪体还能顺利运行。

(3) 与氧枪设备不发生干扰。

依据动态模型要求，副枪第一次测试时间是当转炉供氧量达到炉氧气消耗量的 85% 左右时；副枪第二次测试时间是在动态模型认为钢液达到终点要求时。

5-14 如何依据炉气连续分析动态控制转炉终点，有哪些优点？

动态控制要求连续获得各种参数以满足控制冶炼需要，但副枪并不能连续测量温度和钢水成分。为此，依靠连续分析转炉炉气成分来进行动态控制的系统得到了发展。它由两部分组成：一部分是炉气分析系统；另一部分是根据转炉的炉气成分进行动态工艺控制的模型。

炉气分析系统包括炉气取样和分析系统，可在高温和有灰尘的条件下进行工作，并在极短的时间内分析出炉气的化学成分(如 CO、CO_2、N_2、H_2、O_2 等)。该系统由具有自我清洁功能的测试头、气体处理系统和气体分析装置组成。

动态工艺控制模型可计算出转炉的脱碳速度、钢水和炉渣的成分、钢水温度并决定停吹点。其计算原理是根据渣钢间反应的动力学、物料平衡和热平衡来预测炉气成分的变化趋势。

在停吹 2min 以前，动态模型根据脱碳速度和炉气的行为，计算出达到目标碳含量所需氧气量及所需吹炼时间。

动态模型还包括了从开吹到停吹所必需的一些功能，如工艺的监测和跟踪、工艺信息的获取和储存、报告系统等。

这些功能和动态模型均安装在一台普通的个人计算机上，并通过接口和转炉原有的一级和二级自动化系统相连。

与应用副枪测量相比该系统具有以下优点：

（1）提高了终点命中率。在普通生产条件下，使用炉气连续分析动态控制系统，可连续测量推算钢中碳含量，碳的命中率达到80%以上，如果氧枪、吹炼方式、底部搅拌、加料方式等方面能进一步标准化，命中率可提高到95%。

（2）提高了产品质量。由于碳的命中率高，避免了补吹，钢中氧含量低，提高了钢的清洁度。

（3）降低生产成本。这种方法取消了一次性副枪探头的消耗；由于钢中氧含量低，可减少用于脱氧的合金消耗量，减少转炉渣中带铁量，降低了炼钢成本。

（4）设备适用性广。这套设备体积小，投资省，有广泛的应用前景。

6 转炉炉衬与炉龄

6-1 什么是耐火材料,耐火材料有哪几种类型?

能够抵抗高温和高温下物理化学作用的材料统称为耐火材料,它们一般是无机非金属材料和制品,也包括天然矿物和岩石等。

耐火材料的分类方法很多,按其化学成分可分为酸性耐火材料、碱性耐火材料、中性耐火材料等。

6-2 什么是酸性、碱性、中性耐火材料,其主要化学成分是什么?

通常将主要成分为酸性氧化物,即 SiO_2 占 93% 以上的耐火材料称酸性耐火材料。如硅砖、石英玻璃制品、融熔石英制品等是纯酸性耐火材料。SiO_2 含量在 40%~60% 的黏土类耐火材料,属半酸性或弱酸性耐火材料;再如锆英石质和碳化硅质耐火材料作为特殊酸性耐火材料也归入此类之中。酸性耐火材料在高温下能够抵抗酸性熔渣的侵蚀,易与碱性熔渣起反应。

以碱性氧化物 MgO 或 MgO+CaO 为主要成分的耐火材料称为碱性耐火材料。如镁砖、白云石质、镁炭质材料等属强碱性耐火材料;而镁铬质、镁铝质、镁橄榄石质、尖晶石类材料等均属弱碱性耐火材料。其特点是耐火度都很高,且耐碱性熔渣侵蚀。

在高温下与碱性或酸性熔渣都不易起明显反应的耐火材料称为中性耐火材料,或称两性耐火材料。如炭砖、铬砖(主要成分为 Cr_2O_3)、高铝质(主要成分为 Al_2O_3 与 SiO_2)耐火材料等均属此类,只不过高铝质材料是具有酸性倾向的中性耐火材料;而铬质材料则是具有碱性倾向的中性耐火材料。

6-3　什么是耐火材料的耐火度,怎样表示?

耐火度是耐火材料在高温下不软化的性能。耐火材料是多种矿物的组合体,在受热过程中,熔点低的矿物首先软化,进而熔化;随着温度的升高,熔点高的矿物也逐渐软化而熔化。因此,耐火材料的熔化温度不是一个固定的数值。所以规定:当耐火材料受热软化到一定程度时的温度就是该耐火材料的耐火度。

根据 GB 7322 标准规定对各种耐火材料的耐火度进行测定。将待测耐火材料依照规定做成锥体试样,与标准试样一起按要求加热,锥体试样受高温作用软化而弯倒,当其弯倒至锥体的尖端接触底盘时的温度,即为所测耐火材料的耐火度。图 6-1 为耐火材料试样软化情况。

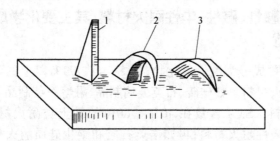

图 6-1　耐火材料锥体试样弯倒情况
1—软化前;2—在耐火度温度下弯倒情况;3—超过耐火度弯倒情况

耐火度不是耐火材料的实际使用温度,耐火材料在使用中都要承受一定的载荷,所以耐火材料实际能够承受的温度要低于所测耐火度。

6-4　什么是耐火材料的荷重软化温度,怎样表示?

荷重软化温度也称荷重软化点。耐火制品在常温下耐压强度很高;但在高温下承受载荷后,就会发生变形,显著地降低了耐压强度。所谓荷重软化温度是指:耐火制品在高温、承受恒定压载荷的条件下,产生一定变形时的温度。根据标准 YB 370—75 规定,可对各种耐火材料的荷重软化温度进行测定。荷重软化温度也是衡量耐火制品高温结构强度的指标。

耐火制品实际能够承受的温度要稍高于荷重软化温度,这主要是由于两方面的原因,其一在实际使用中,耐火制品承受的载荷比测定时压载荷要低;其二是砌筑在冶金炉内的耐火砖只是单面受热。

6-5 什么是耐火材料的耐压强度,单位是什么?

耐火材料试样在单位面积上所能承受的极限载荷称为该耐火材料的耐压强度,其单位是 N/mm^2 或 MPa。根据标准规定进行测定,在室温下测定的数值为耐火材料常温耐压强度;在高温下测定的数值为耐火材料高温耐压强度。

6-6 什么是耐火材料的抗折强度,单位是什么?

单位断面面积承受弯矩作用直至断裂时的应力称为该耐火材料的抗折强度,单位是 MPa。在室温下试样测定的抗折强度为常温抗折强度;在高温下试样测定的抗折强度为高温抗折强度。

测定抗折强度的试样是用所测耐火砖切取制作,应保留一个与成型受压方向相垂直的原砖面作为试样的受压面;如果是测定不定形耐火材料的抗折强度,以试样成型的侧面作为测定的受压面。用来测定抗折强度的试样每组为 6 个,取其平均值。

6-7 什么是耐火材料的抗热震性?

在温度急剧变化的情况下耐火材料能够不开裂、不剥落的性能称为抗热震性,又称为耐急冷急热性、或抗温度急变性、或耐热崩裂性、或耐热冲击性、或热震稳定性等。可根据标准 YB 376 规定测出各种耐火材料的抗热震性能。黏土质耐火材料的抗热震性能较好,而镁砖的抗热震性能稍差些。

6-8　什么是耐火材料的重烧线变化，它与耐火制品的使用有什么关系？

耐火材料或制品加热到一定温度再冷却后，其长度发生不可逆增加或减少，就称为重烧线变化。有些耐火材料产生膨胀，有些耐火材料产生收缩，用膨胀或收缩的数值占原尺寸的百分比"%"表示重烧线变化值；正号"＋"表示膨胀，负号"－"表示收缩。耐火制品在高温下发生线变化，是其继续完成在焙烧过程中未完成的物理化学变化。重烧线变化是耐火材料和制品高温下体积稳定性的标志。

黏土砖在使用过程中常发生重烧收缩；而硅砖常发生重烧膨胀现象；只有炭质耐火材料的高温体积稳定性良好。倘若耐火材料的高温体积稳定性较差往往会引起炉衬裂缝或坍塌。

6-9　什么是耐火材料的抗渣性，对耐火材料的侵蚀包括哪几方面？

耐火材料在高温下抵抗熔渣侵蚀的能力称为抗渣性。耐火材料的抗渣性与熔渣的化学性质、工作温度、耐火材料的致密度有关。对耐火材料的侵蚀包括化学侵蚀、物理溶解、机械冲刷等 3 个方面。化学侵蚀是指熔渣与耐火材料发生化学反应，所形成的产物进入熔渣，从而改变了熔渣的化学成分，使耐火材料遭受蚀损；物理溶解是指由于化学侵蚀，耐火材料结合不牢固的颗粒溶解于熔渣之中；机械冲刷是指由于炉液流动将耐火材料中结合力较差的固体颗粒带走或溶于熔渣中的现象。

6-10　什么是耐火材料的气孔率、真气孔率和显气孔率，它们对耐火材料的使用有什么影响？

耐火制品中气孔的体积占耐火制品总体积的百分比称为气孔率。气孔率的高低也表明了耐火制品的致密程度。耐火制品中气孔与大气相通的，称为开口气孔，其中贯穿的气孔称为连通气孔；

不与大气相通的气孔称为闭口气孔,如图 6-2 所示。耐火制品全部气孔的体积占耐火制品总体积的百分比称为真气气孔率,也称为全气孔率;开口气孔与贯通气孔的体积占耐火制品总体积的百分比称为显气孔率,或假气孔率。

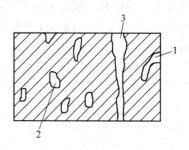

显而易见,显气孔率高,说明耐火制品中与大气相通的气孔多,在使用过程中耐火制品易受蚀损和水化作用。对各种耐火材料的

图 6-2　耐火材料中气孔的类型
1—开口气孔;2—闭口气孔;
3—贯穿气孔

显气孔率的要求,在国家标准或行业标准中都有具体规定。

6-11　什么是耐火制品的体积密度,它对耐火制品的使用有什么影响?

耐火制品单位体积(包括气孔体积在内)的质量称为密度,单位是 g/cm^3。

对于同一种耐火制品,其体积密度高,则气孔就少,气孔率低,制品致密,耐侵蚀和水化作用的性能好。对各种耐火砖和耐火制品的体积密度,国家标准或行业标准都有具体规定. 例如 A 级类镁碳砖的体积密度要求不小于 $2.90g/cm^3$。

6-12　转炉的内衬是由哪几部分组成,各部分分别砌筑何种耐火材料? 镁炭砖有哪几类,其理化指标是怎样的?

转炉的内衬是由绝热层也称隔热层、永久层和工作层组成。

绝热层一般是用多晶耐火纤维砌筑,炉帽的绝热层也有用树脂镁砂打结而成;永久层各部位用砖也不完全一样,多用低档镁炭砖、或焦油白云石砖、或烧结镁砖砌筑;工作层全部砌筑镁炭砖。

砌筑工作层的镁炭砖有普通型和高强度型,我国已制定了行业标准。根据砖中碳含量的不同可分为 3 类,而每类又按其理化指标分为 3 个牌号, 即 MT10A、MT10B、MT10C; MT14A、MT14B、MT14C;MT18A、MT18B、MT18C 等。其理化指标见表 6-1。

表 6-1　各类镁炭砖的理化指标

项　目	指　标								
	MT10A	MT10B	MT10C	MT14A	MT14B	MT14C	MT18A	MT18B	MT18C
$w_{(MgO)}$ /%, ≮	80	78	76	76	74	74	72	70	70
$w_{(C)}$/%, ≮	10	10	10	14	14	14	18	18	18
显气孔率 /%, ≯	4	5	6	4	5	6	3	4	5
体积密度 /g·cm^{-3}, ≮	2.90	2.85	2.80	2.90	2.82	2.77	2.90	2.82	2.77
常温耐压强度/MPa, ≮	40	35	30	40	35	25	40	35	25
高温抗折强度/MPa,(1400℃,30min)≮	6	5	4	14	8	5	12	7	4
抗氧化性	提供实测数据								

6-13　什么是综合砌炉,转炉各部位都砌筑哪种耐火砖?

转炉的工作层与高温钢水、熔渣直接接触,受高温熔渣的化学侵蚀,受钢水、熔渣和炉气的冲刷,还受加废钢时的机械冲撞等作用,工作环境十分恶劣。在吹炼过程中,由于各部位的工作条件不同,内衬的蚀损状况和蚀损量也不一样。针对这一状况,视衬砖的损坏程度的差异,砌筑不同材质或同一材质不同级别的耐火砖,这就是所谓综合砌炉。容易损坏或不易修补的部位,砌筑高档镁炭砖;损坏较轻又容易修补部位,可砌筑中档或低档镁炭砖。采用溅渣护炉技术后,在选用衬砖时还应考虑衬砖与熔渣的润湿性,若碳含量太高,熔渣与衬砖润湿性差,溅渣时熔渣不易粘附,对护炉不利。采用综合砌炉后,整个炉衬砖的蚀损程度比较均衡,可延长炉衬的整体使用寿命。

(1)炉口部位。应砌筑具有较高抗热震性和抗渣性、耐熔渣和高温炉气冲刷,并不易粘钢,即使粘钢也易于清理的镁炭砖。

(2)炉帽部位。应砌筑抗热震性和抗渣性能好的镁炭砖。有的厂家砌筑 MT14B 牌号的镁炭砖。

(3)炉衬的装料侧砌砖。除应具有高的抗渣性和高温强度外,还应耐热震性好,一般砌筑添加抗氧化剂的镁炭砖;也有的厂家选用 MT14A 镁炭砖。

(4)炉衬的出钢侧砌砖。受热震影响较小,但受钢水的热冲击和冲刷作用。常采用与装料侧相同级别的镁炭砖,但其厚度可稍薄些。

(5)两侧耳轴部位砖衬。除受吹炼过程的蚀损外,其表面无渣层覆盖,因此衬砖中碳极易被氧化,此处又不太好修补,所以蚀损较严重。应砌筑抗氧化性强的镁炭砖,可砌筑 MT14A 镁炭砖。

(6)渣线部位衬砖。这个部位与熔渣长时间接触,是受熔渣蚀损较为严重的部位。出钢侧渣线随出钢时间而变化,不够明显;但排渣侧,由于强烈的熔渣蚀损作用,再加上吹炼过程中转炉腹部遭受的其他作用,这两种作用的共同影响,蚀损比较严重。因而需要砌筑抗渣性良好的镁炭砖,也可选用 MT14A 镁炭砖。

(7)熔池部位。也有称其为炉缸与炉底。在吹炼过程中虽然受钢水的冲蚀作用,但与其他部位相比,损坏较轻。可选用碳含量较低的 MT14B 镁炭砖。若是复合吹炼转炉,炉底也可砌筑 MT14B 镁碳砖。

6-14　出钢口砌筑哪种耐火砖,更换方式有哪两种?

出钢口受高温钢水冲蚀和温度急剧变化的影响,损毁较为严重,因此应砌筑具有耐冲蚀性好、抗氧化性高的镁炭砖。一般都采用整体镁炭砖,或组合砖如 MT14A 镁炭砖,使用约 200 炉就需更换。

更换出钢口有两种方式,一种是整体更换;一种是重新做出钢口。重新做出钢口时,首先清理原出钢口后,放一根钢管,钢管内径就是出钢口尺寸,然后在钢管外壁周围填以镁砂,并进行烧结。

6-15 对炉衬砖的砌筑有什么要求?

转炉炉衬的砌筑质量是炉龄的基础。因此,首先炉衬砖本身的质量必须符合标准规定;然后严格按照技术操作程序砌筑,达到整体质量标准要求。

(1)工作层要采用综合砌炉。

(2)砌筑时必须遵循"靠紧、背实、填严"的原则,砖与砖尽量靠紧,砖缝要小于等于1mm,上下的缝隙要小于等于2mm,但必须预留一定的膨胀缝;缝与间隙要用不定形耐火材料填实、捣紧;绝热层与永久层之间,永久层与工作层之间要靠实,并用镁砂填严。

(3)炉底的砌筑一定要保证其水平度。

(4)砌砖合门位置要选择得当,合门砖应使用调整砖或切削加工砖,并要顶紧;砖缝要层层错开,各段错台要均匀。

(5)工作层用干砌,出钢口可以用湿砌;出钢口应严格按技术规程安装、砌筑。

(6)下修转炉的炉底与炉身接缝要严密,以防漏钢。

6-16 转炉炉衬损坏的原因有哪些?

转炉炉衬损坏原因主要有:

(1)机械作用。加废钢和兑铁水对炉衬的冲撞与冲刷,炉气与炉液流动对炉衬的冲刷磨损,清理炉口结渣的机械损坏等。

(2)高温作用。尤其是反应区的高温作用会使炉衬表面软化、熔融。

(3)化学侵蚀。高温熔渣与炉气对炉衬的氧化与化学侵蚀作用比较严重。

(4)炉衬剥落。由于温度急冷急热所引起炉衬砖的剥落;以及炉衬砖本身矿物组成分解引起的层裂等等。

这些因素的单独作用,或综合作用而导致炉衬砖的损坏。

6-17 转炉内衬工作层镁炭砖蚀损的机理是怎样的?

转炉内衬的工作层全部砌筑镁炭砖。镁炭砖中含有相当数量的石墨碳,它与熔渣的润湿性较差,阻碍着熔渣向砖体内的渗透,所以镁炭砖的使用寿命长。

镁炭砖的蚀损机理如下:

据对镁炭砖残砖的观察,其工作表面比较光滑,但存在着明显的三层结构。工作表面有 $1\sim3mm$ 很薄的熔渣渗透层,也称反应层;与反应层相邻的是脱碳层,厚度为 $0.2\sim2mm$,也称变质层;与变质层相邻的是原砖层。其各层化学成分与岩相组织各异。

镁炭砖工作表面的碳首先受到氧化性熔渣 TFe 等氧化物、供入的 O_2、炉气中 CO_2 等氧化性气氛的氧化作用,以及高温下 MgO 的还原作用,使镁炭砖工作表面形成脱碳层。其反应式如下:

$$FeO + C \longrightarrow CO\uparrow + Fe$$
$$CO_2\uparrow + C \longrightarrow 2CO\uparrow$$
$$MgO + C \longrightarrow Mg + CO\uparrow$$

砖体的工作表面由于碳的氧化脱除,砖体组织结构松动脆化,在炉液的流动冲刷下流失而被蚀损;同时,由于碳的脱除所形成的孔隙,或者镁砂颗粒产生微细裂纹,熔渣从孔隙和裂纹的缝隙渗入,并与 MgO 反应生成低熔点 CMS($CaO \cdot MgO \cdot SiO_2$)、$C_3MS_2$($3CaO \cdot MgO \cdot 2SiO_2$)、$CaO \cdot Fe_2O_3$、FeO 及 $MgO \cdot Fe_2O_3$ 固溶体等矿物。起初这些液相矿物比较黏稠,暂时留在方镁石晶粒的表面,或砖体毛细管的入口处。随着反应的继续进行,低熔点化合物不断地增多,液态胶结相黏度逐渐降低,直至不能粘结方镁石晶粒和晶粒聚合体时,引起方镁石晶粒的消融和镁砂颗粒的解体。因而方镁石晶粒分离浮游而进入熔渣,砖体熔损也逐渐变大。熔渣渗透层(也称变质层)流失后,脱碳层继而又成为熔渣渗透层,在原砖层又形成了新的脱碳层。基于上述的共同作用砖体被熔损。

镁炭砖通过氧化-脱碳-冲蚀,最终镁砂颗粒漂移流失于熔渣之中,镁炭砖就是这样被蚕食损坏的。由此可见,要提高镁炭砖的使用寿命,关键是提高砖制品的抗氧化性能。

6-18　提高转炉炉龄可有哪些措施?

(1)应用溅渣护炉技术,充分发挥护炉效果。

(2)优化转炉冶炼工艺,提高自动化水平,提高终点控制的命中率,减少后吹,控制合适的终点渣成分和出钢温度,少出高温钢等。

(3)加强日常炉衬的维护,及时测量炉衬厚度做好喷补,搞好动态管理。

(4)采用优质材质的炉衬砖、综合砌炉、确保炉衬的修砌质量等。

6-19　日常生产中采用哪些方法维护转炉炉衬?

溅渣护炉是日常生产中维护炉衬的主要手段,此外还要根据炉衬砖蚀损的部位和蚀损程度确定其他维护方法。一般用补炉料或补炉砖修补、喷补技术等对炉衬进行维护,以保持转炉的合理内型。

例如,炉底的维护以补炉为主,根据激光测量仪所测定残砖厚度,确定补炉料的加入数量及烘烤时间;补炉料为镁质冷补炉料或补炉砖。炉身的装料侧可采用喷补与补炉料补炉相结合维护;耳轴及渣线部位只能采用喷补维护;出钢口根据损坏情况整体更换或用补炉料进行垫补。炉帽部位在正常溅渣条件下可不喷补,需要时可采用喷补维护。

6-20　转炉炉衬在什么情况下采用喷补技术?

炉衬有局部损坏又不宜用补炉料修补时,如耳轴部位损坏,可采用喷补技术。对局部蚀损严重的部位集中喷射耐火材料,使其与炉衬砖烧结为一体,对炉衬进行修复。

喷补方法有干法喷补、半干法喷补和火焰喷补等,目前多用半干法喷补方式。

6-21 喷补料由哪几部分组成,对喷补料有什么要求?

喷补料由耐火材料、化学结合剂、增塑剂和少量水组成。

(1) 耐火材料。用冶金镁砂,其 MgO 含量在 90% 以上、CaO 含量 2% 左右并要求 $w_{(CaO)} / w_{(SiO_2)} > 1.8$、其他氧化物如 Al_2O_3、Fe_2O_3 等总含量应小于 1.5%。并要有合适粒度配比。

(2) 结合剂。能快速固化达到最佳的粘结效果,可用固体水玻璃,即硅酸盐($Na_2O \cdot nSiO_2$)、也可用铬酸盐、磷酸盐(三聚磷酸钠)等。

此外还可加入适量羧钾基纤维素。

喷补料的用量视损坏程度确定,喷补后根据喷补料的用量确定是否烘烤及烘烤时间。

对喷补料的要求是:

(1) 有足够的耐火度,能承受炉内高温的作用。

(2) 喷补时喷补料能附着于待喷补的炉衬上,材料的反跳和回落要少。

(3) 喷补料的附着层能与待喷补的红热炉衬表面很好地烧结、熔融为一体,并具有足够的强度。

(4) 喷补料附着层能承受高温熔渣、钢水、炉气及金属氧化物蒸气的侵蚀。

(5) 喷补料的线膨胀率和线收缩率要小,最好接近于零,否则因膨胀或收缩而产生应力,致使喷补层剥落。

(6) 喷补料在喷射管中流动通畅。

6-22 什么是溅渣护炉技术?

利用 MgO 含量达到饱和或过饱和的炼钢终点渣,通过高压氮气的吹溅,使其在炉衬表面形成一层高熔点的熔渣层,并与炉衬很好地粘结附着,称为溅渣护炉技术。通过溅渣形成的溅渣层其耐蚀性较好,同时可抑制炉衬砖表面的氧化脱碳,又能减轻高温熔渣对炉衬砖的侵蚀冲刷,从而保护炉衬砖,提高炉衬使用寿命。

6-23　溅渣护炉技术对炼钢终渣有哪些要求?

溅渣护炉对熔渣的成分和黏度有一定的要求,黏度又与成分和炉温有关。

对熔渣成分要求主要是碱度、(TFe)和(MgO)含量。终渣碱度一般都在 3 以上。(TFe)含量决定了熔渣中低熔点相的数量,也影响着熔渣的熔化温度。在一定条件下,(TFe)含量较低,熔渣中低熔点相的数量较少,而高熔点固相质点数量较多,此时熔渣黏度随温度变化十分缓慢。这种熔渣溅到炉衬表面能够提高溅渣附着层耐高温性能,对保护炉衬有利。终渣 TFe 含量的高低取决于终点碳含量和是否后吹。若终点碳含量低,渣中 TFe 含量相应就高些,尤其在出钢温度高时影响溅渣效果。

熔渣的成分不同,(MgO)的饱和溶解度也不一样。实验研究表明,(MgO)的饱和溶解度随碱度的提高而有所降低;随(TFe)含量的增加,(MgO)饱和溶解度也有变化。研究还表明,终点温度为 1685℃时,碱度在 3.2,熔渣(MgO)饱和溶解度在 8%左右。在高碱度下,熔渣中的 TFe 含量对(MgO)的饱和溶解度的影响不明显。通常溅渣护炉要求炼钢终渣 MgO 含量为 8%~10%。

6-24　溅渣附着层为什么能起到保护炉衬的作用?

溅到炉衬表面的熔渣附着层是由多种矿物组成,当温度升高时,低熔点矿物首先熔化,与高熔点相相分离,并缓慢地从溅渣附着层流淌下来,熔入高温熔渣之中,残留于炉衬表面的溅渣附着层均为高熔点矿物,这样反而提高了附着层的耐高温性能,这种现象称为熔渣的分熔现象,也称选择性熔化;熔渣附着层同时还与炉衬砖耐火材料发生着化学反应;就这样溅渣-分熔-再溅渣过程往复循环,在炉衬砖表面逐渐地形成了溅渣层。溅渣层的成分与终渣、炉衬砖耐火材料的成分都有明显区别。

采用高(TFe)含量的熔渣溅渣时,溅渣层的成分是 MgO 为主相, $MF(MgO \cdot Fe_2O_3)$ 为胶合相,还有少量的 $C_2S(2CaO \cdot SO_2)$、C_3S $(3CaO \cdot SO_2)$ 和 $C_2F(2CaO \cdot Fe_2O_3)$ 均匀地分布于基体中;若采用低(TFe)含量的熔渣溅渣时,碱度高,溅渣层中 CaO 和 MgO 成分富集,溅渣层是以 C_2S 和 C_3S 为主相,其次是小颗粒的 MgO 结晶, $C_3F(3CaO \cdot Fe_2O_3)$、C_2F 为胶合相。由此可见,溅渣层均为高熔点化合物。

由此推论,溅渣层经过多次溅渣-选择性熔化-再溅渣,其表面低熔点化合物含量明显降低,残留成分均为高熔点矿物,因而溅渣层可以起到保护炉衬的作用。

6-25　溅渣附着层为什么会被蚀损?

实验研究表明,溅渣层抗熔损能力与溅渣层中 TFe 含量有关。TFe 含量越高,溅渣层越容易熔损。在 TFe 含量相同的条件下,MgO 含量高,溅渣层抗熔损能力更强些。溅渣层经过溅渣 - 分熔后,其熔化温度很高。

在吹炼初期,虽然熔渣碱度较低 $R \leqslant 2.0$,炉温又不高,在 $1450 \sim 1500℃$,但(MgO)含量接近或达到饱和溶解度值,所以对溅渣附着层的熔损并不严重;溅渣层的蚀损主要发生在吹炼后期,虽然熔渣碱度较高,$R = 3.0 \sim 4.0$,(MgO)含量也超过了饱和溶解度值,但(TFe)含量也高,尤其在吹炼低碳钢种或后吹时,(TFe)含量更高些,所以溅渣层受高温熔化与高氧化铁熔渣化学侵蚀的双重作用。为此要尽可能提高溅渣层的抗蚀损能力,控制合适终渣成分和出钢温度,才能充分发挥溅渣护炉技术的效果,提高炉衬寿命。

6-26　溅渣护炉工艺操作要点是什么?

溅渣用终点熔渣要"溅得起、粘得住、耐侵蚀"。为此要求:

(1) 调整熔渣成分。控制终渣合适的(MgO)和(TFe)含量,根据实际情况可参考表 6-2 所列数据。

表 6-2 终渣 TFe、MgO 含量参考值

$w_{TFe}/\%$	8~11	12~20
$w_{MgO}/\%$	7~8	9~11

调整熔渣成分的工艺有两种方式:一是在开始吹炼时,调渣剂随造渣材料一起加入炉内,控制终渣成分尤其是(MgO)的含量达到目标要求,出钢后不再添加调渣剂直接溅渣;另一种情况是在冶炼低碳钢种时,渣中 TFe 含量高,熔渣很稀,出钢后必须加入调渣剂调整 MgO 含量,必要时还需加入适量炭质材料,以调整(TFe)含量达到溅渣的要求,并控制合适的过热度。

调渣剂就是 MgO 质材料,常用的有轻烧白云石、生白云石、轻烧菱镁球、菱镁矿和 MgO-C 压块等。

(2)合适的留渣量。在确保炉衬内表面形成足够厚度的溅渣层后,还要留有满足对装料侧和出钢侧进行倒炉挂渣的需用量。

(3)溅渣枪位。最好使用溅渣专用枪,控制在喷枪最低枪位溅渣。

(4)氮气的压力与流量。根据转炉吨位大小应控制合适的氮压与流量。

(5)溅渣时间。溅渣时间一般在 3min 左右。

必须注意:氮气压力低于规定值,或炉内有未出净的剩余钢液时不得溅渣。

6-27 什么是转炉的经济炉龄?

炉龄达到多少才合适,要根据各厂的具体条件而定。一般情况下,提高炉龄,耐火材料的单耗会相应降低,钢的成本随着降低,产量则随着增长,并有利于均衡组织生产。但是炉龄超过合理的限度之后,就要过多地依靠增加喷补次数、加入过量调渣剂稠化熔渣来维护炉衬,提高炉龄。这样会适得其反,不仅吨钢成本上升,由于护炉时间的增加,虽然炉龄有所提高,但对钢产量却产生了影响。根据转炉炉龄与成本、钢产量之间的关系,其材料综合消耗量最少,成本最低,产量最多,确保钢质量条件下所确定的最佳炉龄就是经济炉龄。

经济炉龄不是固定的数值,而是随着条件变化而相应变化,同时又是随着工艺管理的改进向前发展的。

6-28 转炉炉衬砖烘烤的目的是什么,烘炉的要点有哪些?

转炉炉衬工作层全部是镁炭砖。烘炉的目的就是将砌筑完毕处于待用、常温状态的炉衬砖加热烘烤,使其表面具有一定厚度的高温层,达到炼钢要求。目前均采用焦炭烘炉法。图6-3为首钢210t转炉烘炉实例,烘炉时间不少于3.5h。

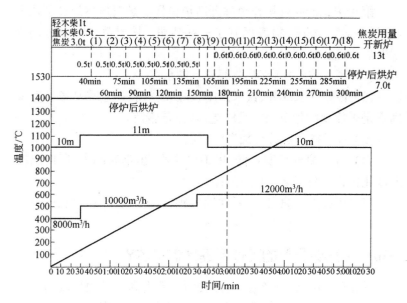

图6-3 首钢210t转炉烘炉曲线

炉衬烘烤的要点如下:

(1) 根据转炉吨位的不同,首先加入一定数量的焦炭(底焦)、木柴,点火后立即吹氧,使其燃烧。

（2）烘炉过程中要定时、分批补充焦炭,适时调整氧枪位置和氧气流量,与焦炭燃烧所需氧气相适应,使焦炭得以完全燃烧达到高温。

（3）烘炉过程中炉衬的升温速度要符合炉衬砖的烘炉曲线。并保证足够的烘炉时间,使炉衬具有一定厚度的高温层。

（4）烘炉结束,倒炉观察炉衬烘烤状况并测温。烘炉前可解除氧枪工作氧压连锁报警,烘炉结束立即恢复。

（5）复吹转炉在烘炉过程中,底部一直供气,只不过比正常吹炼的供气量要少些。

6-29　对烘炉后第一炉钢的吹炼有哪些要求?

第 1 炉钢的吹炼操作也称开新炉操作。炉衬虽然经过了几个小时的烘烤,只是炉衬表面有了一些热量,炉衬整体的温度仍然很低。因此:

（1）第 1 炉不加废钢,全部装入铁水。

（2）根据铁水成分、铁水温度、配加的材料通过热平衡计算来确定是否需要配加 Fe-Si,或焦炭,以补充热量。

（3）根据铁水成分配加造渣材料。

（4）由于炉衬温度较低,出钢口又小,出钢时间长,所以出钢温度比正常吹炼要高 20℃左右。

（5）开新炉 6 炉之内,要连续炼钢,100 炉以内不出现计划停炉。

6-30　激光测量仪的工作原理是怎样的?

激光(Laser)意为受激辐射光放大,激光称为光频波段的相干光,它具有高单色性、高相干性和高强度的特点。激光广泛应用于军事、医疗、农业等方面。

应用激光特性制出激光测量仪,它具有完整的远距离测绘系统。激光测量仪可对转炉高温炉衬内表面形状及其变化进行测量、比较、存储、显示和打印输出,用以指导炉衬的维护工作。激光测量仪结构如图 6-4 所示。

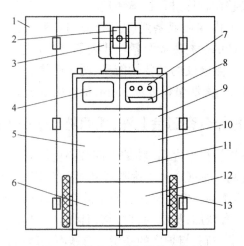

图 6-4 激光测量仪结构示意图

1—防热屏;2—激光测量头;3—定位扫描部件;4—彩色显示器;
5—控制计算机;6—风扇和过滤器;7—控制面板;8—键盘和鼠标器;
9—扫描控制单元;10—距离测量单元;11—打印机;
12—供电电源;13—移动装置

激光测量仪通过测量炉体上 3 个以上基准点的距离和角度,确定转炉与测量头的相对位置。

工作原理是:根据转炉倾斜角度,通过测量炉衬的一个点到测量头的距离,同时测量出测量头转动的角度,测量仪可以计算出该测量点的空间位置;一定数量的测量点便构成了炉衬的表面形状,并与存储于计算机内的参考表面对比,其差值就是炉衬的蚀损厚度。

测量仪的激光发射器发出激光,穿过空间到达炉衬测量点,碰到炉衬表面反射回来,并由激光探测器接收,根据激光从发出到反射接收所需时间和已知光速计算出从测量头到测量点的距离;测量目标的角度可通过两个编码器同时获取水平、垂直两个方向的数据;将所测数据输入计算机内,经程序变换与计算,其结果以图形或数据方式显示在屏幕上,或打印输出。

激光测量仪可以人工操作控制测量头对准测量点进行测量；也可选择自动控制程序进行扫描测量。

目前国际上由瑞典亚基亚(AGA)公司和芬兰光谱物理影像技术公司所生产的炉衬激光测量仪代表了当今的先进水平。如产品 LR2000 炉衬测量仪的主要性能是：测量距离为 $2\sim30m$，最高炉温为 1700℃，距离测量精度为 3mm，每秒测量 3 个点。

6-31 炉底为什么有时会上涨,如何防止炉底上涨?

应用溅渣护炉技术之后,转炉炉底容易上涨。主要原因是溅渣用终渣碱度高,(MgO)含量达到或超过饱和值,倒炉出钢后炉膛温度降低,有 MgO 结晶析出,高熔点矿物 C_2S、C_3S 也同时析出,熔渣黏度又有增加;溅渣时部分熔渣附着于炉衬表面,剩余部分都集中留在了炉底,与炉底的镁炭砖方镁石晶体结合,引起了炉底的上涨。复吹工艺溅渣时,底部仍然供气,上、下吹入的都是冷风,炉温又有降低,熔渣进一步变黏;高熔点晶体 C_2S、C_3S 发育长大,并包围着 MgO 晶体或固体颗粒,形成了坚硬的致密层。在底部供气不当时会加剧炉底的长高。

为避免炉底上涨,应采取如下措施:

(1) 应控制好终点熔渣成分和温度,避免熔渣过黏;

(2) 采用较低的合适溅渣枪位溅渣;

(3) 足够的氮气压力与流量;

(4) 溅渣后及时倒出剩余熔渣;

(5) 合理的溅渣频率;

(6) 合理安排低碳钢冶炼频率;

(7) 发现炉底上涨超过规定时,通过氧枪吹氧熔化,或加入适量的 Fe-Si 熔化上涨的炉底。

7 顶底复合吹炼工艺

7-1 什么是顶底复合吹炼工艺,它与顶吹工艺相比有哪些特点?

顶底复合吹炼工艺也称复吹工艺,就是从转炉熔池的上方供给氧气,即顶吹氧,从转炉底部供给惰性气体或氧气,在顶、底同时进行吹炼的工艺。复吹工艺兼有顶吹工艺与底吹工艺两者之优势。

与顶吹工艺相比,复吹工艺有如下特点:

(1) 显著降低了钢水中氧含量和熔渣中 TFe 含量。由于复吹工艺强化熔池搅拌,促进钢-渣界面反应,反应更接近于平衡状态,所以显著地降低了钢水和熔渣中的过剩氧含量。

(2) 提高吹炼终点钢水余锰含量。渣中 TFe 含量的降低钢水余锰含量增加,因而也减少了铁合金的消耗。

(3) 提高了脱磷、脱硫效率。由于反应接近平衡状态,磷和硫的分配系数较高,渣中 TFe 含量的降低,明显改善了脱硫条件。

(4) 吹炼平稳减少了喷溅。复吹工艺集顶吹工艺成渣速度快和底吹工艺吹炼平稳的双重优点,吹炼平稳,减少了喷溅,改善了吹炼的可控性,可提高供氧强度。

(5) 更适宜吹炼低碳钢种。终点碳可控制在不大于 0.03% 的水平,适于吹炼低碳钢种。

综上所述,复吹工艺不仅提高钢质量,降低消耗和吨钢成本,更适合供给连铸优质钢水。

7-2 复吹工艺有哪几种类型?

复吹转炉通常是由顶吹或底吹转炉改建而成,复吹工艺分为两类。一是顶吹氧,底吹惰性气体的复吹工艺;一是顶、底复合吹氧工艺。

（1）顶吹氧、底吹惰性气体的复吹工艺。其代表方法有 LBE、LD-KG、LD-OTB、NK-CB、LD-AB 等。顶部 100% 供给氧气,可采用二次燃烧技术以补充熔池热源。底部供给惰性气体,吹炼前期供 N_2 气,后期切换为 Ar 气。供气强度（标态）在 $0.03 \sim 0.12 m^3 / (t \cdot min)$ 范围。属弱搅拌工艺类型。底部多使用集管式、或多孔塞砖、或多层环缝管式供气元件。

（2）顶、底复合吹氧工艺。其代表方法有 BSC-BAP、LD-OB、LD-HC、STB、STB-P、K-BOP 等。顶供氧气比为 60% ~ 95%,底供氧气比为 40% ~ 5%。供气强度（标态）波动在 $0.20 \sim 2.0 m^3 / (t \cdot min)$;底部供气元件多使用套管式喷嘴,中心管供氧,环管供天然气、或液化石油气、或油做冷却剂。此工艺属于强搅拌工艺类型。有的底部还可以喷入石灰粉剂。

（3）强化冶炼,提高废钢比的复吹工艺也称 KMS 法,可以从底部喷嘴喷入煤粉,增加热源以提高废钢加入量。

7-3　复吹转炉对底部供气元件有哪些要求,供气元件结构有什么特点?

底部供气元件是复吹技术的核心,有喷嘴型与砖型两大类。无论哪种供气元件,都必须达到分散、细流、均匀、稳定的供气要求。

随着生产技术的发展供气元件不断地改进,有过单层管式喷嘴、双层套管喷嘴、环缝管喷嘴、多孔塞砖（MHP 型及 MHP-D 型）和多层环缝管式供气元件等。

（1）多孔塞砖。也称多微孔管透气塞砖,是应用较广的底部供惰性气体的元件,其结构如图 7-1 所示。

从图 7-1 可以看出多孔塞砖是在耐火材料的母体中插埋许多金属细管,金属管的内径在 $\phi 1.5 \sim 4 mm$,一般插埋 $10 \sim 150$ 根管,管的下端与供气室相通。气体通过许多金属管呈分散细流进入熔池,增强了对熔池的搅拌力和吹炼的稳定性。其寿命不能与炉衬砖寿命同步。

(2) 多层环缝管式供气元件。是由多层同心圆无缝钢管组成,其结构如图 7-2 所示。多层环缝管式元件外面套有护砖,然后坐到座砖上,再直接砌筑在炉底中。

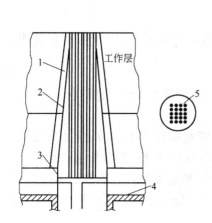
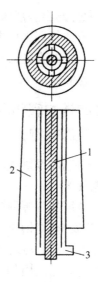

图 7-1　多孔塞砖(多微孔管
透气塞砖)供气元件
1—耐火砖;2—钢套;3—钢板;
4—炉壳;5—砖的微孔

图 7-2　多层环缝管式供气元件
结构示意图
1—内填耐火材料;
2—镁炭砖;3—进气管

与多孔塞砖元件相比,多层环缝管式供气元件的缝隙较小,能在气源压力较低的情况下工作,不易堵塞;多孔塞砖供气元件的供气量可根据需要在比较大的范围内进行调节,选择最佳供气强度。

7-4　复吹转炉底部供气元件的数量与安装位置如何考虑?

从炉底供给熔池的气体,通过元件喷出后以气泡的形式上浮,抽引钢水随之向上流动,从而熔池得到搅动。底部供气元件的数量、位置不同,其与顶吹氧流作用引起的综合搅拌效果是有差异的,所得到的冶金效果也不一样。供气元件的数量与转炉吨位、供气元件的类型有关,有安装 2、4、8、16 个元件者不等。

试验与实践表明,供气元件的位置排列在炉底耳轴连接线上,或在此线附近为好,以便在倒炉取样、测温、等待化验结果等操作时,供气元件露出炉液面,保持熔池成分的稳定。

例如有些钢厂采用多层环缝管式元件 4~8 个,布置在 0.4~0.6D(D 为熔池直径)的同心圆上,与炉底耳轴连线中心的夹角为 30°,冶金效果好。

7-5 复吹转炉底部供气气源的选择怎样考虑,其应用情况是怎样的?

复吹工艺底部供气的目的是搅拌熔池、强化冶炼、也可以提供热补偿燃气等。

可供应用的气源种类很多,究竟哪种气源合适,应考虑:冶金行为良好、安全、对钢质量无害、制取容易、纯度高、价格便宜、供气时对元件有一定的冷却作用、对炉底耐火材料无强烈的影响等因素综合确定。已应用的气源有 N_2、Ar、CO、O_2、CO_2 等,但是应用广泛的还是 N_2 气和 Ar 气。

7-6 复吹转炉底部可供气源各有什么特点?

(1) N_2 是制氧的副产品,也是惰性气体中价格最便宜的气源。倘若吹炼全程底部供 N_2 气时,即使供氮强度小,钢水中 $w_{[N]}$ 也会增加 0.0030%;实践表明,吹炼的前、中期供给 N_2 气,钢水中增氮的危险性很小;因此在吹炼的中、后期恰当的时机切换为其他气体,就不会影响钢质量了。

(2) Ar 是最理想的搅拌气源,既能保证熔池的搅拌效果,对钢质量又无不良影响;但 Ar 气资源有限,标态为 $1000m^3/h$ 的制氧机,只能产出 Ar 气(标态)$25m^3$,且制 Ar 设备费用昂贵,所以 Ar 气的价格也较贵。

(3) CO_2 在常温下是无色、无味的气体。它的冷却效应包括物理效应与化学效应。CO_2 气体进入熔池会与[C]反应即 $CO_2 + [C] = 2CO$,生成的 CO 气体相当 CO_2 体积的 2 倍,有利于熔池搅动。$CO_2 \rightarrow CO$ 为吸热反应,这部分化学热对元件起到有效的冷却作用。正是这个反应也使碳质供气元件脱碳,受到一定的损坏。吹炼后期还会发生 $CO_2 + [Fe] = (FeO) + CO$ 反应,生成的(FeO)对元件也有侵蚀作用,所以不宜全程供 CO_2 气。采用吹炼前期供 N_2 气,后期切换为 CO_2,或 $CO_2 + N_2$ 的混合气体,这种吹炼模式的冶金效果较好,充分发挥 CO_2 对元件的冷却作用,元件寿命有提高。

(4) CO 是无色、无味,但有剧毒和有爆炸危险的气体。CO 气具有良好的物理冷却性能,其冶金效果与 Ar 气相当。有的研究认为,若采用 CO 气作为复吹气源时,最好配入一定比例的 CO_2 气体,以不高于 10% 为宜。此外各管路、阀门等部位应有防毒、防爆的设施。

(5) O_2 作为底部气源,其用量最好不超过供氧总量的 10%,必须同时供给天然气、或丙烷、或油为冷却剂,以对元件遮盖保护。

此外,也可用空气或 $CaCO_3$ 的粉剂等为底部气源。

7-7　确定复吹转炉底部供气强度的原则是怎样的?

在设备已经确定的基础上,根据钢种冶炼的需要,建立合理的供气模式。通常是以终渣 TFe 和钢中 $w_{[O]}$ 含量的降低作为评价复吹冶金效果的条件之一。若(TFe)含量高,钢中 $w_{[O]}$ 也高,铁损必然增高,铁合金消耗增多,炉衬寿命会降低,钢质量也受到影响。所以,底部供气制度的关键是控制终渣 TFe 含量,为此一般在终吹前与终吹后采用大气量、强搅拌工艺。研究发现,进行强搅拌最好时机是在临界[C]到来之前,否则即便供气强度(标态)高达 $0.20m/(t \cdot min)$,终渣的 TFe 含量降低的效果也甚微。所谓临界[C]值是指氧由氧化碳开始转为氧化铁时 [C] 的含量。研究还显示,在临界[C]值到来之前施以中等搅拌强度,并拉长搅拌时间,效果最佳。

7-8　什么是复吹工艺的底部供气模式?

以改善熔池混合状态,增强物质传递速度,促进钢-渣反应接近平衡状态为目的的复吹工艺;在底部供气元件、元件数目和位置等底部供气参数确定之后,就要根据原料条件、钢种冶炼的要求,达到最佳冶金效果的供气压力与流量为供气模式。现举实例:某厂的210t复吹转炉底部供气模式,如图7-3所示。

模式	对应钢种 w_C/%	供气量与供气强度(标态)	装料	吹炼期		测温取样	出钢	溅渣	倒渣	等待
				吹氮	吹氩					
A	<0.10	m³/h	500	500	1140	500	400	600	400	400
		m³/(t·min)	0.04	0.04	0.09	0.04	0.032	0.048	0.032	0.032
B	0.10~0.25	m³/h	500	500	760	500	400	600	400	400
		m³/(t·min)	0.04	0.04	0.06	0.04	0.032	0.048	0.032	0.032
C	≥0.25	m³/h	500	500	500	500	400	600	400	400
		m³/(t·min)	0.04	0.04	0.04	0.04	0.032	0.048	0.032	0.032
时间/min			6	12	6	7	2 | 2 / 4		3	2
合计						40				等待

▨ —吹N₂　　▥ —吹Ar

图7-3　某厂210t转炉复吹工艺底部供气模式

7-9　底部供气元件为什么会损坏?

经大量的实践与研究表明,底部供气元件的熔损机理主要是:

（1）气泡反击。气流通过供气元件以气泡的形式进入熔池，当气泡脱离元件端部的瞬间,对其周围的耐火材料有一个冲击作用,称此现象为"气泡反击"。底部供气流量越大,反击频率也越高,能量越大,对元件周围耐火材料的蚀损也越严重。

（2）水锤冲刷。在气泡脱离元件端部时,引起钢水的流动,冲刷着元件周围的耐火材料,这种现象称为"水锤冲刷"。供气流量越大,对耐火材料的"水锤冲刷"也越严重。

（3）凹坑熔损。由于气体与钢水的共同冲刷,在元件周围耐火材料形成凹坑,有的也称其为"锅底";凹坑越深,对流传热也越差,更加剧了对耐火材料的蚀损。

由于上述现象的共同作用,供气元件被损坏。

7-10　底部供气元件端部的"炉渣-金属蘑菇头" 是怎样形成的?

从炉渣-金属蘑菇头的剖析来看,它是由金属蘑菇头-气囊带、放射气孔带、迷宫式弥散气孔带3层组成。

开炉初期,由于温度较低,再加上供入气流的冷却作用,金属在元件毛细管端部冷凝形成单一的小金属蘑菇头,并在每个小金属蘑菇头间形成气囊。

通过粘渣、挂渣和溅渣,有熔渣落在蘑菇头上面,底部继续供气,并且提高了供气强度,其射流穿透渣层,冷凝后即形成了放射气孔带。

落在放射气孔带上面的熔渣继续冷凝,炉渣-金属蘑菇头长大。此时的蘑菇头,加大了底部气流排出的阻力,气流的流动受到熔渣冷凝不均匀的影响,随机改变了流动方向,形成了细小、弥散的气孔带,又称迷宫式弥散气孔带。

从迷宫式弥散气孔带流出的流股极细,因此冷凝后气流的通道也极细小($\phi \leqslant 1mm$);钢水与炉渣的界面张力大,钢水很难润湿蘑菇头,所以气孔不易堵塞。从弥散气孔流出的气流又被上面的熔渣加热,其冷却效应减弱,因而蘑菇头又难以无限长大。

炉渣-金属蘑菇头就是这样形成的。

7-11　炉渣-金属蘑菇头有哪些特点?

(1) 炉渣-金属蘑菇头可以显著地减轻"气泡反击"、"水锤冲刷",完全避免形成"凹坑"。

(2) 炉渣-金属蘑菇头具有较高的熔点和抗氧化能力,在吹炼过程中不易熔损,并具有良好的透气性,不易堵塞。

(3) 能够满足吹炼过程中灵活调整底部供气的技术要求。

(4) 通过蘑菇头流出的气体分散、细流,对熔池的搅拌均匀。

所以称炉渣-金属蘑菇头为"永久蘑菇头",能够使供气元件长寿,从而提高了复吹率。武钢在 90t 转炉上应用了相应技术措施,供气元件寿命能与炉衬寿命同步,并突破了万炉大关,最高已达到19238 炉,复吹率为 100%。

7-12　从哪些方面来维护复吹转炉的底部供气元件?

(1) 底部供气元件设计合理,使用高质量的材料,严格按加工程序制作。

(2) 在炉役初期通过粘渣、挂渣和溅渣,快速形成良好结构的炉渣-金属蘑菇头,避免元件的熔损;炉役中、后期根据工艺要求调节控制底部供气流量,稳定炉渣-金属蘑菇头,防止堵塞,使其长寿。

(3) 采用合理的工艺制度,提高终点控制的命中率,避免后吹;降低终点钢水过热度,避免出高温钢。

(4) 尽量缩短冶炼周期,减少空炉时间,以减轻温度急变对炉衬的影响。

(5) 根据要求做好日常炉衬的维护工作,同时防止炉底上涨和元件堵塞,发现后要及时妥善处理。

⑧ 炉外精炼

8-1 什么叫钢水炉外精炼？

钢水炉外精炼就是将炼钢炉中初炼的钢水移到钢包或其他专用容器中进行精炼，也称为二次精炼。

8-2 炉外精炼的目的和手段是什么？

炉外精炼的目的是：在真空、惰性气氛或可控气氛的条件下进行深脱碳、脱硫、脱氧、除气、调整成分（微合金化）和调整温度并使其均匀化，去除夹杂物，改变夹杂物形态和组成等。钢水炉外精炼是为适应钢的品种质量的提高，生产新钢种以及生产过程合理化，为连铸对钢水成分、温度、纯净度和时间等衔接的严格要求，不可缺少的工序，成为现代炼钢、连铸生产中的重要环节。

为了创造最佳的冶金反应条件，到目前为止，炉外精炼的基本手段有搅拌、渣洗、加热、真空、喷吹等5种。

实际生产中可根据不同的目的选用一种或几种手段组合的炉外精炼技术来完成所要求的精炼任务。

8-3 钢水精炼设备选择的依据是什么？

钢水精炼设备的选择主要依据如下：
（1）钢种的质量要求；
（2）连铸机生产对钢水的质量要求；
（3）转炉与连铸机生产的作业协调要求。

8-4 钢包吹氩搅拌的作用是什么？

钢包吹氩搅拌是最基本也是最普通的炉外处理工艺。

钢包吹氩搅拌的作用是：

(1) 均匀钢水温度。从炼钢炉流到钢包的钢水，在钢包内的温度分布是不均匀的。由于包衬吸热和钢包表面散热，包衬周围钢水温度较低，中心区域温度较高，钢包上、下部钢水温度较低，而中间温度较高，这种温度差异导致中间包浇注过程钢水温度前后期低、中期高。钢包吹氩搅拌促使钢包钢水温度均匀，并且能使钢水向包衬的传热进入稳定态，这样连铸过程钢水温度稳定均匀，有利于提高铸坯内部质量，使结晶器内坯壳生长均匀，避免开浇水口冻钢断流。

(2) 均匀钢水成分。出钢时在钢包内加入大量的铁合金，成分不均匀，吹氩搅拌可使钢水成分均匀。在出钢过程就可开始吹氩搅拌。在吹氩搅拌过程中可根据快速分析提供的钢水成分而进行成分微调，以使钢的成分控制范围更窄，以确保钢材性能均匀。

(3) 促使夹杂物上浮。搅动的钢水促进了钢中非金属夹杂物碰撞长大，上浮的氩气泡能够吸收钢中的气体，同时粘附悬浮于钢水中的夹杂物并带至钢水表面被渣层所吸收。生产实践表明，吹氩搅拌后钢水氧含量有明显降低，其降低幅度与脱氧程度有关，一般可降低 20% 以上；但脱氮效果不明显，并要注意减少增氮。对 $w_{[Al]} < 0.01\%$ 的钢，吹氩搅拌可降低夹杂物含量 25% 以上，对 $w_{[Al]} > 0.02\%$ 的钢，吹氩搅拌可降低夹杂物含量约 55%。吹氩搅拌排除的夹杂物数量与钢水液面上覆盖渣层 FeO 含量有关，渣中的 FeO 含量越低，吹氩搅拌夹杂物排除的量越多。

8-5　钢包吹氩搅拌通常有哪几种形式？

钢包吹氩，通常有两种形式如下：

(1) 底吹氩。底吹氩大多数是通过安装在钢包底部一定位置的透气砖吹入氩气。这种方法的优点是均匀钢水温度、成分和去除夹杂物的效果好，设备简单，操作灵便，不需占用固定操作场地，可在出钢过程或运输途中吹氩。钢包底吹氩搅拌还可与其他技术配套组成新的炉外精炼方式。缺点是透气砖有时易堵塞，与钢包寿命不同步。

(2) 顶吹氩。顶吹氩是通过吹氩枪从钢包上部浸入钢水进行吹氩搅拌,要求设立固定吹氩站,该法操作稳定也可喷吹粉剂。但顶吹氩搅拌效果不如底吹氩好。

8-6　钢包底吹氩透气砖位置应如何选择?

吹气位置不同会影响搅拌效果,水力学模型和生产实践都表明,吹气点最佳位置通常应当在包底半径方向(离包底中心)的 $1/2 \sim 2/3$ 处;此处上升的气泡流会引起水平方向的冲击力,从而促进钢水的循环流动,减少涡流区,缩短了混匀时间,同时钢渣乳化程度低,有利于钢水成分、温度的均匀及夹杂物的排除。钢包中心底吹气有利于钢包顶渣和钢水的反应,脱硫效果好。以均匀钢水温度和成分为主要目的的吹氩搅拌,吹气点应偏离包底中心位置为好。总的来说,底吹氩位置,应根据钢包处理的目的来决定。对顶吹氩而言,吹氩枪插入越深,搅拌效果越好。

8-7　钢包吹氩在什么情况下采用强搅拌,什么情况下采用弱搅拌?

钢包吹氩用压力、流量随着钢包容量的增大而加大。工作压力、流量确定的一般原则是:最小值的设定应确保透气砖或吹氩枪不被堵塞;最大值则以钢包液面渣层不被大面积吹开,以免钢水二次氧化。采用较大的吹氩流量,叫强搅拌。预吹氩、加废钢调温或调合金时采用强搅拌,以加速废钢、合金熔化,充分混合,保证钢水成分、温度均匀。其后的时间应采用较小的吹氩流量进行弱搅拌,以促进夹杂物上浮,净化钢水。经过小流量较平稳的弱搅拌,抑制了顶渣卷混、二次氧化等现象,氧化物夹杂总量比吹氩处理前可大幅度降低,一般降低量可达 45% ,大于 $20\mu m$ 的夹杂物可从钢水中被分离去除,因此要净化钢水,必须保证有足够的弱吹氩时间。

此外,需要脱硫时,则要用更大吹氩流量进行强搅拌,加速渣钢界面反应以利于脱硫。

8-8 为什么吹气搅拌不使用氮气而使用氩气?

惰性气体中的氩气,不溶解于钢水,也不与任何元素发生反应,是一种十分理想的搅拌气源,因此被普遍采用。从搅拌作用而言,氮气与氩气一样,且氮气便宜,但在高温下氮能溶解在钢水中,其增氮量是随温度的升高及吹氮时间的延长而增多。当温度高于1575℃时,可使钢中氮含量增加0.003%,影响钢的质量,因而使用氮气作为搅拌气源受到了限制,仅有少量含氮钢种可用吹氮气搅拌,但还存在增氮不稳定的问题。

8-9 什么叫 CAS 法和 CAS-OB 法, CAS-OB 操作工艺主要包括哪些内容?

CAS 是成分调整密封吹氩法,由日本发明,该工艺采用底吹氩强搅拌将液面渣层吹开,降下耐火材料制作的浸渍罩,浸渍深度为200mm,在封闭的浸渍罩内迅速形成氩气保护气氛,可加入各种合金进行微合金化,合金吸收率高而稳定,钢的质量有明显改善。为了解决钢加热的问题,日本又在 CAS 法基础上增设顶吹氧枪和加铝粒设备,通过溶入钢水内的铝氧化发热,实现钢水升温,称为 CAS-OB 工艺,OB就是吹氧的意思,CAS-OB 装置如图 8-1 所示。它主要由钢包及钢包车、CAS 浸渍罩及升降系统、OB 供氧系统和铝粒加入系统、合金加料系统、底吹氩控制系统、计算机和自动化检测控制系统等设备组成。

CAS-OB 工艺主要包括:

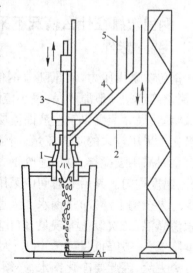

图 8-1　CAS-OB 设备示意图
1—浸渍罩;2—浸渍罩升降机构;3—氧枪
4—合金流槽;5—排烟气管

（1）吹氧升温和终点温度控制。吹氧过程连续加入铝粒，合理控制加铝量和吹氧量之比是避免钢中 C、Si、Mn 等元素烧损和控制钢中酸溶铝含量的关键技术。一般每吨钢水升温 10℃，铝耗量为 350～450g，升温速度快。

（2）吹氩与夹杂物排除。采用加铝升温，铝氧化生成大量 Al_2O_3 夹杂，并可能使钢中铝含量升高。因此在加热过程中，要精确控制加铝量和吹氧量之比以及搅拌强度，升温后要保证一定时间的弱吹氩搅拌，促进夹杂物上浮。

（3）合金微调。在 CAS 处理中补加合金进行钢水成分的最终调整，实现窄成分控制。

8-10　什么是 CAB 吹氩精炼法？

CAB 法（Capped Argon Bubbling）是带钢包盖加合成渣吹氩精炼法，由日本新日铁公司开发。对合成渣的要求是熔点低、流动性好、吸收夹杂能力强。吹氩时钢液不与空气接触，避免二次氧化。上浮夹杂物被合成渣吸附和溶解，不会返回钢中。钢包有包盖可大大减少降温。合成渣处理钢液，必须进行吹氩强搅拌，促进渣钢间反应，利于钢液脱氧、脱硫及去除夹杂。

8-11　什么叫 LF 炉，LF 炉工艺的主要优点有哪些？

LF 炉（Ladle Furnace）称为钢包炉（如图 8-2 所示），是 20 世纪 70 年代初由日本开发成功的，现已大量推广应用，成为当代最主要的炉外精炼设备。LF 炉通过电弧加热、炉内还原气氛、造白渣精炼、气体搅拌等手段，强化热力学和动力学条件，使钢水在短时间内达到脱氧、脱硫、合金化、升温等综合精炼效果。确保达到钢水成分精确，温度均匀，夹杂物充分上浮净化钢水的目的，同时很好地协调炼钢和连铸工序，保证多炉连浇的顺利进行。

LF 炉工艺的主要优点有：

（1）精炼功能强，脱氧、脱硫、净化钢水效果好，钢的质量显著提高；适宜生产超低硫、超低氧钢种。

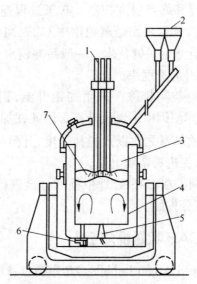

图 8-2　LF 钢包精炼炉
1—电极;2—合金料斗;3—还原气氛;
4—钢水;5—透气砖;6—滑动水口;7—炉渣

（2）具有电弧加热功能,热效率高,升温幅度大,温度控制精度高。

（3）具备搅拌和合金化功能,易于实现窄成分控制,提高产品的稳定性。

（4）采用渣钢精炼工艺,精炼成本低。

（5）设备简单,投资较少。

8-12　LF 炉主体设备包括哪些部分?

LF 炉的主体设备包括:

（1）变压器及二次回路;

（2）电极、电极提升柱及电极臂;

（3）炉盖及抽气罩;

（4）吹氩搅拌系统;

（5）钢包及钢包运输车;

(6) 渣料、合金加入及称量系统。

8-13 LF炉工艺流程是怎样的?

LF炉工艺流程见图8-3。

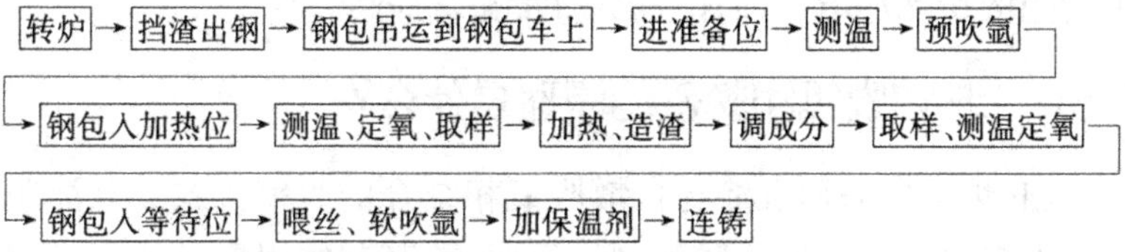

转炉 → 挡渣出钢 → 钢包吊运到钢包车上 → 进准备位 → 测温 → 预吹氩 →

→ 钢包入加热位 → 测温、定氧、取样 → 加热、造渣 → 调成分 → 取样、测温定氧 →

→ 钢包入等待位 → 喂丝、软吹氩 → 加保温剂 → 连铸

图8-3　LF工艺流程简图

8-14 LF炉有哪些精炼功能?

LF炉有如下4个独特的精炼功能:

(1) 埋弧加热。LF炉有3根石墨电极,加热时电极插入渣层中进行埋弧加热,因而辐射热小,减少对包衬的损坏,热效率高。

浸入渣中的石墨电极与渣中氧化物反应:

$$C + (FeO) = [Fe] + \{CO\}$$

$$C + (MnO) = [Mn] + \{CO\}$$

上述反应不仅提高了熔渣的还原性,而且还提高合金吸收率,生成CO使LF炉内气氛更具还原性。

(2) 氩气搅拌。通过钢包底吹氩气搅拌加速钢-渣之间的物质传递,利于脱氧、脱硫反应的进行,并促进夹杂物的上浮去除,特别是对Al_2O_3类型的夹杂物上浮去除更为有利。同时加速钢水温度和成分的均匀,达到精确地调整钢水的成分。

(3) 炉内还原气氛。钢包与炉盖密封起到隔绝空气的作用,加之石墨电极氧化产生CO气体,炉内形成了还原气氛,钢水在还原条件下进一步脱氧、脱硫及去除非金属夹杂物,并避免增氮。

(4) 白渣精炼。LF炉精炼的白渣是$w_{(FeO)} \leqslant 1\%$的还原渣。

通过高碱度的还原渣,借助氩气搅拌,实现有效的扩散脱氧、脱硫和去除非金属夹杂物。

LF 炉的 4 大精炼功能互相渗透,互相促进。炉内的还原气氛,在加热条件下的吹氩搅拌,提高了白渣的精炼能力,创造了一个理想的精炼环境,从而使钢的质量显著提高。

8-15　LF 炉脱氧和脱硫的原理是什么?

LF 炉可以采用沉淀与扩散脱氧相结合的脱氧方式。沉淀脱氧是直接向钢水中加入脱氧剂进行脱氧,其制约因素是脱氧产物不易全部上浮到渣相中导致钢水不纯;扩散脱氧是根据分配定律,钢水中氧向渣相中扩散,其脱氧的限制环节是渣-钢界面传质慢。LF 炉具有还原渣精炼和底吹氩强搅拌形成了良好的动力学条件,加大了扩散脱氧中渣-钢间氧的传输速度和沉淀脱氧中脱氧产物的上浮速度,钢水中的氧含量能降到很低的水平。

脱硫的化学反应式为:

$$[FeS] + (CaO) = (CaS) + (FeO)$$

脱硫能力用分配系数 L_S 表示:

$$L_S = w_{(S)} / w_{[S]}$$

当溶解氧不变时,硫的分配系数随 (CaO) 的增加而增大,随 (FeO)、(SiO_2) 的增加而减少。

脱氧程度对脱硫效果的影响很大,LF 炉高碱度还原精炼渣脱氧效果良好,低氧活度可增加熔渣的脱硫能力。(CaO) 含量高,(FeO)、(SiO_2) 含量低,对脱硫反应十分有利,脱硫效率高。

与硅相比,铝具有较强的脱氧能力。一般铝处理的钢水,渣中 $(FeO + MnO)$ 的含量相当低,脱硫也彻底。

8-16　LF 炉白渣精炼工艺的要点是什么?

LF 炉白渣精炼工艺的要点是:

(1) 挡渣出钢,控制吨钢水下渣量不大于 5kg/t;

（2）钢包渣改质,控制钢包渣碱度 $R \geqslant 2.5$,渣中 $w_{(FeO+MnO)}$ <4%;

（3）白渣精炼,处理周期有限,白渣形成越早,精炼时间越长,精炼效果就越好,一般采用 $CaO\text{-}Al_2O_3\text{-}SiO_2$ 系渣,保持熔渣良好的流动性和较高的渣温,钢包渣的最终控制成分列于表 8-1。高碱度、低熔点、低氧化铁的精炼渣能有效脱硫,吸收夹杂物,降低钢中 $T[O]$ 。

表 8-1　LF 炉钢包渣最终控制成分

处 理 钢 水	钢 渣 成 分 $w/\%$				
	CaO	MgO	Al_2O_3	SiO_2	$(FeO+MnO)$
硅镇静钢	50~60	7~10	15~25	15~20	<1
铝镇静钢	55~65	4~5	20~30	5~10	<0.5

（4）控制 LF 炉内为还原性气氛;

（5）良好的底吹氩搅拌,保证炉内具有较高的传质速度。

8-17　LF 炉精炼要求钢包净空是多少?

LF 炉精炼采用适当的钢-渣混合和有效的氩气搅拌,通过大功率进行埋弧加热,依赖惰性气体强搅拌以加大钢-渣的界面反应,此时往往会有翻溅产生。所以,钢包顶部应有一定的自由空间,要求钢包钢水液面至包缘有不少于 500mm 距离,同时设置水冷的防溅包盖。

8-18　什么是钢包喷粉工艺, 钢包喷粉工艺有哪些冶金效果?

钢包喷粉是将参与冶金反应的粉剂,借助喷粉罐,由载流气体混合形成粉气流,并通过管道和有耐火材料保护的喷枪,将粉气流直接导入钢液之中。其主要优点是:反应界面大,反应速度快;添加剂利用率高;由于有搅拌作用,为新形成的反应产物创造了良好的浮离条件。图 8-4、图 8-5 所示为两种不同型式的喷粉冶金设备。TN 法是德国 Thyssen-Niederrhein 公司 1974 年研究成功的,SL 法是瑞典斯堪的那维亚喷枪公司(Scandinavian Lancers AB)1976 年研制并投产的。

钢包喷粉主要有以下冶金效果:

(1)脱硫。一般脱硫、脱氧用硅钙粉,成分为 w_{Si} = 54%,w_{Ca} = 30%,粒度小于 1mm,其中小于 0.125mm 占 50% 以上,喷枪距包底 250~300mm,喷吹压力为

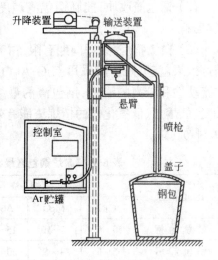

图 8-4 TN 法喷粉装置示意图

0.25~0.35MPa,喷吹时间为 2~10min,供粉速率为 7~10kg/min,氩气流量为 0.5~0.6m³/min。要求氩气干燥,其含水量不超过 0.0010%(10ppm),钢中硫含量可以降到 0.01% 以下,一般为 0.005%,最低可达 0.002%。

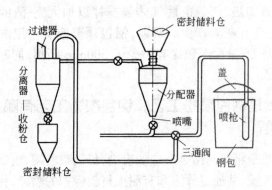

图 8-5 SL 法喷粉装置示意图

(2)净化钢液和控制夹杂物性态。喷吹钙、钙的合金或含钙

的化合物时,不仅降低钢中夹杂的含量,还可以改变夹杂物的性态。喷钙后,由于其脱氧、脱硫能力强,它能取代 MnS 中的 Mn,并还原 MnO、FeO、SiO_2、Al_2O_3 等氧化物夹杂。钙用量恰当,CaO 与 Al_2O_3 可形成低熔点的铝酸盐($12CaO \cdot 7Al_2O_3$ 或 $CaO \cdot Al_2O_3$),在钢液中呈球状,易于上浮排除。由于夹杂物总量减少,特别是由群簇状 Al_2O_3 和长条状 MnS 变成细小的圆球状,因而钢在不降低强度的条件下,显著地提高塑性和冲击韧性,并使钢材的各向异性也得到显著的改善。

(3) 提高合金吸收率。喷入的合金粉剂能直接与钢水接触,有相当大的接触界面和相当长的接触时间。特别是对于一些易氧化的元素,如硼、钛、钒、钙等,可避免它们在炉气、炉渣中的烧损,使钢水成分稳定,对合金元素吸收率高。

(4) 改善钢水的可浇性。经钙处理的钢水,流动性显著提高,改善了钢水的可浇性。由于 CaO 与 Al_2O_3 结合成低熔点铝酸钙($12CaO \cdot 7Al_2O_3$)在钢水中呈球状易上浮,避免了水口的堵塞。

目前真空精炼设备与喷粉组合成新的精炼工艺,可进一步提高钢水精炼效果。

8-19　钢包喂线的作用是什么,它有什么工艺特点?

喂线也称喂丝,是 20 世纪 70 年代末在钢包喷粉技术之后发展起来的一种钢包精炼技术,将 Ca-Si、Ca-Al、硼铁、钛铁、碳等合金或添加剂制成包芯线或纯金属线(如 Al 线),通过机械的方法喂入钢水深处,对钢液进行脱氧、脱硫、非金属夹杂物变性处理和合金化等精炼处理,以提高钢的纯净度,优化产品的使用性能。钢包喂线工艺如图 8-6 所示。

在吹氩配合下的喂线技术除具有喷粉技术反应速度快、效率高的优点外,还消除了喷粉要求粉剂制备、输送、防潮、防爆条件要求高,设备投资、维护和运行费用大的缺点。喂线具有以下工艺特点:

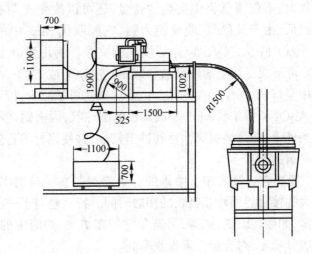

图 8-6　钢包喂线工艺示意图

（1）装备简单,操作方便,占用场地较少；

（2）对钢水扰动较小、热损失小、减少了从大气中的吸氧量和吸氮量；

（3）喂入钢水中的合金线易熔化,且均匀；

（4）喂线以一定速度进入钢水深部,所以元素吸收率高而稳定,脱氧效果好,对钢的微量元素调整尤为方便。

8-20　喂线工艺对包芯线质量有什么要求？

包芯线是喂线工艺用来处理钢液的材料,它是用低碳钢薄带把芯部材料包裹压制而成的,芯线截面有圆形(如 $\phi 9 \sim 16mm$)、矩形(如 $12mm \times 6mm$ 、 $16mm \times 7.5mm$)两种。包芯线的质量直接影响其使用效果。因此,喂线工艺对包芯线的表观质量和内部质量有严格的要求。

表观质量要求：

（1）包覆薄钢带接缝的咬合程度。若薄钢带接缝咬合不牢固,芯线在弯卷打包或开卷矫直使用时会产生粉剂泄漏或在贮运过程中被空气氧化。

（2）外壳表面缺陷。通常是以厚度为 0.2～0.35mm 低碳带钢做包覆皮,在生产或贮运中不能被擦伤或锈蚀,以免芯料受到氧化。

（3）断面尺寸均匀程度。芯线断面尺寸误差过大将使喂线机工作中的负载变化过大,喂线速度不均匀。

内部质量要求:

（1）质量误差。包芯线的单位长度质量值相差过大,将使处理过程实际加入量无法准确控制。用作包覆薄钢带的厚度和宽度、在生产芯线时芯料装入速度的均匀程度以及粉料的粒度变化都将影响质量误差。一般要求质量误差小于 4.5%。

（2）填充率。以单位长度包芯线内芯料的质量与单位长度包芯线的质量之比表示包芯线的填充率。包芯线有较高的填充率,这表明外壳包覆皮薄、芯料多,可以减少芯线的使用量。

（3）压缩密度。包芯线单位容积内添加芯料的质量用来表示包芯线的压缩密度。压缩密度过大将使生产包芯线时难以控制其外部尺寸。但如果压缩密度小,使用包芯线时因内部疏松芯料易脱落浮在钢液表面,降低使用效果。

（4）化学成分。芯料化学成分准确稳定是获得预定冶金效果的保证。

喂线设备由喂线机和导向管组成。喂线机有单线或双线喂送,要求喂线操作平稳,速度可调。由于钢水浮力大和吹氩搅拌钢液运动的影响,为保证芯线有效地喂入,喂线机喂入速度在 1～6m/s 范围。弱吹氩或停吹氩状态下喂 Al 线及喂 Si-Ca 线,有利于提高元素的吸收率。

8-21　什么是真空度,真空处理的一般原理是什么?

在真空处理过程中,真空室内可以达到并且能保持的最低压力为真空度。处理一般钢水,真空度通常都控制在 67～134Pa 范围之内。

钢液在真空中的脱气反应为:

脱氢　　　　　$[H] = 1/2\{H_2\}$

　　　　　　　$[H] + 1/2[O] = 1/2\{H_2O\}$

脱氮　　　　　$[N] = 1/2\{N_2\}$

脱氧　　　　　$[O] + [C] = \{CO\}$

根据平方根定律:

$$[H] = K_H \sqrt{p_{H_2}}$$

$$[N] = K_N \sqrt{p_{N_2}}$$

钢中的气体含量与熔池温度和气相中该气体分压有关。在减压条件下,气相中 p_{H_2}、p_{H_2O}、p_{N_2}、p_{CO} 分压降低,从而可以降低钢中的气体含量。对脱氧来说,在减压条件下碳氧反应平衡向产生 CO 的方向移动,钢中 $w_{[O]}$、$w_{[C]}$ 下降,即减压条件下提高了碳的自脱氧能力。在处理过程中,并促使夹杂物从钢液中上浮进入渣中。

8-22　真空泵的工作原理是怎样的?

冶金常用的真空泵是蒸汽喷射泵,它由喷嘴、混合室和扩压器 3 个主要部件组成。当工作蒸汽由喷嘴喷出,因喷嘴为渐扩式,蒸汽的压力能转变为动能,以高速蒸汽流射出喷嘴,并在混合室中与被抽气体混合,然后以高速进入扩压器中,这时动能又转换成压力能,从而把被抽出气体排出扩压器之外。这种利用喷嘴喷射出高速的工作射流抽吸被抽容气中气体的设备就叫喷射泵。多级喷射泵是多个喷射泵串联,使被抽气体逐级被喷射泵压缩排出,气体在最后一级达到高于大气压力而被排出,从而在被抽容器内获得真空。

8-23　RH 真空脱气法和 DH 真空脱气法的工作原理是怎样的?

RH 法,即真空循环脱气法,由原西德鲁尔钢铁公司 (Ruhrstahl)和海拉斯公司(Heraeus)联合研制,是目前广泛应用的一种真空处理法。主体设备由真空室与抽气装置组成。图 8-7 为

RH真空脱气法示意图。

　　真空室下部有吸取钢水的上升管和排出钢水的下降管。脱气处理时，首先将两根管插入钢包内钢水液面以下150～300mm。抽真空时钢水在大气压力作用下进入真空室。在上升管内同时吹入氩气，因钢水内充满氩气泡密度减少，钢水向上流动进入真空室，气体排除后钢水密度增大而从下降管返回钢包中。如此连续反复循环，使钢水在真空室脱气。

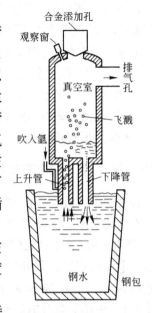

图8-7　RH真空脱气法示意图

　　RH处理不要求特定的钢包净空高度，处理速度也不受钢包净空高度的限制。

　　DH真空处理法，由原西德的多特蒙德(Dortmund)和豪特尔(Horder)两公司联合研制，又称提升脱气法。这种装置与RH不同，它采用一根浸渍管抽吸和放出钢水，当浸渍管插入钢水，真空室抽真空，钢水就上升到真空室中，然后下降钢包或者提升真空室，使脱气后的钢水重返钢包内。如此多次处理，直至结束。

　　目前，DH真空处理法应用较少。

8-24　RH真空处理的基本设备包括哪些部分，其工艺流程是怎样的？

　　RH真空处理的基本设备主要包括如下7个部分：真空室、真空泵系统、合金料仓及加料系统、钢包运输车、钢包顶升机构、真空室更换台车、烘烤维修系统。

　　RH真空处理工艺流程如下：

　　转炉出钢后，用吊车把钢包运至RH钢包运输车上，钢包车开至 RH 处理位置,通过运输车下面地坑内的液压顶升装置将钢包和运输车一起顶升至处理位置,开泵抽真空进行循环真空处理。RH 处理站设有合金、冷却废钢及铝、碳等加料系统,计算机根据钢水氧含量、温度、成分以及目标值进行计算,并将计算值设定给基础自动化系统,自动进行合金微调、钢水温度及碳含量调整。处理完毕停泵,测温取样,钢水包车下降,投入保温剂,再开回钢水接收跨,钢包吊运到连铸钢包回转台。

8-25　什么是 RH-KTB 工艺和 RH-KTB/PB 工艺?

在普通 RH 真空室的顶部安装水冷氧枪,构成 RH-KTB 工艺,如图 8-8 所示。RH-KTB 法是由日本川崎钢铁公司开发的工艺(Kawasaki Top Blowing,川崎顶吹)。在真空脱气的同时,吹氧进行脱碳,以生产碳含量极低($w_{[C]} \leqslant 0.0020\%$(20ppm))的超深冲用薄板钢。吹氧二次燃烧所产生的化学热还可用于钢水升温。

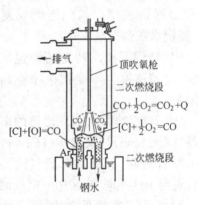

图 8-8　RH-KTB 法示意图

RH-KTB 可配备喷粉系统,通过顶枪向真空室钢水内喷吹脱硫粉剂,构成 RH-KTB/PB 工艺,可实现真空喷粉脱硫。

8-26　RH 法及 RH-KTB、RH-KTB/PB 法的处理效果怎样,RH 法适用哪些钢种?

(1) RH 法处理效果。

真空脱气可降低夹杂物、均匀钢水温度、成分。

一般脱氢率 50%～80%,脱氮率 15%～25%,降低夹杂物 65%以上。

处理后可达到以下水平:

$$w_{[H]} \leqslant 2ppm(0.0002\%)$$
$$w_{[N]} \leqslant 30ppm(0.0030\%)$$
$$w_{[O]} \leqslant 30ppm(0.0030\%)$$
$$w_{[C]} \leqslant 35ppm(0.0035\%)$$

RH 法适用于对含氢量要求严格的钢种,主要是低碳薄板钢,超低碳深冲钢、厚板钢、硅钢、轴承钢、重轨钢等。

(2) RH-KTB 处理效果:

RH 法加顶吹氧可提高脱碳速度,缩短真空脱碳时间,提高 RH 真空脱碳前钢水碳含量 0.02% 以上,初始碳含量可为 0.06%,增加了升温功能。

处理后可达到以下水平:

$$w_{[H]} < 1.5ppm(0.00015\%)$$
$$w_{[N]} < 30ppm(0.0030\%)$$
$$w_{[O]} < 30ppm(0.0030\%)$$
$$w_{[C]} < 20ppm(0.0020\%)$$

RH-KTB 法适用钢种同 RH 法,多用于超低碳钢、IF 钢及硅钢的处理。

RH-KTB/PB 法增加钢水脱硫功能,处理后可生产 $w_{[S]} \leqslant$ 10ppm(0.0010%)的超低硫钢种。

8-27 什么是 VD 法和 VOD 法,它们各有什么作用?

VD(Vacuum Degassing)精炼法是将转炉、电炉的初炼钢水置于真空室中,同时钢包底部吹氩搅拌的一种真空处理法,如图 8-9 所示。可进行脱碳、脱气、脱硫、去除杂质、合金化和均匀钢水温度、成分等处理。其主要设备由真空系统、真空罐系统、真空罐盖车及加料系统组成。适于生产各种合金结构钢、优质碳钢和低合金高强度钢。

在 VD 炉上增加顶吹氧系统,构成 VOD 炉,如图 8-10 所示。此法可以完成真空吹氧脱碳的功能,适宜冶炼低碳钢和低碳不锈钢。

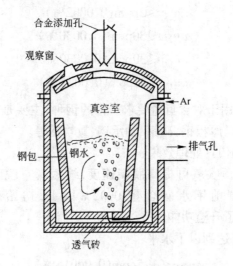

图 8-9　VD 真空脱气法示意图

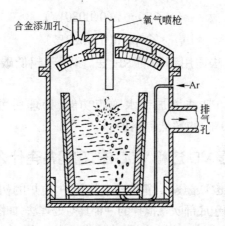

图 8-10　VOD 真空吹氧脱碳法示意图

8-28　VD 处理过程为什么要全程吹氩搅拌?

　　VD 真空处理依靠钢包底部全程吹氩搅拌,目的是均匀钢水的成分和温度,促进真空脱气、去硫、成分调整、夹杂物上浮,尤其是喂线后的软吹氩更是去除钢中氧化物夹杂的有效方法。

8-29 VD 精炼对钢包净空有什么要求?

和 RH 真空处理工艺相比,VD 的精炼强度受到钢包净空的严格制约。一般要求钢包净空为 800~1000mm;若进行钢液碳脱氧工艺时,钢包净空应不小于 900mm;若实现吹氧脱碳工艺,则钢包净空为 1.2~1.5m。

8-30 什么是 ASEA-SKF 精炼炉和 VAD 精炼炉?

ASEA-SKF 法也称桶式精炼炉,是瑞典公司研制的,它具有在钢包内对钢液真空脱气、电弧加热、电磁搅拌的功能。

VAD(Vacuum Arc Degassing)精炼炉是美国公司研制的,它具有电弧加热、吹氩搅拌、真空脱气、包内造渣、合金化多种精炼功能。

8-31 为什么 AOD 炉、VOD 炉适于冶炼不锈钢?

AOD 炉即氩氧脱碳法(Argon Oxygen Decarburization),它是美国联合碳化物公司的专利,AOD 炉的炉体类似于氧气转炉(见图 8-11),是一种常压下的精炼设备。

不锈钢的特点是含有较高的铬、较低的碳,不锈钢的冶炼,关键在于"脱碳保铬"。当钢水中铬含量一定时,要脱除碳有两个途径,一是提高钢水温度,二是要降低钢液气泡中一氧化碳分压力 p_{CO}。AOD法通过炉体下部侧面吹入氩氧混合气体,由于氩气稀释降低钢液中 p_{CO},使高铬钢水在减压下进行脱碳反应。由于 AOD 法可以在不太高的冶炼

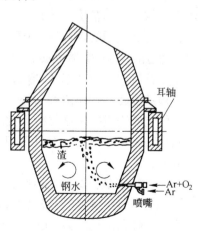

图 8-11 AOD 炉示意图

温度和常压下将高铬钢液中的碳降到极低的水平,而铬又没有明显烧损。该精炼法投资省,生产效率高,生产费用低,产品质量高,操作简便。因此,全世界大部分不锈钢都是由 AOD 炉来生产的。

VOD 炉冶炼不锈钢则是通过抽真空来降低一氧化碳分压 p_{CO},从而实现真空吹氧脱碳保铬的目的,由于 VOD 炉是在真空条件下吹氧,钢包底部吹氩搅拌来完成精炼的,因此,有利于生产超低碳和超低氮不锈钢。

8-32 对炉外精炼用耐火材料的材质有哪些要求,一般应用的耐火材料有哪些?

每种精炼方法冶炼钢种、精炼目的不同,因而耐火材料的使用条件有很大差别。精炼的特点决定了对炉外精炼炉用耐火材料的要求主要是:耐高温、抗侵蚀、高密度、低气孔率、耐剥落、抗热震性好等。

炉外精炼炉广泛采用的耐火材料有:高铝砖、镁铬砖、高铝尖晶石浇注料、镁铝尖晶石浇注料、镁钙炭砖、铝镁炭砖、镁炭砖、白云石砖等。

炉外精炼炉以 $MgO\text{-}Cr_2O_3\text{-}Al_2O_3$ 系材料为内衬,适用于低碱度渣的精炼工艺;而以含碳的镁钙系($MgO\text{-}CaO\text{-}C$)材料为内衬,更适合高碱度渣的精炼工艺。

炉外精炼使用的钢包衬:对于低磷、低硫及要求夹杂物含量少的钢种,宜用镁钙质类碱性砖;对低碳钢、IF 钢、铝镇静钢可采用高铝尖晶石浇注料或高铝砖;冶炼锰和氧含量较高的钢种,宜用镁铝炭砖和镁炭砖。钢包渣线部位选用耐渣蚀、热稳定性好、高温结构性能稳定的镁炭砖和镁铬砖为宜。

RH 真空室工作层上部可采用高铝砖,顶部、底部、插入管可用镁铬砖。

高铝砖在高温和真空下不易蒸发和离解,稳定性较好,但抗侵蚀不如其他材质。镁铬砖抗渣性较好,但熔渣碱度大于 1.2 的条件下不如镁砖和镁钙质砖,抗热震性能比高铝砖和镁砖好,但不如镁钙质砖,高温稳定性不如高铝砖和镁钙质砖。

⑨ 钢 的 浇 铸

9-1 什么是钢水的浇铸作业?

钢的生产包括炼钢、浇铸两大环节。浇铸作业是将合格钢水铸成适合于轧制或锻压加工所需要的一定形状、尺寸和单重的铸坯(或钢锭)。钢水的浇铸有两种工艺方式。一种是钢锭模浇铸,也称模铸工艺,成品为钢锭;另一种是连续铸钢,也称连铸工艺,产品为连铸坯。

9-2 钢液的结晶条件是什么?

物质原子从不太规则排列的液态转化为有规则排列的固态,这个过程就是结晶,也称凝固。

钢液结晶需要两个条件:一是热力学条件,一是动力学条件,两者缺一不可。

A 热力学条件

金属处在熔化温度时,液相与固相处于平衡状态;排出或供给热量,平衡向不同的方向移动;当排出热量时,液相金属转变为固相金属。

钢是合金,钢液的冷凝过程是非平衡过程:钢液在快速冷却至理论结晶温度以下一定程度时,才开始结晶。由此可见,实际结晶温度比理论结晶温度要低,两者之差称为"过冷度"。钢液只有处于过冷态下才可能结晶,具有一定的过冷度是钢液结晶的热力学条件。

B 动力学条件

钢液必须在过冷条件下才能结晶,其过程为形成核心和晶核长大。

钢是合金,钢液中悬浮着许多高熔点的固相质点,是自然的结晶核心,这属于异质形核(即非均质形核)。所以,钢液在过冷度很小的情况下,就可以形成晶核开始结晶。

钢液形成核心后即迅速长大,晶核开始生长时具有与金属晶体结构相同的规则外形;随后,由于排出的热量不均衡,使晶体向着排出热量最快的方向优先生长,于是便形成了树枝状晶体。

我们希望钢液在结晶过程中形成细晶粒组织,这就要求对形成核心的数量与晶核长大速度加以控制。增大过冷度,形成核心数量的增加很快,而晶核长大的速度增加较慢;由此可知,增大过冷度可形成细晶粒组织。可见,过冷度的大小是影响晶粒度的因素。此外通过人为加入异质晶核的办法,钢也可以得到细晶粒组织。

9-3　钢液结晶有哪些特点?

钢是合金,属于非平衡结晶。从本书第 1-39 题所示的 Fe-Fe$_3$C 相图可知,开始结晶的温度称液相线温度,结晶终了的温度称固相线温度,钢液结晶是在这个温度范围内完成的。同理,当钢加热至固相线温度时开始熔化,到达液相线温度时熔化完了。所以,对同一成分的钢而言,凝固温度与熔化温度是相同的。钢在这个温度范围内是固、液两相并存。所以钢液的结晶存在着如下现象:

(1) 成分过冷。钢液在结晶中存在选择结晶现象,所以两相区内固、液相界面凝固前沿液相成分有变化,必然引起凝固温度的降低,从而改变凝固前沿的过冷度,这种现象称为成分过冷。钢的结晶不仅受温度过冷的影响还受成分过冷的影响。

(2) 化学成分不均匀。钢液结晶存在着选择结晶,最先凝固部分钢中溶质含量较低,后凝固部分溶质含量较高;显然,最终在整个凝固结构中溶质分布是不均匀的,这种现象称为化学偏析。由于选择结晶,在凝固过程中产生化学变化,形成的化合物来不及排出滞留于钢中,便产生了凝固夹杂,其分布也是不均匀的。

9-4　钢液在凝固冷却过程中有哪几种收缩?

钢液的凝固冷却是由液态转化为固态,再由高温降至室温的过程,在该过程中存在着收缩。低碳钢在 1600℃ 时的密度为 7.06g/cm³,室温固态钢的密度为 7.86g/cm³,凝固冷却过程中钢的体积缩小了 $\left(\dfrac{1}{7.06}-\dfrac{1}{7.86}\right)\div\dfrac{1}{7.06}\times100\%=10.18\%$。其中包括下列几种收缩:

(1) 液态收缩。从浇注温度至液相线温度的收缩,也是过热度消失的收缩,收缩量约为 1%,对钢影响不大。

(2) 凝固收缩。钢液全部转化为固态的收缩,即从液相线温度至固相线温度的收缩,收缩量为 3%~4%。结晶温度范围越宽,收缩量也越大;从 Fe-Fe₃C 相图可以看出,随钢中碳含量增加,结晶温度范围加宽,所以高碳钢比低碳钢收缩量要大;凝固收缩表现为体积收缩,可形成缩孔。

(3) 固态收缩。从固相线温度降至室温的收缩,收缩量最大在 7%~8%,体现为线收缩。连铸坯(或钢锭)在降温过程中会产生热应力,在相变过程中会产生组织应力,这些应力如果控制不当就是连铸坯(或钢锭)形成裂纹的根源。

浇铸镇静钢钢锭时,采用上大下小带保温帽的钢锭模,目的是使保温帽中的钢液不断地补充钢锭本体的凝固收缩,以便缩孔集中于钢锭头部的保温帽中,轧制时只切掉保温帽部分,减少切头率,提高成材率。连续铸钢是向结晶器内连续注入钢水,随时补充钢液凝固的体积收缩,所以连铸坯没有集中缩孔。

根据钢种的需要,连铸坯(或钢锭)应进行不同方式的缓冷,以减轻或消除热应力与组织应力等对连铸坯(或钢锭)的破坏作用。

9-5　对钢的凝固有什么要求?

钢液的凝固是炼钢生产过程中非常重要的环节。凝固过程所发生的物理化学变化直接关系到连铸坯(或钢锭)质量。对凝固的要求是：

(1) 形成正确的凝固结构,晶粒细小；

(2) 钢中合金元素分布要均匀,即偏析要小；

(3) 最大限度地去除有害气体和非金属夹杂物,钢质纯净；

(4) 确保连铸坯(或钢锭)内部与表面质量良好；

(5) 钢水的收得率要高。

9-6　沸腾钢、镇静钢和连铸坯的凝固结构是怎样的?

A　沸腾钢

沸腾钢脱氧不完全,所以钢水中有一定的过剩氧含量。浇铸过程温度降低,[C]和[O]析出继续发生反应,生成 CO 气体从钢液排出,锭模内钢水有沸腾现象；因而沸腾钢凝固结构中气体是有规律地排列的。

将钢锭沿纵向剖开,可见从边缘到中心分为 5 个带:坚壳带、蜂窝气泡带、中间坚固带、二次气泡带和锭心带。坚壳带为细小等轴晶,蜂窝气泡带、中间坚固带和二次气泡带为柱状晶,锭心带是粗大等轴晶,也称中心等轴晶。蜂窝气泡带的高度约为锭高的一半。

B　镇静钢

镇静钢是脱氧完全的钢, 钢中氧含量在 C-O 平衡曲线以下,浇铸成上大下小带保温帽的"大头锭",在凝固过程中钢液很平静。钢锭纵剖后的宏观组织是:从边缘到中心为激冷层,又称细小等轴晶带。柱状晶组成的柱状晶带,锭心带又称中心等轴晶带,底部锥体由球形等轴晶组成,头部有缩孔与疏松。

C　连铸坯

连铸坯全部是镇静钢。连铸坯相当于一根无限长的钢锭,由于冷却强度大,因而晶粒细小。从纵剖面看宏观组织原则上有 3个带:激冷层、柱状晶带、中心等轴晶带。

激冷层由细小等轴晶构成,厚度只有 2～5mm,浇注温度越高激冷层越薄；连铸坯的柱状晶细长而致密,基本不分叉,并不完全垂直于表面而是有些向上倾斜;若从横断面看,柱状晶发展不平衡,在有些部位的柱状晶直达连铸坯的中心,形成穿晶结构;由于穿晶阻碍了上部钢水对下部钢水凝固收缩的补充,因而在穿晶的下面容易形成疏松与缩孔;弧形连铸坯的内弧侧柱状晶比外弧侧要长,所以内裂往往集中于内弧侧。中心的等轴晶相对粗大些,并有可见的疏松与缩孔,凝固组织不够致密。

沸腾钢、镇静钢及连铸坯的凝固结构示意图如图 9-1所示。

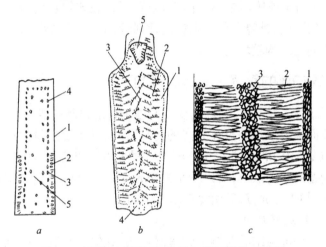

图 9-1　沸腾钢、镇静钢、连铸坯凝固结构示意图
a—沸腾钢钢锭凝固结构
1—坚壳带;2—蜂窝气泡带;3—中间坚固带;4—二次气泡带;5—锭心带
b—镇静钢钢锭凝固结构;
1—激冷层;2—柱状晶带;3—锭心带;4—底部锥体;5—头部缩孔
c—连铸坯凝固结构
1—细小等轴带;2—柱状晶带;3—中心等轴带

9-7　连铸坯的凝固特征是怎样的?

钢液是在过冷条件下,经历了形成晶核和晶核长大而完成结晶过程的,并伴随有体积收缩和成分偏析等。连铸坯的凝固特征是:

（1）连铸坯冷却过程为强制冷却过程。从结晶器到二次冷却区,有的甚至到冷床均为强制冷却,且冷却强度很大。同时连铸坯的冷却可控性强,通过改变冷却制度,在一定程度上可以控制连铸坯的凝固结构。

（2）连铸坯是边下行、边散热、边凝固,因而形成了很长的液相穴,如板坯的液相穴有的可达 20m 之长;液相穴内液体的流动对坯壳的生长和夹杂物的上浮有一定的影响。

（3）连铸坯的结晶是分阶段的凝固过程。

（4）由于连铸坯是不断向下运行,所以在连铸坯的每一部分通过连铸机时,外界条件完全相同,因此除了头、尾之外,连铸坯在长度方向上结构较均匀一致。

9-8　连铸坯的凝固过程是怎样的?

钢水注入结晶器后,除了受结晶器铜壁的强制冷却外,还通过钢水液面辐射散热及拉坯方向的传导散热,其传出热量的比大约为 30:0.15:0.03,因此连铸坯凝固过程可以近似地看做钢液向结晶器铜壁的单向散热;所以钢水的热量是通过坯壳、气隙、结晶器铜壁、冷却水界面,最后由冷却水带走的。

　A　形成弯月面

由于钢液与结晶器铜壁的润湿作用,在钢水与器壁接触处形成了半径很小的弯月面;弯月面的根部钢水与水冷的器壁接触,立即受到器壁激冷作用,迅速形成初生坯壳。弯月面对初生坯壳非常重要,良好稳定的弯月面可确保初生坯壳表面质量和坯壳的均匀性;当钢水中上浮的夹杂物未被保护渣吸附,会降低钢液的表面张力,弯月面半径减小,从而破坏了弯月面的薄膜性能,弯月面破裂,这时夹杂物随同钢液在破裂处和铜壁形成新的凝固层,夹杂物会牢牢地粘在这个凝固层上而形成表面夹渣;带有夹渣的坯壳是薄弱部位,还易引起漏钢事故;因此保持弯月面稳定,最根本的办法是提高钢水的纯净度,降低夹杂物含量,同时选用性能良好的保护渣,保持弯月面薄膜的弹性。

B　气隙的形成

已凝固的高温坯壳发生 $\delta \to \gamma$ 相变,引起坯壳收缩,受收缩力的牵引坯壳离开器壁,气隙开始形成;由于气隙的形成,热阻增加,坯壳通过器壁的散热迅速减少;离开器壁的坯壳回热升温,凝固前沿的初生晶体还可能熔融。由于坯壳回热升温,其强度降低,在钢水静压的作用下坯壳又紧贴器壁,散热条件又有改善,坯壳增厚又产生了收缩力牵引坯壳再度离开器壁,就这样周期性的离贴 2~3 次后,坯壳达到一定厚度,并完全脱离器壁,气隙稳定形成。

在结晶器的角部区域,由于是二维散热,最先形成的坯壳收缩力大,产生的气隙也最大,钢水的静压无法使角部的坯壳压向结晶器器壁,因而在结晶器的角部从一开始就形成了永久性气隙。

当坯壳开始周期性的与器壁离贴时,会使铸坯表面发生变形,形成皱纹凹陷;同时还由于气隙的形成,热阻增大,凝固速度减慢,造成连铸坯内部组织粗化,对连铸坯质量也有一定的影响。

C　坯壳的生长

拉出结晶器的连铸坯必须有足够坯壳厚度;一般而言,小方坯出结晶器下口其坯壳厚度在 8~10mm;板坯应 >15mm;在结晶器长度方向上坯壳厚度的增长规律服从凝固平方根定律。结晶器内坯壳厚度与钢液的凝固系数、结晶器的长度及拉坯速度有关。

出结晶器的连铸坯心部仍未凝固,在二次冷却区内要继续喷水或喷水雾强制冷却才能完成结晶过程。

9-9　钢包的作用是什么,其容量应该怎样确定?

钢包也称盛钢桶或大包等。它是用于盛接钢水,并进行浇注的设备,也是钢水炉外精炼的容器。

钢包的容量应与炼钢炉的最大出钢量相匹配,考虑到出钢量的波动,留有 10% 的余量和一定的覆盖熔渣量;一般大型钢包其熔渣量应是钢水量的 3%~5%;小型钢包其熔渣量是钢水量的10% 左右。除此之外还应留有 200mm 以上的安全净空和满足钢水精炼所需的净空。

9-10 钢包内衬由哪几部分组成,各部分应分别砌筑什么耐火材料?

钢包内衬是由保温层又称隔热层、永久层、工作层组成。保温层一般是用耐火纤维板砌筑。永久层可砌筑黏土砖或高铝砖或铝质浇注料。工作层与高温钢水、熔渣长时间接触,受到钢水熔渣的化学侵蚀、机械冲刷、温度急冷急热变化的作用,尤其是用于钢水精炼的钢包,损坏就更为严重。针对钢包的不同部位,砌筑不同耐火材料,这样可以使钢包内衬砖蚀损均衡。钢包的包壁和包底可以砌筑高铝砖或蜡石砖、不烧铝镁砖、铝尖晶石砖或镁钙砖等;渣线部位可砌筑镁碳砖。工作层也可采用镁铝浇注料整体浇灌。水口都采用滑动水口。

9-11 钢包的滑动水口结构是怎样的,用什么耐火材料制作,保护套管的作用是什么,用什么材料制作?

钢包是通过滑动水口的开启、关闭来调节钢水注流的。滑动水口是由上水口、上滑板和下滑板、下水口组成,靠下滑板带动下水口的移动调节上、下注孔重合程度控制钢水注流的大小,如图9-2所示。驱动方式有液压和手动两种。

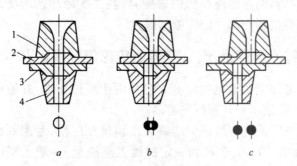

图 9-2　滑动水口控制原理示意图
a—全开;b—半开;c—全闭
1—上水口;2—上滑板;3—下滑板;4—下水口

　　滑动水口承受高温钢、渣的冲刷、钢水静压、温度急变的作用。因此,用于滑动水口的耐火材料,应耐高温、耐冲刷、耐急冷急热、抗渣性能好,并具有足够的高温强度。外形尺寸必须符合规格要求、表面平整、光滑。目前使用高铝质或铝镁复合滑板等。滑动水口可以连续使用3～5次。

　　连铸工艺在滑动水口的下水口装有保护套管,接口处应有氩气密封,以免吸入空气增加钢中氮含量,其下口伸入中间包钢水液面以下,其作用是保护钢包→中间包的钢水注流。保护套管的材质有铝碳质与熔融石英质两种,根据所浇钢种选用;使用前应烘烤到800℃以上。

9-12　模铸工艺的浇铸方法有哪两种,各有什么特点?

　　根据钢水注入钢锭模的方向可分为上注法与下注法两种。上注法是钢水从钢锭模的上口注入;而下注法,钢水流经中注管、流钢砖(也称汤道砖),从钢锭模的底部下口进入钢锭模,如图9-3所示。

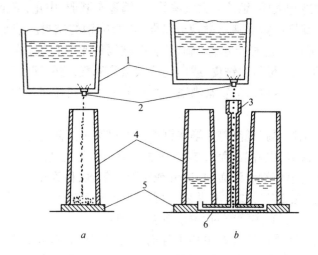

图9-3　上注与下注法示意图
a—上注;b—下注
1—钢包;2—水口;3—中注管;4—钢锭模;
5—底板;6—流钢砖

与上注法相比,下注法有如下特点:

(1) 可以同时浇铸多根钢锭,大大缩短了一炉钢的浇铸时间,有利于浇铸设备周转及生产调度。

(2) 钢锭模内钢水液面上升平稳,钢水飞溅少,钢锭表面不易产生结疤等缺陷。

(3) 由于钢水是经过中注管和流钢砖,所以耐火材料消耗多;同时增加了钢中非金属夹杂物的来源;浇铸前的生产准备工作费时、费力,工作量大,工作环境恶劣,劳动强度大。

根据所浇钢种、钢锭大小、钢质量的要求、生产批量的多少以及车间设备条件等因素综合考虑确定选择上注还是下注。

9-13　沸腾钢浇铸工艺是怎样的?

沸腾钢使用上小下大的钢锭模,或者是瓶口式钢锭模。

沸腾钢是脱氧不完全的钢,从开始浇铸到浇铸终了,锭模内的钢水一直在沸腾,为此注毕必须封顶。封顶的目的是使锭模内钢水液面冷却凝固,钢液与大气隔绝,沸腾逐渐减弱、中止,直至完全凝固。锭模内钢水沸腾激烈或微弱,均影响钢的质量。钢水沸腾强烈,可加入适量铝也称"刺铝",以减弱钢水氧化性;若沸腾微弱,可加入适量氧化铁皮,或向注流吹微量氧气,增强钢水氧化性,以保证锭模内钢水的正常沸腾。封顶的方法有机械封顶和化学封顶等。

机械封顶就是浇铸完毕在钢锭模上口钢水液面上加个一定重量的铸铁盖,也称"压盖",或者在瓶口模上口加上塞盖。

向锭模内钢水液面加 Fe-Si 或铝等脱氧剂,称为化学封顶,即 Fe-Si 封顶或铝封顶。加脱氧剂可使钢液表面脱氧凝固,模内钢液与大气隔绝,沸腾减弱、中止而逐渐凝固。

大型沸腾钢钢锭在采用上注时,由于浇注速度快,钢液沸腾不充分,在浇注过程中可向每根锭模内加入适量的助沸剂。助沸剂是由氧化铁皮和萤石或 NaF 等材料组成。

9-14 镇静钢模铸的浇铸工艺是怎样的?

镇静钢模铸多使用上大下小带保温帽的钢锭模,或者是上小下大挂绝热板的钢锭模。可以采用上注法,也可以用下注法。

镇静钢是脱氧完全的钢,浇铸过程锭模中钢水液面平静,液面需覆盖保护渣,注毕前还需加入发热剂,以使钢锭头部帽内钢水尽量在较长时间内保持液态,用以补充锭身部分的凝固收缩,使缩孔集中于保温帽中,降低切头率,提高成材率。

9-15 与模铸相比连铸工艺有哪些特点?

连续铸钢也称连铸工艺,由图 9-4 可见连铸工艺的优越性在于:

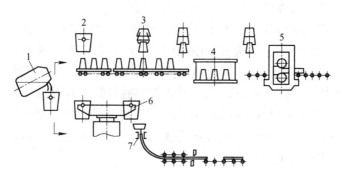

图 9-4 模铸与连铸钢坯生产流程示意图
a—模铸流程;b—连铸流程
1—转炉;2—模铸;3—脱模;4—均热炉;
5—初轧机;6—钢包转台;7—连铸机

(1) 连铸工艺简化了钢坯的生产工序,省去脱模、整模、钢锭均热、初轧开坯等工序,从而缩短了工艺流程。由此可以减少厂房占地面积;节省基建费用、设备费、操作费用等。

(2) 连铸工艺从根本上消除了中注管、流钢砖内的残钢损失,提高了钢水收得率;省去了钢锭的保温帽部分的钢水,降低了切头率,提高了成材率。同时又减少耐火材料消耗。

(3) 连铸工艺机械化、自动化程度高;由于省去了脱模、整模等工序,甩掉了笨重的体力劳动,极大地改善了劳动环境。

(4) 采用连铸工艺减去了钢锭的均热、加热等工序,节省了燃料的消耗,大大节约了能源;如果是采用热送热装工艺,还可进一步节约能源。

(5) 由于连铸的冷却速度快、连续拉坯,浇铸条件可控、稳定,因此连铸坯内部组织均匀、致密、偏析小,连铸坯质量好,所以钢材性能均匀稳定。

9-16　连铸机包括哪些设备,有哪几种机型?

连铸机包括结晶器、结晶器振动装置、二次冷却装置、拉坯矫直机、切割装置等;二次冷却区装有夹辊与喷嘴;此外还有引锭杆、输送辊道以及连铸坯冷床、后步工序设备等。

连铸机的分类方法很多,根据结晶器是否移动可分为两大类,一类是采用固定式结晶器(包括固定振动结晶器)的连铸机;另一类是结晶器与铸坯同步移动的连铸机。固定结晶器的连铸机有立式连铸机、立弯式连铸机、弧形连铸机、椭圆形(也称超低头)连铸机、水平式连铸机等,见图 9-5 所示。在生产中,浇铸小断面的连铸坯多用弧形连铸机,或椭圆形连铸机。浇铸大断面的板坯,多用立弯式连铸机。

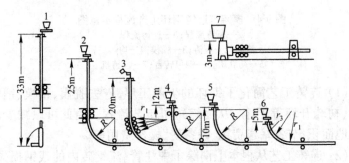

图 9-5　连铸机机型示意图

1—立式连铸机;2—立弯式连铸机;3—多点弯曲连铸机;
4—直结晶器弧形连铸机;5—全弧形连铸机;6—多半径
弧形(椭圆形)连铸机;7—水平式连铸机

9-17　立式连铸机有哪些特点?

立式连铸机是从中间包至连铸坯切割装置等设备均布置在垂直中心线上(见图9-5图注1),整个设备矗立在车间地平面以上,或者部分设备安装在地面以下的地坑内。在立式连铸机上,钢水在垂直结晶器和二次冷却区内凝固、冷却、运行,钢水中非金属夹杂物易于上浮;连铸坯的四面冷却均匀,在连铸机运行过程中不受弯曲与矫直应力的作用,产生裂纹的可能性小,连铸坯的质量好;适合于合金钢、优质钢等钢种的浇铸。但是立式连铸机的机身高度太高,若浇铸200mm厚度的连铸坯,连铸机就需要有25~30m甚至40m的高度,为此必须加高厂房高度,或深挖地坑,基建费用高。

9-18　立弯式连铸机有哪些特点?

立弯式连铸机有两种结构形式:一种是在结晶器下面设有一段垂直段,待铸坯完全凝固后,通过顶弯装置将连铸坯顶弯进入弧形段,矫直后沿水平方向出坯,这种结构适合浇铸小断面连铸坯(见图9-5图注2);另一种是直结晶器下面设有3~5m或者更长的垂直段,连铸坯带着液芯就被多点顶弯进入弧形区(见图9-5图注3),而后经多点矫直沿水平方向出坯,这种结构适合于浇铸宽板连铸坯。

立弯式连铸机的优点是:

(1)设有一定的垂直段,连铸坯得到对称、均匀地冷却,也利于提高冷却强度;

(2)利于液相穴内夹杂物的充分上浮,避免了夹杂物聚集于连铸坯内弧侧的缺点;

(3)连铸坯多点逐渐弯曲,可避免顶弯变形应力的局部集中,有效地减少裂纹的形成;

(4)由于连铸坯带液芯弯曲,有利于加大拉坯速度,从而能提高连铸机的生产率。

目前新建大型宽板连铸机均采用多点弯曲、多点矫直的立弯式连铸机。

9-19　弧形连铸机有哪些特点？

弧形连铸机是应用广泛的一种机型，这种机型也分为两类。弧形连铸机的结晶器、二次冷却区夹辊、拉坯矫直装置等设备均布置在同一半径的 1/4 圆弧线上；连铸坯在 1/4 圆弧线内完全凝固，经水平切线处一点矫直而后切割，连铸坯从水平方向出坯（见图 9-5 图注 5）。

弧形连铸机机身高度又有降低，仅为立式连铸机高度的 1/3 左右；连铸坯凝固过程钢水静压较小，有利于提高连铸坯质量；由于机身高度降低，基建投资费用减少；但是连铸坯经弯曲、矫直，容易产生裂纹；夹杂物易聚集于连铸坯的内弧侧，夹杂物分布不均匀，对连铸坯质量影响很大；为减轻连铸坯矫直变形应力，可在弧形连铸机上采用多点矫直。

在弧形连铸机上采用直结晶器（见图 9-5 图注 4），也称直弧形连铸机。在结晶器之下设有 2~3m 长度的垂直段，以利于夹杂物的上浮和坯壳的均匀生长，减轻夹杂物集中的问题。

9-20　椭圆形连铸机有哪些特点，什么是超低头连铸机？

椭圆形连铸机高度低于一般连铸机，它的液芯压头自然也低，所以又称为超低头连铸机。椭圆形连铸机结晶器、二次冷却区夹辊、拉坯矫直装置等设备均布置在 1/4 椭圆弧线上（见图 9-5 图注 6）；椭圆圆弧是由多个半径弧线组成。

椭圆形连铸又进一步降低了机身和厂房高度，可节省设备费用和基建投资费用；由于机身高度降低，钢水静压减小，连铸坯鼓肚变形小；设备也便于维护。只适用于小断面连铸坯的浇铸，也适用于旧厂改建。

根据机身高度 h 与连铸坯厚度 D 之比值，又可分为：

$h/D = 25 \sim 50$　　低压头连铸机，也称低头连铸机；

$h/D < 25$　　超低压头连铸机，也称超低头连铸机。

9-21　连铸机浇铸的钢种有多少种,连铸坯断面尺寸规格怎样表示?

　　一般来说,连铸工艺可以浇铸任何钢种。据有关统计资料,连铸机浇铸的钢种已达 130 多个,若按不同钢种牌号计算约有 500 余种。包括非合金钢、低合金钢、不锈钢、高速钢、轴承钢、硅钢等,其中非合金钢中的碳素钢约占 63%,而 37% 为合金钢和不锈钢。

　　方坯断面规格用其边长数值相乘来表示;板坯或矩形坯则用连铸坯的厚度值与宽度值相乘来表示;圆形连铸坯则用其直径尺寸来表示。

　　断面尺寸小于 150mm × 150mm 的连铸坯是小方坯,其最小断面为 50mm × 50mm;断面尺寸大于 151mm × 151mm 为大方坯,其最大断面是 450mm × 450mm;板坯(矩形坯)最小断面为 50mm × 108mm,最大断面为 (250~300) mm × (2500~3000) mm;圆坯直径从 ϕ50~450mm;此外还有少量的是异形连铸坯,如工字形连铸坯、中空圆形连铸坯等。

9-22　确定连铸坯断面尺寸的依据有哪些?

　　确定连铸坯断面尺寸的依据有:

　　(1) 满足轧材质量要求的压缩比。压缩比是指连铸坯断面积与所轧钢材断面积之比。为了保证钢材内部组织致密,并具有良好的物理性能与力学性能,不同钢材要求有不同的压缩比。如压缩比为 3 时,可以达到一般产品要求的力学性能;若压缩比在 4~6 时,可破坏柱状晶结构,组织均匀化;所以一般钢材最小的压缩比为 3,低合金钢最小压缩比一般为 6,不锈钢与耐热钢的最小压缩比为 8,高速钢和工具钢压缩比为 10 以上。

　　(2) 根据轧钢机的组成与轧材的品种规格而定。通常轧制线材或型材可用小方坯或大方坯,轧制管材用圆坯或大方坯,轧制中厚板或薄板材需板坯。

　　(3) 适合于连铸工艺的要求。若采用浸入式水口浇注时,连铸坯的最小断面应在 130mm × 130mm 以上,板坯的厚度也应大于 120mm。

9-23　什么是连铸机的曲率半径,如何表示?

连铸机的曲率半径也称圆弧半径,指弧形连铸机连铸坯的外弧半径,其单位是 m,用符号 R 表示。曲率半径的大小既影响连铸坯的质量,也是决定连铸机设备重量的重要参数。连铸机的曲率半径,以连铸坯不产生裂纹为原则,根据已投产相应连铸机的数据参考确定。

9-24　什么是液相深度?

连铸坯的液相深度也称液芯长度。从结晶器内钢水液面至连铸坯完全凝固处的长度,单位是 m。它是确定弧形连铸机曲率半径和二次冷却区长度的一个重要工艺参数。连铸坯的液相深度随拉坯速度的变化而改变。若拉坯速度快,连铸坯的液相深度会延长;反之,连铸坯的液相深度会短些。

9-25　什么是拉坯速度,什么是浇注速度,两者关系是怎样的?

拉坯速度也称拉速。单位时间内在拉坯力的作用下,连铸坯从结晶器下口移出的长度,单位是 m/min,用符号 v 代表。它是连铸机生产能力的重要标志,加快拉坯速度,可提高生产率。影响拉坯速度的因素较多,如钢种不同,凝固系数不同,拉坯速度也有区别;连铸坯断面小,拉坯速度可快些;要求连铸坯出结晶器下口的坯壳厚度厚,拉坯速度就要慢些;此外,拉坯速度对连铸坯质量也有影响,如 250mm 厚度的板坯连铸机当拉坯速度大于 1.4m/min 时,大于 $250\mu m$ 的大型夹杂物有急剧增加的趋势;当钢的碳含量在 0.10%~0.16% 时,提高拉坯速度,连铸坯表面裂纹的频率有所增加。但是采用了相应技术措施的高效板坯连铸机的拉坯速度可提高到 1.4~1.6m/min。高效小方坯连铸机的拉坯

速度在 $3 \sim 3.5 \mathrm{m/min}$ 。

浇注速度是指单位时间注入结晶器内钢水的数量,单位是 $\mathrm{kg/min \cdot}$ 流或 $\mathrm{t/min \cdot}$ 流,用符号 q 表示。与拉坯速度的关系是:

$$v = \frac{q}{rBD} \tag{9-1}$$

式中　B——连铸坯宽度,m;

　　　D——连铸坯厚度,m;

　　　r——钢的密度, $\mathrm{t/m^3}$ 。

9-26　什么是连铸机的台数、机组数和流数?

凡是共用 1 个钢包,浇铸 1 根或多根连铸坯的 1 套连续铸钢设备称为 1 台连铸机。

凡是具有独立传动系统和独立工作系统,当他机出现故障本机仍能照常工作的 1 组连续铸钢设备称为 1 个机组。1 台连铸机可以由 1 个机组组成,也可以由多个机组组成。

1 台连铸机能够同时浇铸连铸坯的总根数称为连铸机的流数。

1 台连铸机有 1 个机组,又只能浇铸 1 根连铸坯,称为 1 机 1 流;若 1 台连铸机有多个机组,又同时能够浇铸多根连铸坯,称为多机多流,如 6 机 6 流;1 个机组同时能够浇铸 2 根连铸坯,称为 1 机 2 流。

9-27　弧形连铸机的规格怎样表示?

弧形连铸机规格的表示方法是:

$$aRb\!-\!c \tag{9-2}$$

式中　a——组成 1 台连铸机的机组数;

　　　R——机型为弧形或椭圆形连铸机;

　　　b——连铸机曲率半径,若椭圆形连铸机是多个半径相乘,
　　　　　单位是 m,也标志连铸机可浇连铸坯的最大厚度;

$$连铸坯厚度 = \frac{b}{30 \sim 36} \quad (\mathrm{mm}) \tag{9-3}$$

c——连铸机拉坯辊辊身的长度，单位是 mm，还标志可容
纳连铸坯的最大宽度；

$$连铸坯宽度 = c - (150 \sim 200)（mm） \qquad (9\text{-}4)$$

例题：

（1）$3R5.25$—240　表示此台连铸机是 3 个机组，弧形连铸
机，其曲率半径是 5.25m，拉坯辊辊身长度是 240mm。

（2）$R10$—2300　表示该台连铸机为 1 个机组，弧形连铸机，
曲率半径是 10m，拉坯辊辊身长度是 2300mm，可容纳连铸坯的最
大宽度是：

$$2300 - (150 \sim 200) = 2150 \sim 2100(mm)$$

（3）$R3 \times 4 \times 6 \times 12$—350　此台连铸机是 1 个机组，椭圆形连铸
机，其 4 段曲率半径分别是 3，4，6，12m，拉坯辊辊身长度为 350mm。

9-28　钢包的运载设备有哪些，有什么特点？

钢包运行与承托设备大多是用钢包回转台。钢包回转台同时可
以承放两个钢包，一个用于浇注，另一个处于待浇状态。其特点是：

（1）更换钢包快，只需转臂旋转 180°，换包时间可以减少到
1min 以内，有利于多炉连续浇铸。

（2）能够迅速准确地完成钢包从冶炼跨至浇注位置的异跨运
送，对连铸生产进程的干扰少。

（3）占地面积少。此外，当发生故障时，能够迅速地将钢包转
移至安全位置。

9-29　中间包的作用是什么，其容量的大小应怎样考虑？

中间包也称为中间罐，又称中包。中间包是位于钢包与结晶
器之间用于钢水浇注的容器。中间包可以减小钢水的静压，使注
流稳定，有利于夹杂物上浮，净化钢液。在多流连铸机上，中间包
可将钢水分配给每个结晶器，起到分流的作用。在多炉连浇时，中
间包能贮存一定量的钢水，在钢包更换时不致中断浇注，以保证多
炉连浇。根据连铸坯质量的要求，部分炉外精炼手段可移至中间

包中实施,也称中间包冶金。

所以中间包有降压、稳流、分流、贮钢、上浮夹杂物和中间包冶金等作用。

中间包的容量一般是钢包容量的 10%～40%。在通常浇注条件下,钢水在中间包内停留 8～10min 才能起到上浮夹杂物和稳定注流的作用,为此应用大容量和深熔池的中间包。当前用于板坯浇注的中间包的容量在 40～80t,熔池深度在 1000～1200mm。

9-30　中间包的内衬由哪几部分组成,各使用什么耐火材料?

中间包的内衬由保温层(也称绝热层)、永久层和工作层组成。

保温层可用耐火纤维板、保温砖或轻质浇注料砌筑。永久层多用高铝浇注料整体成型,也可用黏土砖砌筑。工作层趋向用碱性耐火材料,多喷涂镁质或镁钙质喷涂料,其厚度在 30～50mm;工作层也可用干式料振动整体成型;此外,还可用硅质绝热板、或镁质绝热板、或镁橄榄石质绝热板组装砌筑。

工作层喷涂程序为:永久层的浇注成型完成并经养生约 14h之后,烘烤至 1200℃以上,自然冷却到室温,再加热至 200℃左右,完成工作层的喷涂工作。之后经 10h 以上的干燥时间去除水分,在线烘烤,工作层达 1200℃以上待用。绝热板中间包可以冷包使用,但砌缝必须干燥,去除水分;水口也须烘烤至 1200℃以上。

9-31　中间包注流的控制方式有哪几种? 浸入式水口有哪几种形式,用哪种耐火材料制作浸入式水口?

中间包注流控制方式有定径水口、塞棒控制和滑动水口控制。多流小断面连铸坯的浇注可采用定径水口,通过控制中间包钢水液面高度和拉坯速度调节注流,保持结晶器钢水液面稳定。塞棒控制是通过塞棒的升降调节水口的开度来控制注流,滑动水口的使用方法与钢包一样,但用者较少。

在浇铸大断面连铸坯时,中间包应安装浸入式水口＋保护渣的保护浇注。所谓浸入式水口就是加长了的水口,将其浸入结晶器钢液面以下 100～150mm 进行浇注。目前使用的浸入式水口有单孔直筒形和双侧孔式两种。单孔直筒形浸入式水口用于小断面连铸坯的浇注；双侧孔浸入式水口其侧孔有向上倾角、向下倾角和水平孔三类。向上倾角为 10°～15°，只用于浇注不锈钢；向下倾角在 15°～35°。为适应高效连铸机和多炉长时间连浇的需要，浸入式水口应用高质量耐火材料制作；目前使用浸入式水口的材质为熔融石英质和铝碳质两种，根据所浇的钢种选用。为了延长使用寿命，在铝炭质浸入式水口的渣线部位采用锆质材料。

外装浸入式水口的接缝处必须用氩气密封，以防吸氮影响钢质量。

9-32 中间包的运载设备有哪几种？

中间包小车是用来支撑、运输和更换中间包的设备。其结构应有利于浇注、观察结晶器内钢水液面、捞渣、烧氧、加保护渣等操作。中间包小车还应有横移、升降的调节装置。中间包小车有门式、半门式和悬挂式等。

9-33 结晶器的作用是什么，其结构形式有哪两种？

结晶器是连铸机的重要部件，可以说是连铸机的"心脏"。结晶器实际上是个水冷的模子，钢水在结晶器内冷却并初步凝固成型，形成一定厚度的凝固坯壳，这一过程是在坯壳与结晶器壁连续相对运动下完成的。为此，结晶器应具有良好导热性，一定的刚性，内表面光滑、耐磨，使用寿命长，质量要轻，以减少振动的惯性力，结晶器的结构要简单，便于制造和维护。

结晶器就其结构来看，有管式结晶器和组合式结晶器。

管式结晶器是由内管与外套构成。内管是由冷拔异形无缝铜管制做，外套是钢质材料，铜管与钢套之间留有一定的缝隙，是冷却水通道，也称冷却水缝。两端边缘有密封固定装置，在其下口的四面安装有夹辊（也称足辊）或铜板。管式结晶器可制成弧形或直形，其结构如图 9-6 所示。

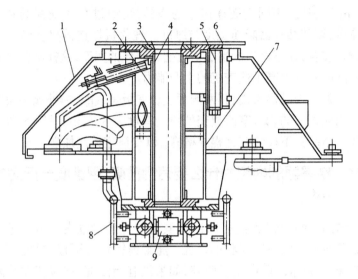

图 9-6 管式结晶器结构示意图
1—结晶器罩;2—冷却水缝;3—润滑油;4—结晶器内铜管;
5—放射源容器;6—盖板;7—外水套;8—水环;9—足辊

为强化结晶器的冷却,有一种结晶器取消了钢质外壳,在铜管外壁用冷却水直接喷淋冷却,即喷淋式管式结晶器。

组合式结晶器是由4块复合壁板组合而成。每块壁板都是由铜质内壁与钢质的外壳组成,在与钢质外壳接触的铜板面上,铣出许多沟槽,形成中间水缝。复合壁板用双头螺栓连接固定,如图 9-7 所示。内壁铜板的厚度在20~

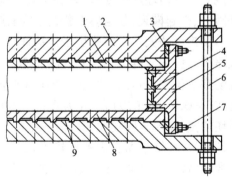

图 9-7 组合式结晶器结构示意图
1—外弧内壁;2—外弧外壁;3—调节垫块;
4—侧内壁;5—侧外壁;6—双头螺栓;7—螺栓;
8—内弧内壁;9——一字型水缝

50mm。为适应不同断面连铸坯的浇铸,可通过窄面壁板的宽度与位置,调节结晶器断面宽度与厚度。现代板坯连铸机安装了在线调宽装置,在不停机的情况下改变连铸坯的宽度,这样不仅缩短了辅助时间又提高了连铸机的生产能力。

对弧形结晶器来说,其两侧面复合壁板是直的,内外弧两块壁板可制成弧形的,宽、窄面相交处垫上厚度为 3～5mm 呈 45°角的铜片。结晶器下口装有足辊或格栅,以支撑连铸坯加强冷却。

9-34 结晶器的内腔为什么要有倒锥度,倒锥度一般为多少?

结晶器的内腔是上大下小的,具有一定的倒锥度。钢水进入结晶器冷却形成一定形状的坯壳,随着连铸坯的下移,温度也在逐渐降低,钢水凝固产生了收缩,如果没有倒锥度,连铸坯在结晶器的中、下段,势必脱离结晶器器壁,在器壁与坯壳之间形成了空隙(也称为气隙)。由于气隙的存在,坯壳的冷却受到影响。此时,坯壳不能均匀生长,同时坯壳较薄受钢水静压的作用会产生鼓肚变形,所以结晶器必须有一定的倒锥度。倒锥度过小,气隙较大,可能导致连铸坯产生变形、纵裂等缺陷;倒锥度太大,又会增加拉坯阻力,引起横裂,甚至坯壳断裂导致漏钢事故。

倒锥度的大小主要取决于连铸坯断面、拉坯速度及钢的高温收缩率。例如浇铸 $w_{[C]} < 0.08\%$ 的低碳钢小方坯的结晶器,其倒锥度在 $-0.5\%/m$;浇注 $w_{[C]} > 0.40\%$ 的高碳钢,结晶器的倒锥度在 $(-0.5 \sim -0.9)\%/m$ 为宜;一般在 $(-0.5 \sim -0.8)\%/m$。板坯的宽、厚比悬殊较大,厚度方向的凝固收缩要比宽度方向小得多,所以板坯结晶器宽面的倒锥度在 $(-0.9 \sim -1.1)\%/m$,窄面倒锥度为约 $-0.6\%/m$。采用保护渣浇注的圆连铸坯,结晶器的倒锥度通常在 $-1.2\%/m$。此外,还可将结晶器制成多锥度结构,更符合钢液凝固的体积变化规律,坯壳得以均匀生长,有利于提高冷却强度、拉坯速度和连铸机生产能力。

9-35 浇铸过程中结晶器为什么要振动，什么叫负滑脱，有哪种振动方式？

在浇注过程中结晶器是上下振动的，其下振速度稍大于拉坯速度；下振速度大于拉坯速度的现象也称"负滑脱"。振动目的是：

（1）防止连铸坯坯壳与结晶器内壁粘连，令其强制"脱模"。

（2）若坯壳与器壁一旦发生粘连被拉裂，振动可将裂口压合。

（3）由于结晶器做上、下振动，周期性地改变着结晶器壁与钢液面的相对位置，有利于润滑油或保护渣的液渣向坯壳与器壁之间渗入，从而改善了连铸坯的润滑条件，减少了拉坯阻力，防止铸坯的粘连。

（4）由于润滑油或保护渣液渣的渗入改善了连铸坯的冷却条件，坯壳得以均匀生长，防止连铸坯产生质量缺陷，连铸工艺能够顺行。

目前采用振动方式是正弦振动，或非正弦振动。实现小振幅、高频率振动，能减少连铸坯振痕，改善其表面质量。

9-36 二次冷却区用喷嘴有哪几种类型，各有什么特点？

二次冷却区的设备主要是夹辊与喷嘴。

进入二次冷却区的连铸坯其坯壳厚度只有 $8\sim15mm$，通过喷水强制冷却使其完全凝固。因此，喷水的状态直接关系着连铸坯冷却的均匀性，影响着坯壳的均匀生长，即直接关系着连铸坯的质量。所以喷嘴是二次冷却区的关键部件，有压力喷嘴和气-水喷嘴两种类型。

（1）压力喷嘴。压力喷嘴是通过冷却水自身的能量使水雾化。从喷嘴喷出后的水滴以一定速度喷射至连铸坯表面，依靠水滴与连铸坯表面之间的热交换带走热量，冷却连铸坯。研究表明，只有当连铸坯表面温度在 $300℃$ 以下时，冷却水才与铸坯表面润湿,冷却效率才能达到 80% 左右;倘若连铸坯表面温度高于300℃,水滴与连铸坯表面润湿性很差,水滴到达其表面破裂流失,冷却效率仅有约 20%。实际生产中连铸坯的表面温度远高于300℃,提高供水压力,增大供水量均不能有效地提高冷却效率。此外压力喷嘴雾化水滴直径较大,平均滴径在 $200\sim600\mu m$,因而冷却水的分布也不均匀,致使连铸坯温度回升较大,在 $150\sim200℃/m$ 之间;虽然压力喷嘴存在这些问题,由于它的流量特性和结构简单,运行费用低,仍被使用。

(2) 气-水喷嘴。气-水喷嘴是通过压缩空气的能量雾化冷却水的喷嘴。雾化水滴直径小于 $50\mu m$,可实现水雾冷却,喷射至连铸坯表面还有 20% 水分蒸发,冷却效率高,冷却均匀,铸坯表面温度回升为 $50\sim80℃/m$,对连铸坯的质量极为有利,还可节省冷却水用量约 50%。也可减少喷嘴的数量,只是气-水喷嘴结构较为复杂些,现已在板坯连铸机上得到应用。

9-37　对二次冷却区的供水有什么要求?

在二次冷却区内通过喷水,使连铸坯得以均匀强冷而完全凝固。连铸坯在凝固过程中,其内部热量随坯壳厚度的增加而逐渐减少,因此二次冷却区供水量是沿连铸机长度方向,从上到下逐渐递减。在生产上,真正做到供水量均匀逐渐递减是很困难的,所以根据连铸机机型、连铸坯的大小与质量的要求,将二次冷却区分为若干冷却段,冷却水按比例依次递减。小方坯一般分为 $2\sim3$ 个冷却段;大方坯、板坯分为 $5\sim9$ 个冷却段。为控制方便,各冷却段可由一个或几个独立循环水路供水。在高效连铸机上已应用了计算机动态控制优化配水技术。

9-38　拉矫机的作用是什么,有几种结构形式?

连铸坯受外力作用而运行,拉坯机实际上是带驱动力的辊子,也称为拉坯辊。弧形连铸坯还必须在矫直后水平移出。连铸机将拉坯辊与矫直辊安装在一起,称拉坯矫直机,也称拉矫机。拉矫机装在二次冷却区导向装置的尾部,承担着拉坯、矫直、送引锭杆的任务。

拉矫机通常是按辊子的多少来标称,最少是五辊拉矫机,用于小断面铸坯的连铸机上。现代板坯连铸机采用多辊拉矫机,驱动辊列布置已"扇形段化",驱动辊已伸向弧形区和水平段,拉坯传动已形成了驱动辊列系统,所以拉矫机已不是原来的含义了。

9-39　什么是一点矫直和多点矫直,什么是多点弯曲?

弧形连铸坯从二次冷却区拉出来必须经过矫直后水平移出。连铸坯若通过一个矫直点矫直,即为一点矫直;若通过两个以上的矫直点矫直,为多点矫直。每个矫直点由内弧侧 2 个辊和外弧侧 1 个辊共 3 个辊完成。小断面的弧形连铸坯,是在完全凝固后一点矫直;大断面的连铸坯采用多点矫直,多点矫直是由一点矫直变形分散到多个点完成,每一点的变形量减小了,相应地降低了连铸坯的变形应力,保证了连铸坯质量;一般为 4~8 个矫直点。

浇铸大型宽板连铸坯时,根据质量要求,可采用立弯式连铸机型。连铸坯进入二冷区,垂直连铸坯首先被顶弯曲,顶弯也是由 3 个辊完成,由内弧侧的 1 个辊与外弧侧 2 个辊来完成 1 点顶弯。宽板连铸坯经过 5~7 个弯曲点,这样连铸坯由垂直坯可以渐近转化为弧形坯,减少了形成裂纹的可能,而后再经多点矫直。

9-40　什么是连续矫直,它有什么特点?

多点矫直是断续完成的,在每一个矫直点部位,连铸坯的变形率仍然很高,对某些钢种的质量还是有影响的。连续矫直是由一组辊完成的矫直,其内弧侧有两个辊,在此两辊之间的外弧侧装有一组辊,这样在矫直区内连铸坯的矫直变形是连续进行的,应力变形值是均匀的一个常量,对改善连铸坯质量极为有利。连续矫直与轻压下技术相结合,不仅大大提高连铸坯的质量,还可提高拉坯速度,从而提高连铸机的生产能力。

9-41　什么是压缩浇铸，它有什么好处？

弧形连铸坯在矫直时，内弧侧受拉应力作用容易产生裂纹。压缩浇铸的基本原理是：在矫直点之前装有一组驱动辊，给连铸坯一定的推力，在矫直点后面布置一组制动辊给连铸坯一定的反推力，这样连铸坯在受压的状态下矫直。通过控制，可使连铸坯受的压应力与矫直时的拉应力相抵消，因而内弧侧拉应力变小，甚至为零，可实现连铸坯带液芯矫直，能提高拉坯速度，达到改善连铸坯质量和提高连铸机生产能力的目的。

9-42　引锭杆的作用是什么，其长度应如何考虑，它有哪几种结构形式？引锭杆装入结晶器的方式有哪两种，各有什么特点？

引锭杆是结晶器的"活底"。引锭杆由引锭头与引锭杆本体组成。开始浇注之前，用引锭头堵住结晶器的下口，钢水注入结晶后与引锭头凝结在一起，通过拉矫机的牵引，连铸坯随引锭杆连续地从结晶器下口移出，直到连铸坯通过拉矫机后与引锭头脱钩为止。引锭杆完成了引锭的任务，之后放回停放位置。

引锭杆的长度按其头部伸进结晶器下口 150～200mm，尾部尚留在拉坯辊以外 300～500mm 来考虑。对板坯连铸机来说引锭杆的尾部起码要有三对夹辊压住。

引锭杆有挠性与刚性两种结构，目前绝大多数连铸机采用挠性引锭杆，挠性引锭杆一般制成链式结构。

刚性引锭杆是用整条钢棒做成的弧形引锭杆，用于小方坯连铸机上可大大简化二次冷却区的结构，实现无障碍喷水冷却，使连铸坯得以更有效、更均匀地冷却。

引锭杆装入结晶器的方式有下装式与上装式两种。下装式是引锭杆通过拉矫机、二次冷却区夹辊从结晶器下口装入。因此，必须在前一炉次连铸坯尾部拉出拉矫机之后，才能进行下一炉次引锭杆的安装工作；而上装式是引锭杆从结晶器上口装入，只要上炉次连铸坯尾部拉出结晶器距下口有一定距离,就可以进行下炉引锭杆安装工作。所以上装式可以大大缩短生产辅助时间,从而提高了连铸机的作业率。

9-43 连铸坯的切割方式有哪几种,各有什么特点?

根据成品规格及后步工序的要求,在连铸坯完全凝固后,进行在线定尺或倍尺切割。连铸坯的切割方式有火焰切割和机械剪切两种。

火焰切割设备比较简单,重量轻,投资省;不受连铸坯断面大小及温度高低的影响,冷坯也可切割;而且切口断面平整,切口附近连铸坯不产生变形;设备也易于维护;但是切缝金属损失较多。目前绝大多数连铸机采用火焰切割。小断面连铸坯只用一支切割枪切割,大断面连铸坯需用双枪从铸坯两侧同时进行切割。

机械剪切有机械剪和液压剪两种。与火焰切割相比,机械剪的剪切速度快,没有金属损失,节省金属约1%。我国现在有些小板坯连铸机上仍使用水压剪,效果不错。

9-44 连铸工艺对钢水准备的基本要求是什么?

(1)严格控制钢水温度在目标值,以保证钢水浇注温度的稳定性,以利于连铸坯质量和连铸工艺顺行。

(2)严格时间管理,确保钢水有足够精炼时间,并协调出钢与浇注时间的匹配,使连铸机连浇不断流。

(3)严格控制钢水的成分稳定性,确保连铸坯的质量、性能的均匀稳定。

(4)控制钢水的纯净度,尽可能低的气体与非金属夹杂物含量,保持钢水的纯净度。

(5)良好的可浇性。

为此,应以连铸为中心组织炼钢生产。

9-45　对供给连铸工艺的钢水温度有什么要求，在生产上应注意什么？

连铸工艺要求钢水温度控制在目标值，并稳定、均匀。

供给连铸的钢水必须保证精炼时间，以纯净钢水、稳定温度；连浇时炉与炉的温度波动要小，最好控制在 3～5℃ 的范围。在保证连铸工艺顺行和连铸坯质量的前提下，还要尽可能地降低出钢温度，这对降低钢中非金属夹杂物的含量、提高转炉炉衬寿命、减少铁的损失等均为有利。

钢包内钢水温度是不均匀的，据资料报道，在 150t 钢包内上下部温度差在 40～50℃，随钢包容量的加大温度差别会稍小些。采用钢包吹氩气搅拌，均匀钢水温度和成分，部分非金属夹杂物得到上浮，纯净了钢水。

为此，要稳定冶炼操作，提高终点控制的命中率。维护好出钢口。缩短辅助时间，减少从出钢到浇注过程的温度损失。钢包与中间包都应加盖与覆盖剂保温。加快钢包的周转，争取红包受钢等，以达到降低和稳定出钢温度。

9-46　浇注温度怎样确定，浇注温度过高或过低有什么影响？

浇注温度是连铸工艺基本参数之一。浇注温度是指中间包钢水温度，由两部分组成：一是钢水的凝固温度 $T_凝$，即液相线温度；二是高出凝固温度的数值，即过热度 a。

$$T_浇 = T_凝 + a \qquad (9-5)$$

$T_凝$ 与钢的成分有关，可根据本书第 4-41 题中式 4-14 或式 4-15 计算确定；a 是根据所浇钢种、钢包与中间包的热状态、中间包的容量与形状、中间包内衬材质、连铸坯的断面、钢水的纯净度及对连铸坯质量的要求等因素而定，表 9-1 为各钢种过热度的参考数值。

表 9-1 各钢种过热度数值/℃

浇 注 钢 种	板坯、大方坯	小 方 坯
高碳钢、高锰钢	+ 10	+ 15~ + 20
合金结构钢	+ 5~ + 15	+ 15~ + 20
铝镇钢、低合金钢	+ 15~ + 20	+ 25~ + 30
不 锈 钢	+ 15~ + 20	+ 20~ + 30
硅 钢	+ 10	+ 15~ + 20

浇注温度的高低实质是钢水过热度的高低,过高的过热度,会加剧钢水的二次氧化和对耐火材料的冲蚀,增加钢中夹杂物的来源,使连铸坯的柱状晶发达,并促进连铸坯的菱变、鼓肚、裂纹、中心偏析、疏松和缩孔等缺陷的发生发展。还会使结晶器内坯壳厚薄不一,严重者会导致拉漏。过热度偏低,钢水流动性差,夹杂物不易上浮,不仅影响连铸坯质量,还会引起中间包水口的冻结而被迫中断浇注。所以,为得到高质量连铸坯,要非常严格地控制钢水浇注温度。

9-47 中间包钢水温度状况是怎样的,有什么影响,如何稳定中间包钢水温度?

中间包钢水温度稳定于目标值是连铸工艺顺行和铸坯质量的基础。在 7t 中间包实测表明,当开始浇注时,中间包内衬吸热,钢水温度降低 10~15℃;在 10~15min 后中间包内衬吸热达到饱和,注入中间包钢水带入的热量与中间包的散热相平衡,钢水温度才稳定于目标值;更换钢包时,钢水温度降低 5~10℃,钢包再度开浇约 10min 后趋于稳定;当钢包浇注结束后,中间包继续浇注,此时钢水温度又有降低,在 10~15℃。由此可见,开始浇注、更换钢包、浇注终了钢水温度都有降低,较大地偏离了温度目标值,其主要危害是:

(1) 开浇温度过低,容易造成水口凝结,有时甚至开浇失败;倘若为了顺利开浇,势必要提高浇注温度,从而提高出钢温度。

（2）由于中间包钢水温度不稳定，导致结晶器内温度的不稳定，进而引起连铸坯坯壳生长不均匀，影响钢质量。

（3）不利于夹杂物的上浮排除。

（4）影响结晶器内保护渣液渣层厚度，从而有可能导致连铸坯表面夹渣。

为此可应用中间包加热技术，以稳定浇注温度。采用中间包双层渣覆盖剂，既可保温，隔绝空气，防止钢水的二次氧化，又可吸收上浮的非金属夹杂物，纯净钢水。

9-48　连铸工艺对钢水成分控制的原则有哪些？

连铸工艺对钢水成分要求比较严格，首先要符合钢种规格要求，但是符合规格要求的钢水不一定适合于连铸工艺。例如为了提高钢的质量和满足连铸工艺的要求，用于连铸的钢水硫、磷的含量要比规格成分低得多，浇铸板坯的钢水 $w_{[S]} \leqslant 0.025\%$，有些钢种要求 $w_{[S]} \leqslant 0.020\%$ 或者 $w_{[S]} \leqslant 0.015\%$，$w_{[P]} \leqslant 0.030\%$，甚至更低些。

因此，根据连铸工艺与连铸坯质量的特殊要求，对连铸用钢水成分严格控制。其主要控制的原则是：

（1）成分的稳定性。多炉连浇时，炉与炉钢水成分波动要小，控制在较窄范围内，以保证连铸坯质量的均匀性。

（2）抗裂纹敏感性。由于连铸坯是在运行中凝固，并受到外力的作用和水的强制冷却，因而连铸坯坯壳极易产生裂纹，所以对于那些容易使钢产生裂纹的元素含量要严格控制，即要避开各成分裂纹敏感区，降低容易产生裂纹元素的含量，或者加入第三元素消除有害元素的影响。

（3）钢水的可浇性。由于中间包水口口径小，浇注时间长，要求钢水有良好的流动性。控制钢水中铝含量，或经过钙处理，浇注过程水口不堵塞、不冻结。

（4）钢水的纯净度。最大限度地降低钢中有害元素含量和排除钢中非金属夹杂物。减少和避免浇注过程中钢水的二次氧化等的污染。钢水的纯净与否也直接关系到钢水的可浇性。

9-49　连铸工艺对钢水中常规元素成分控制有哪些要求?

钢中常规元素含量控制要求:

(1) 碳的控制。C是钢中基本元素也是对组织性能影响最大的元素,尤其是对需要在热处理状态下使用的钢影响尤为突出,因此[C]含量必须精确控制。多炉连浇时成分差别越小越好,应控制 $w_{[C]}=0.02\%$ 以内。

对 $w_{[C]}=0.09\%\sim0.16\%$ 范围的碳素钢钢种,钢液凝固过程发生包晶反应,它造成了结晶器内热流量最低,凝固坯壳也极不均匀,极易导致连铸坯产生纵裂、角裂,甚至还会发生漏钢事故。如果可能控制碳含量避开裂纹敏感区,或者通过降低拉坯速度,使用性能良好的保护渣,或者采用顶热式结晶器等避免产生裂纹。

(2) 硅、锰的控制。[Si]与[Mn]含量既影响钢的力学性能又影响钢水的可浇性。连浇时,炉与炉成分之差控制是 $w_{[Si]}<0.05\%$, $w_{[Mn]}<0.10\%$,通过钢水精炼进行成分微调达到精确控制; $w_{[Mn]}/w_{[Si]}$ 比值应大于3,以生成液态夹杂物利于上浮排除。

(3) 硫、磷的控制。[S]、[P]是易产生裂纹的元素,其含量更要严格控制。对非合金钢中的普通质量级碳素钢钢水 $w_{[S]}<0.025\%$,并满足一定的 $w_{[Mn]}/w_{[S]}$ 比值,还应适当提高 $w_{[Mn]}/w_{[S]}$ 比,以保证产品性能的稳定性。

生产实践表明,当钢中 $w_{[S]}>0.020\%$ 时,板坯表面裂纹显著增加。因此,通常对于非合金钢的优质级钢水的 $w_{[S]}\leqslant0.025\%$, $w_{[Mn]}/w_{[S]}>20$;非合金钢的普通质量级钢水的 $w_{[S]}\leqslant0.025\%$, $w_{[Mn]}/w_{[S]}>15$,这是保证产品质量的起码条件。磷在结晶过程中偏析倾向大,使钢的晶界脆化,连铸坯也极易产生裂纹,因此有些钢种的板坯要求 $w_{[P+S]}\leqslant0.030\%$ 。为此供给连铸的钢水用铁水都应进行预处理,钢水都应进行精炼处理。

(4) 钢水加铝的控制。钢水加铝既可细化晶粒又是终脱氧,其产物 Al_2O_3 为高熔点的细小颗粒,如控制不当水口容易结瘤堵塞。对铝含量不作要求的钢种,全铝含量应不大于 0.006% ;冶炼铝镇静钢需对钢水进行钙处理,并控制合适的 $w_{[Ca]}/w_{[Al]}$ 比。当 $w_{[Ca]}/w_{[Al]} < 0.07$ 时,增加钙量会改善钢水的可浇性,水口不会结瘤;当 $w_{[Ca]}/w_{[Al]} > 0.1 \sim 0.15$,生成低熔点的脱氧产物,钢水流动性好,也不会堵塞水口。

(5) 残留元素控制。在钢的成分中不是有意加入的元素,而是随原料带入的元素,在冶炼过程中又没能去除而残留于钢中称为残留元素。如 Cu、Sn、Sb、As 等,其中 Cu、Sn 的危害最大,因此残留元素含量必须严格限制。Cu、Sn 含量限制在 0.20% 以下;此外,残留元素的综合作用比较复杂,通常以 Cu 当量来表述这种复杂的作用,即:

$$Cu' = (Cu + 10Sn - Ni - 2S) < 0.20 \qquad (9\text{-}6)$$

其中,10Sn 包括了 As 和 Sb 的隐蔽作用。

为此,对入炉的废钢要严格管理;控制铜当量在 0.20% 以下;此外控制连铸坯合适的表面温度,避免热应力,减少铸坯表面的氧化,以减轻铜的富集。

9-50　连铸工艺的保护浇注有哪几种形式,其特点是怎样的?

精炼后成分和温度合格的纯净钢水,从钢包经中间包注入结晶器,在这传递过程要与空气、耐火材料、熔渣等接触,仍会发生物理化学反应,钢水会被重新污染。为此对钢水传递过程采用全过程的保护浇注就非常必要。

钢包至中间包采用保护套管保护注流,钢包水口与保护套管接口处要用 Ar 气密封,防止吸入空气钢水增氮。中间包钢水液面应有覆盖渣,既保温又隔绝空气。中间包至结晶器的注流保护方式,依连铸坯断面大小而有区别。例如,连铸坯断面小于 $130mm \times 130mm$ 的小方坯,不能用浸入式水口,可用惰性气体 Ar 气对注流和结晶器内钢水液面密封保护,或者使用薄壁浸入式水口 + 保护渣浇注。对于大方坯、板坯等大断面连铸坯,可以采用浸入式水口＋保护渣的保护浇注。钢种不同,选用浸入式水口材质和开孔倾角也不一样,所用保护渣也有区别。

9-51　什么是中间包冶金,它有哪些功能?

中间包是钢包与结晶器之间过渡性的、由耐火材料砌筑的容器,经过精炼的钢水流经中间包后会再度被污染。为了维护连铸坯质量,可将钢包的精炼措施移植到中间包中,继续净化钢水。中间包不仅仅是简单的过渡性容器,而成为一个连续冶金反应器,这就是"中间包冶金"。

中间包合理的内型和通过砌筑挡墙和坝,可以组织钢水合理流动,热流能合理分布,延长钢水在中间包停留时间,利于夹杂物上浮净化钢水。在中间包内安装过滤器,钢水流过时夹杂物滞留沉淀于过滤器中,钢水得到净化。采用调温、喂线、微调成分、精炼、加热等各种技术手段,实现中间包的冶金功能。

9-52　结晶器的冶金功能有哪些?

结晶器除了迅速将钢水的热量传递给冷却水而快速凝固成型外,还能达到钢水净化器和连铸坯质量控制器作用。

(1)凝固坯壳均匀生长。合适的钢水过热度,选择合理的浸入式水口的倾角和浸入深度,可以合理地控制流股的流动,改善热对流作用,以减轻对(尤其是板坯窄面)凝固坯壳的冲刷重熔,使坯壳得以均匀生长。若钢水流动不合理会使已凝固坯壳被冲刷重熔,造成坯壳厚薄不一,坯壳薄弱之处常常出现纵裂纹。

(2)利于液相穴内夹杂物上浮排出。浸入式水口设计合理,并应用电磁制动技术相配合,减轻向下流股的冲击深度,改善了夹杂物的上浮条件,进一步净化钢水,从而降低连铸坯夹杂物含量。

(3)凝固组织的控制。向结晶器加入微型冷却剂(干净细铁末 或喂入薄钢带),或喷入金属粉末作为晶核,吸收钢水的过热度使其在液相线温度下凝固(这也是过热度为零的浇铸),扩大了连铸坯等轴晶区,改善了铸态组织,减轻了中心偏析、疏松等缺陷。

此外,还可以在结晶器内进行微合金化,用以改善夹杂物性态与分布,同时细化凝固组织。

9-53 保护渣有哪几种,它的作用是什么?

连续铸钢目前普遍应用了浸入式水口＋保护渣的保护浇注技术。这对改善连铸坯的质量,推进连续铸钢技术的发展起了重要作用。结晶器用固体保护渣有绝热型保护渣与发热型保护渣两种,当前应用绝热型保护渣者居多。我国有的厂家将发热型保护渣作为开浇渣使用。绝热型固体保护渣可以制成粉状或颗粒状,目前普遍用颗粒状保护渣。其作用有:

(1) 保护渣覆盖在钢水液面上减少钢水的热损失,防止浸入式水口周边钢水液面结壳,能绝热保温。

(2) 隔绝空气、防止钢水的二次氧化。

(3) 与钢水液面相接触的保护渣熔化,形成一层液渣,具有良好的吸附和溶解上浮的非金属夹杂物的作用,从而净化钢水。

(4) 由于结晶器的振动和气隙毛细管作用,保护渣所形成的液渣被吸入气隙之中,形成润滑渣膜,防止连铸坯的粘连,减少了拉坯阻力。

(5) 由于液渣填入气隙之中,降低了气隙的热阻,因而改善连铸坯与结晶器壁间的传热条件,使坯壳得以均匀生长;同时也改善了连铸坯的表面质量。

浇注的钢种不同,所用保护渣的成分与性质也有区别,保护渣还应适应高效连铸的要求。

9-54 保护渣在使用过程中的结构是怎样的?

固体保护渣的熔点只有 $1050 \sim 1100 ℃$。加入结晶器后,由于钢水提供的热量,保护渣形成三层结构,液渣层、烧结层和原渣层。

与钢水接触的保护渣部分熔化形成液渣覆盖层,在液渣上面的保护渣虽然也得到了钢水传来的热量,却不能熔化只是软化烧结在一起,形成了烧结层,在烧结层上面是固体保护渣的原渣层,这就是保护渣的层状结构。

液渣层不断地消耗后,烧结层下降受热就会熔化形成液渣加以补充,与烧结层相邻的原渣层受热又形成了烧结层。因此生产上要连续、均匀添加新保护渣以保持原渣层的厚度。保护渣总厚度不变的情况下,各层厚度处于动平衡状态。

中间包用双层渣覆盖剂,即与钢水液面相接触用保护渣,保护渣上面覆盖炭化稻壳,起绝热保温作用。

中间包保护渣与结晶器保护渣的功能相近,具有绝热保温、减少热损失、隔绝空气、防止钢水的二次氧化、吸收溶解上浮夹杂物等作用。中间包用保护渣较长时间不更换,属于非消耗型保护渣。因此要求保护渣吸收溶解上浮夹杂物后,仍然能够保持性能稳定,并且对中间包内衬、浸入式水口、塞棒等耐火材料的侵蚀最小,其蚀损物不进入结晶器。

9-55 连铸坯凝固冷却应遵循的冶金准则是什么?

为了保证连铸坯的质量,将一些与产生缺陷相联系的参数,作为控制连铸坯在凝固冷却过程的冶金准则。其要求有:

(1) 连铸坯液芯的最大长度不得超过矫直点。

(2) 在最大拉坯速度下,连铸坯出结晶器时坯壳厚度不应低于临界值(如小方坯的坯壳厚度应大于 8mm),以防拉漏。

(3) 在二次冷却区内连铸坯表面温度有回升现象,要求在某一冷却段内其温度回升值应低于规定值(如 100℃/m),以避免发生内裂纹。

(4) 二次冷却区连铸坯表面温度不能太高(1100℃),以提高钢的高温强度,防止发生鼓肚变形。

(5) 连铸坯进入矫直区时,其表面温度应避开脆性敏感区,以免发生裂纹。

(6) 二次冷却区连铸坯表面冷却速度有一定的限制,如低碳钢种限制在 200℃/m。

根据钢种质量的要求制定出基本冶金准则,通过数学模型进行优化工艺计算、对比,得出既符合冶金准则又可适时控制的工艺参数,在生产上应用,以保证连铸坯质量。

9-56　什么是钢的高温延性曲线?

生产实践表明,连铸坯在连铸机内运行,由于受设备与工艺等多种因素的影响,在连铸机的不同区域内都可能产生内部与表面裂纹,裂纹的形状各异,原因也较复杂。就其内因来看,是由钢内在的力学性能引起的,只有充分认识连铸坯凝固的行为,在连铸设备与工艺上采取相应的正确措施,才是防止连铸坯产生裂纹的有效办法。通过热模拟实验机测出了低碳钢的高温延性曲线,如图9-8所示。

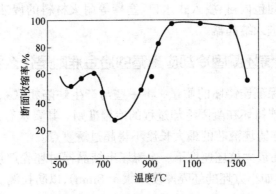

图 9-8　钢的高温延性曲线

从图9-8可以看出,曲线分为3个延性区。

(1)高温区。从液相线以下50℃到1300℃,在这个区域内钢的延伸率为0.2%～0.4%,强度为1～3N/mm²,钢的塑性与强度都很低,尤其是有磷与硫偏析存在时,更加剧了钢的脆性。这也是固-液相界面产生裂纹的根本原因。

(2)中温区。由1300℃到900℃,钢在这个温度范围内处于奥氏体单相区,它的强度最高。若有裂纹产生,主要是由于晶界有硫化物、氮化物等的析出而引起的。

（3）低温区。从 900℃ 到 700℃ 是钢由 $\gamma\text{-Fe} \rightarrow \alpha\text{-Fe}$ 的相变区，若再有 AlN、Nb(CN)的质点析出沉淀于晶界处，钢的延性会大大降低，因而这个温度范围是钢的延性最低点，也是"脆性口袋区"，极易形成裂纹，还会加剧和扩展裂纹。

每个钢种都有一条相应的脆性曲线，只不过"口袋区"因钢种成分不同而有所移动。因此无论是非合金钢还是合金钢，连铸坯的二次冷却的供水强度均应与脆性曲线相适应。为此，避开脆性"口袋区"，选择延性最好的温度区为连铸坯的矫直温度。

9-57　连铸坯质量的含义是什么？

连铸坯质量决定着最终产品的质量。连铸坯质量的含义包括以下几方面：

（1）连铸坯的纯净度。主要是指钢中夹杂物含量、形态和分布。它取决于钢水的原始状态，即进入结晶器之前钢水是否干净。当然，钢水在传递过程中还会被污染。为此，应选择合适的精炼方式，采用全过程的保护浇注，选择优质的耐火材料，尽可能地降低钢中非金属夹杂物的含量。

（2）连铸坯的表面质量。包括连铸坯表面是否存在有裂纹、夹渣和皮下气泡等缺陷。这些缺陷主要是钢水在结晶器内，坯壳形成与生长过程中产生的。这与钢水的浇注温度、拉坯速度、保护渣性能、浸入式水口倾角与浸入深度、结晶器振动以及结晶器内钢水液面是否稳定等因素有关。

（3）连铸坯的内部质量。包括连铸坯是否具有正确的凝固组织结构，内部裂纹、偏析、疏松等缺陷的程度。

（4）连铸坯的外观形状。包括连铸坯的形状是否规矩，尺寸误差是否符合规定要求。

9-58　提高钢的纯净度应采取哪些措施？

钢水纯净度主要是指钢中气体含量及夹杂物的数量、形态与分布。只有纯净的钢水才具有良好的可浇性，才能保证连铸坯的质量,才可达到钢材所要求的力学性能和使用性能。实践表明,凡是有夹杂的部位往往伴随有裂纹。

提高钢的纯净度就是降低钢中非金属夹杂物含量达到要求的水平。首先尽量减少外来夹杂物对钢水的污染,二是促进已存在于钢水中的夹杂物迅速排出,纯净钢水。为此在工艺上可从以下几方面入手:

挡渣出钢;确定合理的脱氧制度和脱氧程序;根据钢种的需要选择合适的钢水精炼方式,均匀成分、温度、微调成分、降低钢中氧含量、去除气体和改善夹杂物性态等;应用浸入式水口+保护渣的保护浇注技术,实施无氧化浇注;避免钢水的二次氧化,应用优质耐火材料;应用中间包冶金技术和结晶器冶金技术;根据需要采取相应电磁搅拌技术等。

9-59 连铸坯容易出现哪些缺陷?

连铸坯产生的缺陷如表 9-2 所示。

表 9-2 连铸坯缺陷分类

项　　　目	缺　　　陷	
表 面 缺 陷	表面裂纹	表面纵裂纹
		角部纵裂纹
		表面横裂纹
		星状裂纹
	表面夹渣	
	气孔和气泡	
	振痕和凹坑	
	表面增碳和偏析	
	切割端面缺陷	
内 部 缺 陷	内部裂纹和偏析条纹	
	皮下裂纹	
	中心裂纹	
	矫直和压下裂纹	

项　　　目	缺　　　陷
内 部 缺 陷	断面裂纹和中心星状裂纹
	中心疏松
	中心偏析
	非金属夹杂物
形 状 缺 陷	菱形变形和鼓肚变形

9-60　电磁搅拌器都安装在连铸机哪个部位,各起什么作用?

电磁搅拌技术简称 EMS,是通过电磁力推动钢水运动以达到搅拌目的。电磁搅拌有助于改善钢的凝固组织、提高产品质量。

(1) 结晶器电磁搅拌器。它简称 M-EMS。它能促使结晶器内钢水进行旋转运动,或上下垂直运动。可以均匀温度消除过热,坯壳均匀生长;清除铸坯凝固壳前沿气泡和夹杂物,有利于提高连铸坯纯净度;钢水运动可打碎树枝晶枝杈,增加晶核数目,利于扩大等轴晶区,改善钢的凝固组织结构。

电磁制动器(简称 E-MBR)。装在结晶器部位,电磁制动器对薄板坯浇注更为重要,它产生的电磁力方向与注流方向相反,减弱注流的冲击力,起到减轻注流对凝固壳的冲刷作用,有利于非金属夹杂物的上浮。提高连铸坯的清洁度,可减少连铸坯的角裂缺陷,同时也降低漏钢的几率,制动效果较好。

(2) 二次冷却区电磁搅拌器(简称 S-EMS)。安装的位置大约相当于凝固壳厚度是连铸坯厚度 $\frac{1}{4} \sim \frac{1}{3}$ 的液芯长度处,通过搅拌可以打碎液相穴内树枝晶搭桥,消除了连铸坯的中心疏松和缩孔。打碎的枝晶成为等轴晶的晶核,扩大了连铸坯中心等轴晶区,减轻了中心偏析。由于搅拌,可促进液相穴内夹杂物的上浮,从而减轻了连铸坯内弧侧夹杂物的聚集。

(3) 连铸坯凝固末端电磁搅拌器(简称 F-EMS)。具体安装位置是在连铸坯液相穴长度的 $\frac{3}{4}$ 处。通过搅拌可以使液相穴末端富集溶质的钢水分散到周围区域,趋于均匀化,降低连铸坯中心偏析,减少中心疏松和缩孔。

9-61 什么是连铸坯的热送热装技术,它有什么优越性?

连铸坯切割成定尺后,其表面仍具有 $800\sim900℃$ 的高温,相当约 540kJ/kg 的物理热。倘若将高温连铸坯直接送至轧钢厂装入加热炉,这就是连铸坯的热送热装工艺。它与连铸坯冷装工艺相比有如下优点:

(1) 能利用连铸坯的物理热节约能耗。节约热源的数量视连铸坯装入加热炉的温度而定。有关统计数据认为,连铸坯的入炉温度为 500℃ 时,可节能为 $0.25\times10^6kJ/t$;若为 600℃ 时,节能为 $0.34\times10^6kJ/t$;为 800℃ 时,节能为 $0.514\times10^6kJ/t$。热装温度越高,节能也越多。

(2) 提高成材率减少金属消耗。由于热装缩短了连铸坯加热时间,减少铁的烧损,从而成材率可提高 0.5%~1.5%。

(3) 简化了生产工艺流程,节约生产费用,缩短了钢材的生产周期。常规生产从炼钢到轧材生产周期为 30h;若采用热送热装工艺从炼钢到轧材的生产周期为 20h。

(4) 提高了产品质量。由于热送,就必须生产无缺陷连铸坯,这样可提高产品质量。

热送热装连铸坯可取消精整工序和连铸坯库存的厂房,省去了厂房面积,也节省了劳动力。

为此,严格要求炼钢生产技术,生产出无缺陷连铸坯,并安装必要的在线检测仪器及连铸坯热送的保温设施等。

9-62 什么是连铸坯的直接轧制技术,它有哪些优点?

连铸坯的直接轧制工艺也称连铸连轧工艺。按定尺切割后的连铸坯进行在线均热,或边部补充加热之后进入轧机,连铸与轧制

在同一作业线上,但不是同步轧制。连铸坯直接轧制具有如下优点:

(1) 可提高生产过程连续化的程度,简化了生产工序;

(2) 缩短了生产周期,从炼钢到轧材仅为 2h;

(3) 节约了能源;

(4) 降低了生产费用等。

9-63 什么是薄板坯连铸技术,它有什么优点? 生产上应用的薄板坯连铸机有哪些类型,各有什么特点?

薄板坯连铸技术属于近终形连铸连轧技术,可生产出接近成品规格的薄板(带)坯,是连续紧凑化流程,所以薄板坯连铸-连轧工艺是钢铁工业现代化流程最新的标志。我国已有数条薄板连铸-连轧流程投入生产。

常规连铸板坯的厚度在 $150\sim300mm$,若加工为几十毫米,或几毫米薄板材时,需要多次重复加热与轧制,其设备庞大,工艺流程长,能耗高,金属损失多,成材率低。

薄板坯连铸生产的板坯厚度在 $40\sim70mm$,薄板连铸坯经液芯压下→直接经过均热保温→粗轧机组→精轧机组→板卷($<4mm$)→供冷轧原料。热轧板卷的板厚已达到 1.9mm。这种工艺流程为短流程也为紧凑式流程。短流程生产具有以下优点:

(1) 取消了传统工艺中的再加热和粗轧工序,大大提高了生产能力。

(2) 短流程工艺也大大降低了能源耗量。

(3) 简化了板材生产工序,减少了厂房占地面积和投资费用。

(4) 由于连铸坯厚度薄,凝固速度快,晶粒细,组织致密,产品质量好。

目前投入工业生产的薄板连铸机与传统连铸机没有本质区别,也属于固定式结晶器的薄板连铸机。有两种类型:

A CSP薄板连铸技术

CSP薄板连铸技术是由德国施勒曼与西马克公司开发的。其特点是:(1)采用漏斗式结晶器,振动频率为 400 次/min,振幅在 ±4~±8mm;(2)应用异形浸入式水口;(3)使用低熔点、流动性良好的保护渣;(4)浇铸厚度为 40~50mm,宽度为 1600mm 的薄板坯,拉坯速度在 5~6m/min;(5)板坯完全凝固后切割,经均热,通过 4 机架热带轧机轧成<4mm 的板卷。

薄板内部质量好,无裂纹,偏析小,晶粒细,可直接精轧成薄板材,目前还不能用于汽车深冲薄板的生产。

B ISP 薄板连铸技术

ISP 薄板连铸技术是由德国曼内斯曼与德马克公司开发的薄板坯连铸-连轧工艺。其特点是:

(1) 采用直弧形结晶器,振动频率为 400 次/min,振幅在 ±1~±10mm;

(2) 应用特殊形状的薄壁浸入式水口;

(3) 使用低熔点、低黏度、粒状保护渣;

(4) 连铸坯的浇铸厚度为 60~70mm;

(5) 拉坯速度在 4.5m/min;

(6) 通过支撑辊对带液芯的连铸坯加压,使铸坯变形厚度减薄,变形量不超过 20%。当连铸坯完全凝固后,进入轧制段再将板坯厚度减少 60%,可直接生产中板材。

由于采用铸-轧工艺,连铸坯带液芯受压变形,促使晶粒细化,消除了中心偏析,连铸坯的各向同性,延伸性能与深冲性能均得到改善,力学性能好,但目前仍不能用于汽车深冲板的生产。

10 钢的品种和质量控制

10-1 钢的产品质量定义是什么?

钢的产品质量是指钢在规定的使用条件下,适合规定用途所具有的各种特性的总和。

10-2 钢的性能有哪些?

钢的性能主要包括力学性能、工艺性能、物理性能、化学性能等。从钢常用作机械部件和工程结构材料的角度来说,钢的力学性能和工艺性能往往更受到关注。

（1）力学性能。钢抵抗外力作用的能力。常用力学性能包括抗拉强度、屈服点、伸长率、冲击吸收功和硬度等。

（2）工艺性能。钢在各种冷、热加工工艺(切削、焊接、热处理、弯曲、锻压等)过程中表现出来的性能。

钢的工艺性能主要包括淬透性、焊接性能、切削性能、耐磨性能和抗弯曲性能等。

（3）物理性能。包括密度、电学性能、热学性能、磁学性能等。

（4）化学性能。主要指钢的抗腐蚀性能,如抗氧化性能、抗大气腐蚀性能及在加热时钢的晶粒间的晶间腐蚀情况等。

10-3 钢制品的质量取决于哪两个方面?

（1）钢的冶炼过程(包括钢的化学成分、洁净度、连铸坯的质量)。

（2）钢的加工过程(包括热轧、冷轧、拉拔、冷镦、热处理、机械加工)。

10-4　什么是"ISO 9000 族"标准?

"ISO 9000 族"是国际标准化组织(简称 ISO)在 1994 年提出的概念,是指"由国际标准化组织质量管理和质量保证技术委员会制定的所有国际标准。"该标准族可帮助组织实施并有效地运行质量管理体系,是质量管理体系通用的要求或指南。它并不受具体的行业或经济部门的限制,可广泛适用于各种类型和规模的组织,在国内和国际贸易中促进各方相互理解。

10-5　为什么要贯彻"ISO 9000 族"标准?

(1) 为了适应国际化大趋势;

(2) 为了提高企业的管理水平;

(3) 为了提高企业的产品质量水平;

(4) 为了提高企业市场竞争能力。

10-6　按化学成分钢可以分为哪几类?

按化学成分钢可以分为非合金钢、低合金钢、合金钢三类。

(1) 非合金钢。过去习惯将非合金钢统称为碳素钢,实际上非合金钢包括的内涵比碳素钢更广泛。非合金钢除了包括普通碳素结构钢、优质碳素结构钢、碳素工具钢、易切削碳素结构钢外,还包括电工纯铁、原料纯铁及其他专用的具有特殊性能非合金钢等。

(2) 低合金钢。一般指合金元素总含量小于 5%的合金钢,我国钢的分类标准中,将低合金钢单列为一类(按国际分类方法将其并入合金钢类),这主要是考虑我国低合金钢的产量较多以及国际上低合金钢的发展情况而定。

(3) 合金钢。通常将合金元素总含量大于 10%的合金钢称为高合金钢,如不锈钢、高速工具钢等即属高合金钢。合金元素总含量在 5%～10%的合金钢称为中合金钢。

10-7 钢的质量等级分为哪几类?

钢的质量等级分为普通质量级、优质级和特殊质量级。非合金钢和低合金钢均含上述三种级别,而合金钢只含后两种级别。

10-8 钢按用途可分为哪几类?

根据工业用钢的用途,可将其分为结构钢、工具钢和特殊性能钢三大类。

(1) 结构钢。包括工程结构用钢(包括碳素结构钢和低合金结构钢)、机械零部件用钢(包括渗碳钢、调质钢、滚动轴承钢以及易削钢、低淬钢、冷冲压钢等)。

(2) 工具钢。包括碳素工具钢 、合金工具钢和高速工具钢三种。

(3) 特殊性能钢 。这类钢具有特殊的物理、化学性能,包括不锈钢、耐热钢、耐磨钢、电工用钢、低温用钢等。

此外还有特定用途钢,如锅炉用钢、桥梁用钢、船舶用钢、钢筋钢等。

10-9 在实际应用中,钢按其金相组织可以分为哪几类?

(1) 按平衡状态或退火后的金相组织可分为:

亚共析钢,组织为铁素体加珠光体,$w_{[C]} = 0.02\% \sim 0.8\%$;

共析钢,组织为珠光体,$w_{[C]} = 0.8\%$;

过共析钢,组织为珠光体和二次碳化物,$w_{[C]} = 0.8\% \sim 2.0\%$;莱氏体钢,组织类似白口铸铁,即组织中存在着莱氏体。

(2) 按正火组织可分为珠光体钢、贝氏体钢、马氏体钢和奥氏体钢。

(3) 按加热及冷却时有无相变和室温时的金相组织可分为铁素体钢(加热和冷却时始终保持铁素体组织)、奥氏体钢(加热和冷却时始终保持奥氏体组织)和复相钢(如半铁素体和半奥氏体钢)。

10-10　钢材如何分类?

钢材种类很多,一般可分为型、板、管和丝四大类。

(1)型材。型材品种很多,是一种具有一定断面形状和尺寸的实心长条钢材。按其断面形状不同又分简单断面与复杂断面两种。前者包括圆钢、方钢、扁钢、六角钢和角钢;后者包括钢轨、工字钢、槽钢、窗框钢和异型钢等。一般直径在 5～25mm 的热轧圆钢称线材。

(2)板材。是一种宽厚比和表面积都很大的扁平钢材。按厚度不同分为薄板(厚度<3mm)、中板(3mm≤厚度<20mm)、厚板(20mm≤厚度<50mm)和特厚板(厚度≥50mm)四种。钢带包括在钢板类内。

(3)管材。是一种中空截面的长条钢材。按其截面形状不同可分圆管、方形管、六角形管和各种异形截面钢管。按加工工艺不同又可分无缝钢管和焊接钢管两大类。

(4)钢丝。钢丝是线材的再次冷加工产品,也称线材制品。按形状不同分圆钢丝、扁形钢丝和三角形钢丝等。钢丝除直接使用外,还用于生产钢丝绳、钢绞线和其他制品。

10-11　我国钢种牌号的表示方法是怎样的?

根据国家标准 GB/T 221—2000 规定,我国钢种牌号按下列两个基本原则表示。

第一,采用汉语拼音字母、化学元素符号、阿拉伯数字相结合的方法表示钢种牌号。

第二,采用产品名称、用途、特性和工艺方法表示,一般采用汉字或汉语拼音字母缩写来表示。采用汉语拼音缩写,原则上取第一个字母,如这样做与另一钢种所取字母重复时,改取第二个字母或第三个字母或同时选取两个汉字拼音的第一个字母。汉语拼音字母原则上只取一个,一般不超过两个。

产品名称、用途、特性和工艺方法的表示符号见表 10-1。

表 10-1 产品名称、用途、特性和工艺方法的表示符号

名称	采用的汉字	汉语拼音字母符号
碳素结构钢	屈	Q
低合金高强度钢	屈	Q
耐候钢	耐 候	NH
保证淬透性钢		H
易切削非调质钢	易 非	YF
热锻用非调质钢	非	F
易切削钢	易	Y
电工用热轧硅钢	电 热	DR
电工用冷轧无取向硅钢	无	W
电工用冷轧取向硅钢	取	Q
电工用冷轧取向高磁感硅钢	取 高	QG
(电讯用)取向高磁感硅钢	电 高	DG
电磁纯铁	电 铁	DT
碳素工具钢	碳	T
塑料模具钢	塑 模	SM
(滚珠)轴承钢	滚	G
焊接用钢	焊	H
钢轨钢	轨	U
铆螺钢	铆 螺	ML
锚链钢	锚	M
地质钻探钢管用钢	地 质	DZ
船用钢		采用国际符号
汽车大梁用钢	梁	L
矿用钢	矿	K
压力容器用钢	容	R
桥梁用钢	桥	q
锅炉用钢	锅	g

名　　　称	采用的汉字	汉语拼音字母符号
焊接气瓶用钢	焊　瓶	HP
车辆车轴用钢	辆　轴	LZ
机车车轴用钢	机　轴	JZ
管线用钢		S
沸腾钢	沸	F
半镇静钢	半	b
镇静钢	镇	Z
特殊镇静钢	特　镇	TZ
质量等级		A、B、C、D、E

各钢种牌号的表示方法如下：

A　碳素结构钢和低合金结构钢

结构钢分为通用钢和专用钢两类。

(1) 通用结构钢。通用结构钢钢种牌号由代表屈服强度字母 + 屈服强度值(单位为 MPa) + 规定的质量等级 + 脱氧方法符号等 4 部分组成。取消了旧标准 GB 700—79 中按甲类钢、乙类钢、特类钢的分类方法。例如：

碳素结构钢的牌号表示为：Q235AF，Q235BZ；

低合金高强度结构钢牌号表示为：Q345C，Q345D。

碳素结构钢的牌号组成中，表示镇静钢的符号 Z 和表示特殊镇静钢的符号 TZ 可以省略。

(2) 专用结构钢采用代表屈服强度字母 + 屈服点数值 + 产品用途符号表示，例如：锅炉用钢 Q390g。

耐候钢是抗大气腐蚀用的低合金高强度结构钢，耐候钢牌号表示方向与低合金高强度结构钢相同，例如：Q340NH。

(3) 根据需要，通用低合金高强度钢的牌号也可用两位阿拉伯数字(表示平均碳含量，以万分之几计) + 元素符号表示。专用低合金高强度钢的牌号也可用两位阿拉伯数字 + 元素符号 + 规定的用途符号表示。

B 优质碳素结构钢和优质碳素弹簧钢

这两类钢采用阿拉伯数字(平均碳含量,以万分之几计)或阿拉伯数字 + 元素符号 + 规定的用途符号表示。

(1)沸腾钢和半镇静钢在牌号尾部加符号 F 和 b,例如:08F;10b;镇静钢一般不标符号,例如:45。

(2)锰含量较高的优质碳素结构钢,用平均碳含量 + 锰元素符号表示,如:50Mn。

(3)高级优质碳素结构钢,在牌号尾部加符号 A,例如:20A;特级优质碳素结构钢在牌号后加 E,例如:45E。

(4)专用优质碳素结构钢采用两位阿拉伯数字(表示平均碳含量) + 规定的用途符号表示,例如:锅炉用钢 20g。

C 易切削钢

易切削钢采用规定的符号 + 阿拉伯数字(碳含量以万分之几计)表示。

(1)加硫易切削钢和加硫、磷易切削钢,用符号 Y + 平均碳含量表示,例如:Y15。

较高锰含量的加硫或加硫、磷易切削钢,用符号 Y + 平均碳含量 + 锰元素符号表示,例如:Y40Mn。

(2)加钙、铅等易切削元素的易切削钢,用符号 Y + 平均碳含量 + 切削元素符号表示,例如:Y15Pb;Y45Ca。

D 合金结构钢和合金弹簧钢

合金结构钢牌号采用阿拉伯数字(表示平均碳含量,以万分之几计) + 合金元素符号表示;合金元素含量表示方法为:平均含量小于 1.50% 时,牌号中仅标明元素,不标明含量;合金元素平均含量为 1.50% ~ 2.49%、2.50% ~ 3.49%、3.50% ~ 4.49%……时,在合金元素符号后相应地写成 2、3、4、……。例如:30CrMnSi;20CrNi3。

(1)高级优质合金结构钢在牌号尾部加符号 A,例如:30CrMnSiA。特级优质合金结构钢在牌号尾部加符号 E,例如:

30CrMnSiE。

(2) 专用合金结构钢在牌号的首位加表示用途的符号,例如:铆螺钢 ML30CrMnSi。

(3) 合金弹簧钢的表示方法与合金结构钢相同,例如:弹簧钢 60Si2Mn;高级优质弹簧钢 60Si2MnA。

E 非调质结构钢

非调质结构钢和热锻用非调质机械结构钢,牌号表示法与合金结构钢相同。易切削非调质机械结构钢,在牌号首位分别加符号 YF、F 表示。例如:易切削非调质机械结构钢 YF35V;热锻用非调质机械结构钢 F45V。

F 工具钢

工具钢分为碳素工具钢、合金工具钢、高速工具钢三类。

(1) 碳素工具钢牌号采用规定的符号 + 阿拉伯数字表示,阿拉伯数字表示平均碳含量(以千分之几计)。

1) 普通锰含量碳素工具钢用符号 T + 阿拉伯数字表示,例如:碳素工具钢 T9。

2) 较高锰含量碳素工具钢用符号 T + 平均碳含量 + 锰元素表示,例如:碳素工具钢 T8Mn。

3) 高级优质碳素工具钢,在牌号尾部加符号 A ,例:高级优质碳素工具钢 T10A。

(2) 合金工具钢和高速工具钢。这两类钢表示方法与合金结构钢相同,但一般不标明表示碳含量的数字,例如:合金工具钢 Cr12MoV;高速工具钢 W6Mo5Cr4V2;合金工具钢 8MnSi。

若碳含量小于 1% 时可用一位数字表示碳含量,以千分之几计。

平均铬含量小于 1% 的低铬合金工具钢,在铬含量(以千分之几计)前 + 数字 0,例如:合金工具钢 Cr06。

(3) 塑料模具钢。塑料模具钢牌号表示方法与优质碳素结构钢、合金工具钢相同,但在牌号首位加符号 SM,例如:碳素塑料模具钢 SM45;合金塑料模具钢 SM3Cr2Mo。

G   轴承钢

轴承钢分为高碳铬轴承钢、渗碳轴承钢、高铬不锈轴承钢和高温轴承钢等四大类。

（1）高碳铬轴承钢的牌号不标明碳含量,以千分之几计标明铬含量,并在首位 + 符号 G,其他元素按合金结构钢的合金元素含量表示方法标明,例如:含铬轴承钢 GCr15。

（2）渗碳轴承钢的牌号与合金结构钢的表示方法相同,在牌号头部加 G,高级优质渗碳轴承钢,在牌号尾部加 A。例如:渗碳轴承钢 G20CrNiMo,高级优质渗碳轴承钢 G20CrNiMoA。

（3）高碳铬不锈轴承钢和高温轴承钢的牌号与不锈钢和耐热钢的牌号表示方法相同,牌号头部不加 G,例如:高碳铬不锈轴承钢 9Cr18;高温轴承钢 10Cr14Mo4。

H   不锈钢和耐热钢

不锈钢和耐热钢牌号采用元素符号 + 阿拉伯数字(以千分之几表示平均碳含量)表示,易切削不锈钢和耐热钢在牌号首位加 Y。一般用一位阿拉伯数字表示平均碳含量(以千分之几计),当平均碳含量不小于 1.00% 时采用两位阿拉伯数字表示;当碳含量上限小于 0.1% 时,以 0 表示碳含量;当碳含量上限大于 0.01%,而不大于 0.03% 时(超低碳),以 03 表示碳含量;当碳含量上限不大于 0.01% 时(极低碳),以 01 表示碳含量;当碳含量没有规定下限时,采用阿拉伯数字表示碳含量的上限数字。合金元素含量表示方法同合金结构钢。例如:不锈钢 2Cr13;铬镍不锈钢 0Cr18Ni9;加硫易切削不锈钢 Y1Cr17;高碳铬不锈钢 11Cr17;超低碳不锈钢 03Cr19Ni10;极低碳不锈钢 01Cr19Ni11。

I   焊接用钢

焊接用钢包括焊接用碳素钢,焊接用合金钢和焊接用不锈钢等,其牌号表示方法是在其首位加符号 H,例如:H08;H08Mn2Si;H1Cr19Ni9。

高级优质焊接用钢,在牌号尾部加符号 A,例如:H08A。

J 电工用硅钢

电工用硅钢分为热轧硅钢和冷轧硅钢,冷轧硅钢又分为取向硅钢和无取向硅钢。

硅钢牌号采用规定的符号＋阿拉伯数字表示。阿拉伯数字表示典型产品(某一厚度的产品)的厚度值和最大允许铁损值(W/kg)。

(1) 电工用热轧硅钢。该钢种牌号表示方法是:首位 DR＋表示最大铁损值 100 倍的阿拉伯数字＋横线"—"＋产品公称厚度(单位为 mm,100 倍的数字)。如果是在高频率(500Hz)下检验的,在表示铁损值的阿拉伯数字后加符号 G;不加 G 的,表示在频率 50Hz 下的检验。例如:电工用热轧硅钢 DR440—50;DR1750G—35。

(2) 电工用冷轧无取向硅钢和取向硅钢。这两种钢的牌号为:产品公称厚度(单位为 mm)100 倍的数字＋表示无取向硅钢符号 W 或取向硅钢符号 Q＋铁损 100 倍的数字。例如:30Q130;35W300。取向高磁感应钢 27QG100。

(3) 电讯用取向高磁感硅钢牌号采用规定的符号＋阿拉伯数字表示。阿拉伯数字从 1 至 6 表示电磁性能级别从低到高,例如:DG5。

K 电磁纯铁

电磁纯铁牌号采用规定的符号＋阿拉伯数字表示。例如:DT3;DT4。阿拉伯数字表示不同牌号的顺序号。根据电磁性能不同,在牌号尾部加质量等级符号 A,C,E。例如:DT4A;DT4C;DT4E。

L 高电阻电热合金

高电阻电热合金牌号采用化学元素符号＋阿拉伯数字表示。牌号表示方法同不锈钢和耐热钢(镍铬基合金不标出碳含量),例如:耐热合金 0Cr25Al5。

10-12 常见的世界钢号标准代号有哪些?

GB	中国国家技术监督局
ISO	国际标准化组织
IEC	国际电工委员会
ASTM	美国材料与试验协会
AWS	美国焊接协会
JIS	日本工业标准化协会
BS	英国标准化协会
LR	劳埃德船级社
DIN	德国标准化协会
NF	法国标准化协会
EN	欧洲标准化委员会
ГОСТ	前苏联国家质量管理和标准委员会

10-13 什么是高附加值产品?

高附加值产品是指具有高质量、高技术含量、高效益的产品。

10-14 什么是钢的宏观检验,常用的方法有哪几种?

宏观检验是指用肉眼或小于 10 倍放大镜下检查金属表面或断面,以确定其宏观组织或缺陷的一种方法,也称低倍检验。

低倍检验方法有:

(1) 酸浸试验。将制备好的试样用酸液腐蚀,以显示其宏观组织和缺陷。包括一般疏松、中心疏松、凝固结构偏析、点状偏析、皮下气泡、皮下夹杂、残余缩孔、翻皮、白点、轴心晶间裂缝、内部气泡、肉眼可见的非金属夹杂物及夹渣、异相金属夹杂、碳化物剥落、内裂等。

(2) 断口检验。在断口试样上刻槽,然后借外力使之折断,检验断面的情况,以判定断口的宏观缺陷。层状、缩孔残余、白点、气泡、内裂、非金属夹杂物和夹渣、异相金属夹杂物、黑脆、石状、荼状等属于报废缺陷断口。

(3) 塔形车削发纹检验。将试样车削成三个阶梯,用酸蚀法或磁力探伤法显示其发纹。发纹是钢中夹杂或气孔、疏松等沿锻轧加工方向被延伸所形成的细小纹缕,是钢中宏观缺陷的一种。发纹的存在,严重地影响钢的力学性能,特别是疲劳强度等。

(4) 硫印试验。是用来直接检验硫,也可间接检验其他元素在钢中分布的一种方法。其原理是:在检验过程中,相纸上的硫酸与试样面上的硫化物发生作用,产生硫化氢气体;硫化氢又与印相纸上的溴化银发生作用,生成硫化银,沉积在印相纸相应的位置上,形成黑色或深褐色斑点。印相纸上有深褐色斑点的地方,即是硫化物存在的部位,斑点越大,色泽越深,即表示硫化物颗粒越大,硫含量也越高。

10-15 一般用哪些方法检验钢的力学性能?

金属的力学性能是金属材料抵抗外力作用的能力,钢的力学性能检验,就是通过一定外力或能量作用于钢的试样上,以测定钢的力学性能。

(1) 屈服强度。在拉伸机的拉力作用下试样被拉长,开始时试样的伸长和拉力成正比,当拉力解除后试样仍恢复到原来尺寸,这种变形叫做弹性变形。不断加大拉力试样继续变形伸长,但外力解除后试样却不再恢复到原来长度,成为不可复原的永久性变形,这种变形叫做塑性变形。由弹性变形点转变为塑性变形时的应力,叫做屈服强度,也称屈服点,其代表符号是 σ_s,单位是 N/mm^2 或 MPa。

(2) 抗拉强度。在上述拉伸试验中试样产生塑性变形后,拉力继续增大,试样最后被拉断,这时的应力就是抗拉强度,其代表符号是 σ_b,单位是 N/mm^2 或 MPa。

(3) 伸长率。金属试样拉伸被拉断后,伸长部分的长度与原标距长度的比值,为伸长率,其代表符号是 δ,单位是%。试棒标距等于 5 倍直径为短试棒,所求得的伸长率用 δ_5 表示;试棒标距等于 10 倍直径为长试棒,所求得的伸长率用 δ_{10} 表示。

(4)断面收缩率。金属试样拉伸拉断时断口处截面面积减少的百分率。其代表符号为 ψ,单位是%。

(5)弯曲试验。试样处于热或冷的状态下进行弯曲,折弯到 90°或 120°,检查钢材承受弯曲的能力,不同钢材对弯曲的角度和弯曲的直径有不同要求。

(6)冲击值(冲击韧性值)。在要求温度条件下,一定尺寸带有刻槽的试样,在试验机上受一次冲击负荷而折断时,试样刻槽处单位面积上所消耗的功。代表符号为 a_K,单位为焦/厘米^2(J/cm^2)。

(7)硬度。金属材料抵抗更硬的物体(淬硬钢球,金刚石圆锥体等)压入其表面的能力。检验方法有:布氏硬度(HB)、洛氏硬度(HR)、维氏硬度(HV)、肖氏硬度(HS)。

10-16 什么是钢的金相检验,主要检验项目有哪些?

金相检验是指在金相显微镜下,通常在放大倍数为 100~1000 倍,甚至 2000 倍下,观察、辨认和分析金属材料的微观组织状态和缺陷情况,借以判断和评定金属材料质量的一种检验方法,也称高倍检验或微观检验。金相检验的试样须经过研磨、抛光和酸浸蚀。检验项目主要有脱碳层深度、晶粒度、钢中非金属夹杂物、钢中化学成分的偏析及淬硬性、渗碳层等等。

10-17 怎样进行钢中非金属夹杂物的评级?

钢中常见非金属夹杂物,依其性质、形态和变形特征等分为以下几种:(1)氧化物;(2)硫化物;(3)硅酸盐;(4)点状不变形夹杂物;(5)氮化物。夹杂物的数量和分布是评定钢质量的一个重要指标。

用金相法进行夹杂物评级时,夹杂物试样不经腐蚀,一般在明场下放大 100 倍,80mm 直径的视场下进行检验。从试样中心到边缘全面观察,选取夹杂物污染最严重的视场,与其钢种的相应标准评级图加以对比来评定。评定夹杂物级别时,一般不计较其组成、性能以及可能来源,只注意它们的数量、形状、大小及分布情况。

标准评级图谱分为 JK 标准评级图(评级图Ⅰ)和 ASTM 标准评级图(评级图Ⅱ)两种。

JK 标准评级图(评级图Ⅰ)。根据夹杂物的形态及其分布分为 4 个基本类型。A 类硫化物类型、B 类氧化铝类型、C 类硅酸盐类型和 D 类球状氧化物类型。每类夹杂物按其厚度或直径的不同,又分为粗系和细系两个系列,每个系列由表示夹杂物含量递增的 5 级(1 级至 5 级)图片组成。评定夹杂物级别时,允许评半级,如 0.5 级、1.5 级等。

ASTM 标准评级图(评级图Ⅱ)。该图中夹杂物的分类、系列的划分均与 JK 标准评级图相同,但评级图由 0.5 级到 2.5 级 5 个级别组成。

必须指出,在同一检验中不能同时使用两种评级图。应根据产品技术条件的规定来选用一种标准评级图。

10-18　钢中碳含量与钢的性能有什么关系?

碳主要以碳化物(Fe_3C)形式存在于钢中,是决定钢强度的主要元素,当钢中碳含量升高时,其硬度、强度均有提高,而塑性、韧性和冲击韧性降低,冷脆倾向性和时效倾向性也有提高。随着钢中碳含量的升高,焊接性能显著下降。因此,用于焊接结构的低合金钢,碳含量不超过 0.25%,一般应不大于 0.22%。

10-19　钢中硅含量与钢的性能有什么关系?

硅可提高抗拉强度和屈服强度,特别能提高弹性极限。但钢的延伸率、收缩率和冲击韧性有所降低。硅是硅钢的主要合金元素,它能降低铁损,增加磁感应强度。硅还能提高抗腐蚀能力和抗高温氧化能力。

10-20　钢中锰含量与钢的性能有什么关系?

锰是强韧性元素,能增加钢的强度,当锰含量在 1.0% 以下时,不降低钢的塑性,其韧性还有所提高。当锰含量超过 1% 时,在提高强度的同时塑性、韧性有所下降。锰能增加钢的淬透性、耐磨性,是耐磨钢的主要合金元素。

10-21　磷对钢的性能有什么影响?

磷在钢中以 Fe_3P 或 Fe_2P 形态存在,使钢的塑性、韧性降低,尤其低温时的韧性降低最厉害,这种现象称为"冷脆"。总之,磷对钢材性能的危害表现在:冷脆、调质钢的回火脆性、热加工性和焊接性能降低等。

磷的有利作用有:磷能降低硅钢的铁损改善电磁性能,提高钢的抗腐蚀性(大气、海水、弱碱)以及改善钢的切削加工性能。

10-22　硫对钢的性能有什么影响?

硫在钢中是以 FeS 和 MnS 形态存在,硫含量高的钢会产生"热脆"。当钢水凝固时,FeS 和 Fe 形成低熔点共晶体,熔点为 985℃,并呈网状薄膜分布在晶界处。硫含量高的钢在热轧温度下 (800～1200℃),低熔点共晶体熔化,经轧制和锻压时,在横向(与加工方向垂直的方向)产生裂纹。硫除对钢材的热加工性能、焊接性能、抗腐蚀性能有大的影响外,对力学性能的影响主要表现在:(1)钢材横向的强度、延性、冲击韧性等显著降低;(2)显著降低钢材的抗氢致裂纹(HIC)的能力,因而冶炼输送含硫化氢的油、气管线钢要求极低的硫含量。

硫会降低连铸坯的高温塑性,增加了连铸坯的内裂倾向。

硫在易切削钢中可改善钢的切削加工性能。

10-23　氢对钢的性能有什么影响?

氢主要来自原材料、耐火材料及炉气的水分。氢在钢中会产生"发纹"或形成应力区,在钢进行锻轧加工时发纹扩展而形成裂纹,使钢的力学性能特别是塑性恶化,甚至断裂,在钢断口上呈现"白点"。同时氢还会引起点状偏析、氢脆,以及焊缝热影响区内的裂缝等。因此,应采用各种措施降低钢中的氢含量。

10-24　氮对钢的性能有什么影响?

在一般条件下,氮主要危害表现在:(1)由于 Fe_4N 析出,导致钢材的时效性;(2)降低钢的冷加工性能;(3)造成焊接热影响区脆化。

当钢中存在钒、铝、钛、铌等元素时与氮可形成稳定的氮化物,提高钢的强度,对钢性能有利。

10-25　氧对钢的性能有什么影响?

氧在固态铁中的溶解度很小,主要以氧化物夹杂的形式存在。所以钢中的夹杂物除部分硫化物以外,绝大多数为氧化物。非金属夹杂物是钢的主要破坏源,对钢材的疲劳强度、加工性能、延性、韧性、焊接性能、抗 HIC 性能、耐腐蚀性能等均有显著的不良影响。

氧含量高,连铸坯还会产生皮下气泡等缺陷,恶化连铸坯表面质量。

10-26　铝与钢的性能有什么关系?

铝作为脱氧剂或合金化元素加入钢中,铝脱氧能力比硅、锰强得多。铝在钢中的主要作用是细化晶粒、固定钢中的氮,从而显著提高钢的冲击韧性,降低冷脆倾向和时效倾向性。如 D 级碳素结构钢要求钢中酸溶铝含量不小于 0.015%,深冲压用冷轧薄钢板 08Al 要求钢中酸溶铝含量为 0.02%~0.07%。

铝还可提高钢的抗腐蚀性能,特别是与钼、铜、硅、铬等元素配合使用时,效果更好。

10-27　什么叫洁净钢,其典型产品对钢洁净度有哪些要求?

所谓洁净钢或纯净钢是指:第一是钢中杂质元素[S]、[P]、[H]、[N]、[O]含量低;第二是钢中非金属夹杂物少,尺寸小,形态

要控制(根据用途控制夹杂物球状化)。一般纯净度指严格控制
[C]、[S]、[P]、[H]、[N]、[O]的含量,洁净度指严格控制夹杂物的
数量、尺寸、形态。洁净钢或纯净钢是一个相对概念,依工艺技术
的发展、钢的品种和用途而异。

钢中夹杂物数量、形状、尺寸的要求决定于钢种和产品用途。
典型产品对钢洁净度要求见表10-2。

表 10-2　典型产品对钢洁净度要求

产 品	洁 净 度	备 注
汽 车 板	$w_{T[O]}<20ppm, D<50\mu m$	防薄板表面线状缺陷
易 拉 罐	$w_{T[O]}<20ppm, D<20\mu m$	防飞边裂纹
阴 罩 屏	$D<5\mu m$	防止图像变形
轮胎钢芯线	冷拔 $0.15\sim0.25mm, D<10\mu m$	防止冷拔断裂
滚 珠 钢	$w_{T[O]}<10ppm, D<15\mu m$	增加疲劳寿命
管 线 钢	$D<100\mu m$,氧化物形态控制	耐气腐蚀
钢 轨	$w_{T[O]}<20ppm$,单个 $D<13\mu m$ 链状 $D<200\mu m$	断裂
家 电 用 板	$w_{T[O]}<30ppm, D<100\mu m$	银白色线条缺陷

① 1ppm=0.0001%。

② D 指夹杂物直径。

10-28　钢中总氧含量 $w_{T[O]}$ 的含义是什么?

钢中总氧量 $w_{T[O]} = w_{[O]溶} + w_{[O]夹}$,即 $a_O(w_{[O]溶})$ 和固定氧
(夹杂物中氧含量)之和。钢中总氧含量 $w_{T[O]}$ 体现了钢的洁净
度,目前普遍采用中间包钢水和连铸坯的总氧 $w_{T[O]}$ 表征钢的洁
净度。

用 LECO 仪分析的氧为总 $w_{T[O]}$ 量,$w_{T[O]}$ 越高,说明钢中氧
化物夹杂含量越多。如铝镇静钢,酸溶铝 $w_{[Al]s} = 0.02\% \sim$
0.05%,与铝平衡的氧含量为,$w_{[O]溶} = 3 \sim 7ppm(0.0003\% \sim$
$0.0007\%)$。若连铸坯中测定 $w_{T[O]} = 20ppm(0.002\%)$,除去

$w_{[O]溶}$外，氧化物夹杂中的氧 $w_{[O]夹}$ 为 $13 \sim 17ppm(0.0013\% \sim$ $0.0017\%)$，说明钢已经很"干净"了。

10-29　冶炼洁净钢需要有哪些技术措施?

冶炼洁净钢应根据品种和用途要求,铁水预处理-炼钢-精炼-连铸的操作都应处于严格的控制之下,主要控制技术对策如下:

(1) 铁水预处理。对铁水脱硫或三脱工艺(脱 Si、脱 P、脱 S),入炉铁水硫含量应小于 0.005% 甚至小于 0.002%。

(2) 转炉复合吹炼和炼钢终点控制。改善脱磷条件,提高终点成分和温度一次命中率,降低钢中溶解氧含量,减少钢中非金属夹杂物数量。

(3) 挡渣出钢。采用挡渣锥或气动挡渣器,钢包内渣层厚度控制在 50mm 以下,转炉内流出的氧化性炉渣会增加氧化物夹杂。防止出钢下渣可避免回磷和提高合金吸收率。为保证钢包渣百分之百合格,在钢水接收跨设置钢渣扒渣机是有利的。

(4) 钢包渣改质。出钢过程向钢流加入炉渣改质剂,还原 FeO 并调整钢包渣成分。

(5) 炉外精炼。根据钢种质量要求选择一种或多种精炼组合方式完成钢水精炼任务,达到脱氢、极低 C 化、极低 S 化、脱氮、减少夹杂物和夹杂物形态控制等。

1) LF 炉。包盖密封,造还原渣,可扩散脱氧、脱硫、防止渣中 FeO 和 MnO 对钢水再氧化。调整和精确控制钢水成分、温度,排除夹杂物并进行夹杂物形态控制。

2) 真空处理。冶炼超低碳钢的脱碳和脱氧、脱氢、脱氮,排除脱氧产物。

(6) 保护浇注。在浇注过程中采用保护浇注技术对生产洁净钢尤为重要。

1) 钢包→中间包注流用长水口 + 吹氩保护,控制钢水吸氮量小于 1.5ppm($1.5 \times 10^{-4}\%$),甚至为零。

2）中间包→结晶器用浸入式水口＋保护渣的保护浇注，钢水吸氮小于 2.5ppm（2.5×10^{-4} %）。

3）浇注小方坯时，中间包→结晶器采用氩气保护浇注，气氛中 $\varphi_{O_2} < 1\%$。

4）在第一炉开浇前中间包内充满空气，为防止钢水中生成大量的 Al_2O_3 和吸氮，在中间包内充入氩气，并用耐火纤维密封中间包体与包盖间的缝隙。

（7）中间包冶金。在中间包内组织钢水的合理流动，延长钢水停留时间，促进夹杂物上浮。

1）采用碱性包衬的大容量深熔池中间包；

2）中间包加砌挡墙＋坝、多孔挡墙、过滤器，采用吹氩搅拌、阻流器；

3）中间包覆盖剂可保温、隔绝空气，吸附夹杂物；生产洁净钢中间包采用碱性覆盖剂为宜；

4）滑动水口高的自开率，自开率应大于 95%；

5）开浇、换包、浇注即将结束时防止卷渣；

6）应用中间包热态循环使用技术；

7）应用中间包真空浇注技术。

（8）结晶器操作要点如下：

1）选择性能合适的保护渣（熔化温度、熔化速度、黏度）及合适的加入量；

2）浸入式水口要对中并选择合适的插入深度，控制钢水流动；

3）结晶器钢水液面稳定；

4）拉速稳定；

5）应用结晶器电磁制动技术，可控制钢水的流动，利于气体与夹杂物的上浮排出，从而改善了连铸坯质量。

（9）铸坯内部质量控制措施如下：

1）结晶器采用电磁搅拌以促进夹杂物上浮、增加连铸坯等轴晶、减少中心偏析和缩孔，同时可改善表面质量。

2）应用凝固末端电磁搅拌和轻压下技术以减少高碳钢中心

偏析、V 形偏析、缩孔。

3) 采用立弯式连铸机,利于夹杂物上浮。

10-30　减少钢包温降有哪些措施?

影响钢包过程温降的主要因素是钢包容积、包衬材质及使用状况。减少钢包过程温降的措施主要有以下几点:

(1) 钢包内衬加砌隔热层,减少包衬散热损失。

(2) 钢包无论在线及离线烘烤都采用高效节能烘烤装置。

(3) 加快钢包热周转,严格控制钢包周转个数,红包受钢,包衬温度达到 1000℃。

(4) 钢包加盖。

(5) 钢包钢水表面加保温覆盖材料。

10-31　水口堵塞的原因是什么,如何防止?

在浇注过程中,中间包水口和浸入式水口有时发生堵塞现象。堵塞的原因有两种,一是钢水温度低,水口未达到烘烤温度,钢水冷凝所致。二是因钢中高熔点(2052℃)的 Al_2O_3 沉积在水口内壁上,使钢流逐渐变小而造成水口堵塞。钢中的 Al_2O_3 主要来自脱氧产物,当钢中[Al]含量偏高时,[Al]与耐火材料中的 SiO_2 及空气中的氧或钢中[O]发生反应生成 Al_2O_3。

为了防止水口堵塞,对含[Al]量不作要求的钢,应控制钢中全铝含量不大于 0.006%。对铝含量有要求的钢,需对钢水进行钙处理,控制 $w_{[Ca]}/w_{[Al]}$ 比值为 0.1~0.15,使串簇状固体 Al_2O_3 转变成低熔点的 $12CaO·7Al_2O_3$,这种铝酸钙熔点为 1455℃,在浇注温度下为液态,可避免水口堵塞。如果钙的加入量过少,不足以将 Al_2O_3 转化为 $12CaO·7Al_2O_3$,钙的加入量过多,又会生成 CaS(熔点 2450℃),不能消除水口堵塞。铝含量高(如 $w_{[Al]}=0.045\%$),硫含量也高(如 $w_{[S]}>0.025\%$)的钢水难以避免水口堵塞。

提高钢水洁净度、减少钢水二次氧化,选择合适的水口材质,并向水口内壁和中间包塞棒吹氩等,都有利于避免水口的堵塞。

10-32　根据转炉冶炼特点,钢按其碳含量如何划分?

根据转炉冶炼特点,终点碳含量控制的不同可分为:

(1) 低碳范围　　$w_{[C]} < 0.08\%$

(2) 中碳范围　　$0.08\% \leqslant w_{[C]} < 0.20\%$

(3) 高碳范围　　$w_{[C]} \geqslant 0.20\%$

10-33　冶炼低碳、超低碳钢种须掌握哪些要点?

深冲钢要求钢中碳低、硅低、总氧(非金属夹杂物)含量低,还要求氮低、硫低,有的并添加适量的微量元素,如钛、铌等。为满足质量要求,冶炼须掌握以下要点:

(1) 终点一次拉碳 $w_{[C]} = 0.04\% \sim 0.06\%$,避免补吹;

(2) 充分发挥复吹效果,降低终点氧含量,使 $a_O(w_{[O]溶}) \leqslant$ 700ppm(0.07%);

(3) 采用铁水预脱硫处理,终渣碱度值大于3.2,降低成品硫、磷含量;

(4) 严格控制脱氧剂的使用和脱氧步骤,防止钢水吸氮;

(5) 挡渣出钢,控制钢渣流入钢包。

(6) 对于高质量超低碳钢种,控制真空处理前钢水碳和氧的含量,以便深脱碳。同时还要在精炼、连铸过程采用相应的技术措施。

10-34　转炉冶炼中、高碳钢的关键操作是什么?

中、高碳钢冶炼的关键操作是脱磷和终点碳的控制。终点控制常用低碳低磷操作和高拉碳低氧操作。

(1) 低碳低磷操作。终点碳的控制目标是根据终点硫、磷情况而确定的,只有在低碳状况下炉渣才具有充分脱磷的条件,在出钢过程再进行增碳,到精炼工序最终微调成分以达到目标要求。

(2) 高拉碳低氧操作。高拉碳的优点是终渣氧化铁低、金属收得率高、氧耗低、合金收得率高、钢水气体含量较低。但高拉碳法终渣氧化铁较低,脱磷较困难;同时,在中、高碳范围内终点控制的命中率也很低,通常须等成分补吹。因此,要根据成品磷的要求,决定高拉碳范围,既能保证终点钢水氧含量低,又能达到成品对磷的要求,并减少增碳量。

10-35 冶炼低合金钢应注意哪些要点?

冶炼低合金钢应注意:

(1) 强化造渣工艺,早化渣、化好渣,终渣碱度值保持在 3.0～4.0,确保脱磷、脱硫效率;

(2) 采用一次拉碳,避免补吹,降低钢中[O]含量;

(3) 严格脱氧合金化操作,确保成分命中,控制好温度及防止吸氮;

(4) 挡渣出钢防止回磷,并加适量钢包渣改质剂,提高钢的洁净度。

(5) 对于高品级低合金钢,必须采用铁水预处理、二次精炼及连铸有关技术。

10-36 对钢筋钢基本性能有哪些要求?

钢筋钢也称混凝土结构用钢筋,是工程结构的主要材料之一。对钢筋钢基本性能的要求如下:

(1) 强度。强度是指钢筋在受拉状态下的屈服强度 σ_s 和抗拉强度 σ_b。钢筋钢材受力达到屈服强度后就会产生较大的残余变形,使结构不能正常工作,这种情况即认为丧失承载能力而被破坏。由此可见提高钢筋钢材强度可以提高结构的承载能力;或者在相同的承载能力下减少钢筋钢材的用量。

(2) 塑性。塑性是以钢筋试件受力断裂时的伸长率(δ_5 或 δ_{10})表示。

(3) 焊接性。钢筋应具有良好的焊接性能。焊接性能与钢筋化学成分有关,对热轧钢筋可用碳当量 $W_{C_{eq}}$ 来估算焊接性能。

$$W_{C_{eq}} = W_{[C]} + W_{[Mn]}/6$$

经验证明,当 $W_{C_{eq}} < 0.4\%$ 时,钢筋的淬硬倾向不大,焊接性能良好;当 $W_{C_{eq}} = 0.4\% \sim 0.6\%$ 时,钢材的淬硬倾向增大,采取必要的措施后,还是能够焊接。

(4) 成分均匀性。冶炼低合金钢钢筋,合金元素含量较高,冶炼必须保证成分均匀,若发生局部锰高便会导致钢筋冷弯脆断,造成重大事故。

(5) 与混凝土的粘接性能。钢筋与混凝土之间的粘接是关系着二者相互传递应力、协调变形的关键。试验表明,表面带肋的钢筋比光面钢筋的粘结力高 2～3 倍以上。我国钢筋标准中屈服强度 300MPa 以上钢筋均为表面带肋钢筋。

我国热轧带肋钢筋的牌号由 HRB 及其屈服强度最小值构成,H、R、B 分别为热轧(Hot rolled)、带肋(Ribbed)、钢筋(Bars)3 个词的英文首位字母。热轧带肋钢筋分为 HRB335、HRB400、HRB500 3 个牌号,分别相当于Ⅱ、Ⅲ、Ⅳ级钢筋。

钢筋钢分为碳素钢钢筋和低合金钢钢筋。碳素钢钢筋(Q235)强度较低(Ⅰ级),但塑性、韧性和焊接性能较好;低合金钢钢筋是在低、中碳钢基础上,添加了适量的 Si、Mn 元素,使钢具有较高的强度,再加入微量的 Ti、V、N、Nb 等元素,钢筋可具有更高的强度、良好的韧性和焊接性。如在 HRB335 的基础上添加适量 V、N 元素可生产 HRB400、HRB500 牌号的钢筋等。

预应力混凝土结构用钢筋,要求具有较高的强度,有些钢筋强度虽然不太高,但经过冷轧和冷加工提高强度后,也可做预应力钢筋使用。

10-37　在钢中加入 Nb、V、Ti 元素进行微合金化有什么作用?

在钢中加入 Nb、V、Ti 元素能与[C]、[N]结合生成碳化物、氮化物和碳氮化物,这些化合物在高温下溶解,在低温下析出起到抑制晶粒长大以及沉淀强化作用。其结果是碳当量降低,而钢的强度和韧性却大大提高,并具有显著的成本优势。

10-38 焊条钢有什么特点,冶炼中有哪些要求?

焊条钢按化学成分分为非合金钢、低合金钢、合金结构钢和不锈钢4类。非合金钢焊条主要为碳素焊条钢,成分要求见表10-3。

表 10-3 碳素焊条钢化学成分(GB/T 3429)

牌 号	w/%				
	C	Si	Mn	P	S
H08A	≤0.10	≤0.03	0.30~0.60	≤0.030	≤0.030
H08E	≤0.10	≤0.03	0.30~0.60	≤0.020	≤0.020
H08C	≤0.10	≤0.03	0.30~0.60	≤0.015	≤0.015

焊条钢的最大特点是必须保证盘条化学成分符合各种标准成分的要求,不允许有化学成分偏差,冶炼成分控制的范围比标准的范围更窄,硫、磷含量更低。焊丝中碳含量增加,焊缝的裂纹倾向增加,冲击韧性下降,但碳含量过低会导致焊丝过软,焊药挤压困难,焊缝金属强度不够。为此,H08A 类碳含量控制在 0.06%~0.08%范围内。硅影响冷拔加工性能,并降低焊缝塑性,因而,H08 类钢硅含量应不大于 0.03%。锰不仅可以提高焊缝抗拉强度,也使塑性、韧性提高,同时还提高焊缝的抗裂能力,所以,锰含量控制在 0.4%~0.5%。随硫含量的增加焊缝的热裂倾向增大,还会使焊缝产生气孔的可能性增加;磷含量增加焊缝冷裂倾向增大,同时低温冲击值迅速降低,H08 就是根据磷、硫含量不同分为A、E、C 3 级。H08C 在 H08 类钢中的硫、磷含量最低,其盘条价格也更高。

碳素焊条钢因碳、硅含量很低,钢质软,对力学性能无特别要求。碳素焊条钢的冶炼要求如下:

(1) 碳素焊条钢原用模铸生产,现多用连铸工艺浇铸小方坯。

(2) 终点碳 $w_{[C]}$ 控制在 $0.04\% \sim 0.06\%$,维护好出钢口,挡渣出钢。

(3) 采用连铸工艺钢水若用铝脱氧,氧含量很难控制,控制不当还会产生皮下气泡或水口结瘤,因此,用 Fe-Mn-Al 合金代替单一铝脱氧。

(4) 从炼钢到精炼全程严格控制钢中氧含量,精炼结束时,氧活度控制在 $25 \sim 45$ppm($0.0025\% \sim 0.0045\%$)。

(5) 连铸工艺采用全保护浇铸小方坯。

(6) 中间包采用低碳高碱度覆盖剂。

10-39 什么是 IF 钢,它有什么特点,在冶炼和连铸工艺中如何进行质量控制?

IF 钢也称无间隙原子钢,就是在碳含量极低($w_{[C]} = 0.001\% \sim 0.005\%$)的钢中,加入适量的强化元素 Ti、Nb,与钢中残存的间隙原子碳和氮结合形成碳化物和氮化物(Nb(CN)、TiN 等)的质点,这样,钢的基体中已没有间隙原子 C、N 存在了,而是以钛、铌的碳化物和氮化物质点存在。

IF 钢的优点是:

(1) 优异的深冲性;

(2) 无时效性;

(3) 非常高的钢板表面质量;

(4) 可冲制极薄的制品、零件,主要用于汽车薄板。

IF 钢的化学成分要求:

(1) 极低的碳含量(小于 50ppm(0.0050%));

(2) 非常低的氮含量(小于 30ppm(0.0030%));

(3) 一定的钛或钛和铌含量;

(4) 铝脱氧钢 $w_{[Al]_s} = 0.03\% \sim 0.07\%$。

IF 钢的典型成分如表 10-4 所示。宝钢批量生产达到了 $w_{[C]} \leqslant 25$ppm(0.0025%),$w_{[N]} \leqslant 20$ppm(0.0020%),$w_{[O]} \leqslant 30$ppm

（0.0030％）的水平。

表 10-4 IF 钢的典型成分

化 学 成 分　w/%							
C	Si	Mn	P	S	Al	Ti	N
<0.003	<0.02	0.10~ 0.15	<0.015	<0.010	0.020~ 0.040	0.060~ 0.080	<0.003

IF 钢生产工艺路线：

铁水预处理→复吹转炉炼钢→RH 精炼→板坯连铸→热连轧
→冷轧、退火、镀锌等。

冶炼工艺：

（1）铁水脱硫后，硫含量为 0.002％，入炉前尽可能扒净铁水
渣。

（2）高铁水装入比，顶底复吹炼，后期加铁矿石、铁皮使炉渣
发泡，充分脱磷；防止钢液吸氮，出钢 $w_{[N]}$<20ppm（0.0020％）；
按 RH 精炼要求严格控制终点碳。

（3）出钢不脱氧，不加铝，防止增氮。

（4）RH 真空碳脱氧，然后加铝和钛。

（5）严格实施保护浇铸，防止二次氧化、增氮。钢包-中间包
吸氮量应小于 1.5ppm（0.00015％），中间包-结晶器吸氮量应小于
1.0ppm（0.0001％）。

（6）钢包和中间包内衬砌筑碱性耐火材料，采用极低碳碱性
覆盖剂。

（7）结晶器选用无碳保护渣，防止增碳。

10-40　对硅钢性能有哪些要求，冶炼要点有哪些？

硅钢是电工钢的一种，硅含量在 1.0％~4.5％范围内，主要
用于制造电机和变压器的铁芯、日光灯中的镇流器、磁开关和继电
器、磁屏蔽和高能加速器中磁铁等。硅钢有冷轧和热轧之分。对
硅钢性能有如下要求：

（1）铁损低。因为铁损高会增加电量损耗，钢中加硅主要作用是降低铁损；降低硫含量有利于减少铁损；适当增加钢中磷含量对降低铁损有利。

（2）磁感应强度高。磁感应强度高可以降低铁芯激磁电流（空载电流），使导线电阻引起的铜损和铁芯铁损降低，节省电能。

（3）对磁的各向性的要求。电机在运转状态下工作，要求硅钢磁各向同性，用无取向硅钢制造；变压器在静止状态下工作，用冷轧取向硅钢制造。

（4）磁时效性小。铁芯磁性随使用时间而变化的现象为磁时效。磁时效主要是由于钢中过饱和碳与氮析出的细小碳化物和氮化物所致。所以优质无取向硅钢中碳含量应小于 0.0035%，氮含量应小于 0.005%。

（5）脆性小。硅钢片在制作铁芯时须冲压加工成型，冲片性能要好；倘若钢质脆会降低成品率，并影响冲模寿命。硫不仅对磁性有害，而且使钢产生热脆，应尽量降低。

此外，硅钢片的表面要光滑平整，厚度均匀偏差要小，绝缘薄膜好等。

硅钢的典型成分举例见表 10-5。

表 10-5　硅钢的典型成分

类　别	$w/\%$						
	C	Si	Mn	P	S	$[Al]_s$	N
普通取向硅钢	0.03～0.05	2.80～3.50	0.05～0.10		0.015～0.0030	<0.015	<0.006
优质无取向硅钢	<0.0030	3.20～3.40	<0.15	<0.040	<0.003	1.40～1.60	<0.002

冶炼工艺要适应不同牌号硅钢的要求，对无取向硅钢要求超低碳、低硫和低氮含量。总的说来，硅钢冶炼要点如下：

A　精料

（1）采用低锰铁水冶炼，要求 $w_{Mn} < 0.35\%$，使用低锰废钢，

要求 $w_{Mn}<0.35\%$，钢中锰含量高将使硅钢片磁性变坏；

(2) 铁水预处理脱硫，入炉铁水 $w_{[S]}<0.005\%$；

(3) 使用高级硅铁合金(碳、锰含量低)；

(4) 辅原料成分稳定，杂质少。

B　转炉吹炼

顶底复合吹炼工艺，脱碳、脱锰、控制好温度，终点碳控制在 0.04%。

C　钢包合金化并底部吹氩

合金要均匀加入，出钢量达 70% 前加完。

D　RH 真空处理

微调钢水成分达到规定要求和控制好终点温度。

E　连铸工艺

(1) 因钢水硅含量高，导热性差，采用慢速浇注，二次冷却采用弱冷却制度。

(2) 全程保护浇注，结晶器使用专用保护渣。

(3) 二冷区采用电磁搅拌，提高等轴晶比例，消除硅钢片表面瓦楞状缺陷。

(4) 连铸坯热送，使用保温台车防止产生裂纹。

10-41　管线钢有什么特点，冶炼工艺上如何进行质量控制?

管线钢主要用于输油、气管道，要求特性为：

(1) 高的抗氢致裂纹(HIC)性能；

(2) 高的抗 H_2S 腐蚀能力；

(3) 钢材的强韧性高；

(4) 钢材的疲劳强度高；

(5) 焊接性好。

管线钢的洁净度要求：超低 S、低 P、低 H、低 O 含量，加钙处理使硫化物夹杂球化。

为了提高输送效率，对大型油、气田的输送管线设计倾向于提高工作压力和增大管径，因此提高对管线钢强度的要求，已由最初

的 $\sigma_s \geqslant 289MPa$（X42）提高到 $\sigma_s \geqslant 482MPa$（X70），$\sigma_s \geqslant 551MPa$（X80）。管线钢的成分举例见表10-6。硫是管线钢中影响抗 HIC能力的主要元素,当钢中硫含量大于 0.005% 时,随钢中硫含量的增加 HIC 的敏感性显著增大,当钢中硫含量小于 0.002% 时,HIC明显降低。硫还影响管线钢的低温冲击韧性,降低硫含量可显著提高冲击韧性。在实际生产中碳含量有所降低,因为增加碳含量将导致管线钢抗 HIC 的能力下降,使裂纹率突然增加。磷是管线钢中的易偏析元素,在偏析区其淬硬性约为碳的 2 倍,显著降低钢的低温冲击韧性,恶化焊接性能。钢中氧化物夹杂是管线钢产生HIC 的根源之一,危害钢的各种性能。

表 10-6　管线钢的成分

钢　号	化　学　成　分　$w/\%$								
	C	Si	Mn	P	S	Nb	Ti	V	Al$_s$
X60RL	≤0.16	≤0.45	≤1.60	≤0.025	≤0.020	≥0.005	≥0.005		
X70RL	≤0.16	≤0.45	≤1.70	≤0.025	≤0.020	≥0.005	≥0.005		
X60-1	0.070	0.26	1.14	0.016	0.006	0.040			
X60-2	0.070	0.27	1.29	0.011	0.005	0.040	0.030		
X70-1	0.088	0.31	1.53	0.017	0.004	0.042		0.062	0.054
X70-2	0.096	0.30	1.60	0.014	0.001	0.054		0.049	

钢中氢是导致白点和发裂的主要原因,管线钢中的氢含量越高,HIC 产生的几率越大,腐蚀率越高,平均裂纹长度增加越显著。

管线钢生产可采用如下工艺路线:

(1) 铁水预处理→转炉复合吹炼→RH(或 VD)及钙处理→连铸;

(2) 铁水预处理→转炉复合吹炼→LF 炉→RH(或 VD)及钙处理→连铸。

宝钢已批量生产高质量管线钢达到了 $w_{[S]} \leqslant 20ppm$(0.0020%),$w_{[P]} \leqslant 90ppm$ (0.0090%),$T_{[O]} \leqslant 25ppm$(0.0025%),$w_{[N]} \leqslant 35ppm$(0.0035%),$w_{[H]} \leqslant 2ppm$(0.0002%)

的水平。采用工艺路线(2),能生产 $w_{[S]}\leqslant10\text{ppm}(0.0010\%)$ 的超低硫抗 HIC 管线钢。

10-42 影响冷镦钢性能的因素有哪些,冶炼中应注意哪些要点?

冷镦用钢以冷镦法大量快速、高精度生产各种机械零部件,目标成本低。对冷镦钢钢材,表面质量和塑性要求高。影响冷镦钢性能的因素主要有如下几个方面:

A 化学成分

C:碳含量增加,钢硬度升高、塑性降低、冷镦性能变差。中碳冷镦钢须退火处理。

Si:硅含量高的钢不易冷变形,低碳冷镦钢的 $w_{[Si]}\leqslant0.03\%$,中碳冷镦钢中 $w_{[Si]}\leqslant0.20\%$ 。

S:硫会恶化热加工性能,应控制在低含量。

P:磷使钢产生冷脆,强度升高,硬度增大,塑性下降,应控制低的含量。

Al:铝使钢晶粒细化,改善塑性,但含量太高易生成氧化铝夹杂物,可控制在 $0.02\%\sim0.06\%$ 。

Cu、Sn:铜和锡对冷镦性能有害。

B 钢中气体和夹杂物

钢中[O]易形成氧化物夹杂,使钢塑性降低,成为裂纹起源。[H]使钢的塑性降低,脆性增加。[N]使钢的强度升高,硬度增大,塑性和韧性降低。

氧化物夹杂和硫化物夹杂的存在,使变形能力显著下降。

C 表面质量

影响表面质量的因素有:

(1) 铸坯表面缺陷和皮下气泡;

(2) 轧制过程产生的发裂;

(3) 轧材表面划痕。

冷镦钢的冶炼工艺:

（1）铁水预脱硫处理。

（2）转炉出钢用 Al-Mn-Fe 脱氧剂脱氧。

（3）LF 炉精炼脱硫、脱氧;喂铝线调整铝含量达到 0.020% 以上,喂钙合金线控制夹杂物性态、防止水口堵塞,弱吹氩搅拌去除夹杂物。

（4）方坯连铸采用全保护浇注。

（5）采用结晶器电磁搅拌,改善铸坯质量。

10-43 船板钢有何特点,冶炼要点有哪些?

船体结构用钢简称船板钢,主要用于制造远洋、沿海和内河航运船舶的船体、甲板等。船舶工作环境恶劣,船体外壳要承受海水的化学腐蚀、电化学腐蚀和海生物、微生物的腐蚀;还要承受较大的风浪冲击和交变负荷作用;再加上船舶加工成型复杂等原因,所以对船体结构用钢要求严格。良好的韧性是最关键的要求,此外,要有较高的强度,良好的耐腐蚀性能、焊接性能,加工成型性能以及表面质量。其 Mn/C 比值应在 2.5 以上,对碳当量也有严格要求,并由船检部门认可的钢厂生产。

船体结构用钢分一般强度和高强度钢两种,一般强度钢其质量分为 A、B、C、和 D 4 个等级;高强度钢又分为两个强度级别和 3 个质量等级:AH32、DH32、EH32、AH36、DH36、EH36。船板钢的牌号与化学成分见表 10-7。

表 10-7　船板钢的化学成分(GB712)

类别	等级	化 学 成 分 $w/\%$								$\sigma_s/$ MPa
		C	Mn	Si	P	S	Al	Nb	V	
一般强度钢	A	≤0.22	≥2.5C	0.10~0.35	≤0.04	≤0.04				235
	B	≤0.21	0.60~1.00							
	D	≤0.21	0.60~1.00				≥0.015			
	E	≤0.18	0.70~1.20				≥0.015			

类别	等级	化 学 成 分 w/%								σ_s/
		C	Mn	Si	P	S	Al	Nb	V	MPa
高强 度钢	AH32	≤0.18	0.70~ 1.60	0.10~ 0.50	≤0.04	≤0.04	≥0.015			315
	DH32		0.90~ 1.60							
	EH32		0.90~ 1.60							
	AH36		0.70~ 1.60					0.015~ 0.050	0.030~ 0.100	355
	DH36		0.90~ 1.60							
	EH36		0.90~ 1.60							

注：一般强度钢残余元素量：$w_{[Cu]}$≤0.35%；$w_{[Cr]}$≤0.30%；$w_{[Ni]}$≤0.30%。
高强度钢残余元素量：$w_{[Cu]}$≤0.35%；$w_{[Cr]}$≤0.20%；$w_{[Ni]}$≤0.40%；$w_{[Mo]}$
≤0.08%。

船板钢的冶炼要点如下：

(1) 铁水进行预脱硫处理。

(2) 转炉终点碳控制在 0.06%~0.10%。

(3) 挡渣出钢，钢包加合成渣。

(4) 钢包脱氧合金化，进精炼站前钢中酸溶铝含量达到 0.004%~0.005%。

(5) 精炼站喂铝线，钢中酸溶铝含量稳定在 0.02%~0.04%；喂钙线控制 $w_{[Ca]}/w_{[Al]}$ 比值为 0.1。

(6) 保证弱吹氩搅拌时间，促进夹杂物充分上浮。

(7) 连铸全程保护浇注。

10-44　重轨钢生产有哪些特点？

重轨是公称重量大于或等于 38kg/m 的钢轨。目前我国已建立了 38、43、50、60、75kg/m 系列生产线。重轨要承受机车车辆运行时的压力、冲击载荷和摩擦力的作用，所以，要求有足够的强度、硬度和一定的韧性。要适应铁路重载、高速的需要,除增加重轨的单重外,还要提高综合性能。要求更高的强韧性、耐磨性、抗压溃性和抗脆断性。生产过程质量要求严格,除保证其化学成分外,还要求检验力学性能、落锤试验和酸蚀低倍组织检验等。

钢轨钢化学成分的一般范围:$w_{[C]}=0.65\%\sim0.75\%$,$w_{[Mn]}=0.8\%\sim1.0\%$,$w_{[Si]}=0.20\%\sim0.25\%$。重轨钢用连铸大方坯或模铸来生产。

为保证重轨钢的质量,对钢的洁净度有严格的要求,钢中的夹杂物是造成重轨内部损伤、使用中产生疲劳破坏的主要原因。如果钢中非金属夹杂物颗粒较粗大,则塑性降低。轨面表皮下串簇状 Al_2O_3 夹杂物集中之处容易产生应力集中,是产生疲劳裂纹的根源。因此对冶炼工艺提出了严格的要求:

(1)入炉铁水应进行预处理。

(2)采用复合合金脱氧。用硅-镁-钛复合合金代替单一铝脱氧,钢中条状氧化物夹杂污染几乎可以减少 2/3;由于镁和钛变性和微合金化作用,使重轨钢的塑性不降低而强度得到提高,从而改善了钢材质量。

(3)钢水进行真空精炼处理,降低钢中气体含量,尤其是降低了氢含量,使重轨钢材成品中的白点有可能消除。

(4)实行全保护浇注。

10-45　硬线钢有什么特点,优质硬线钢的生产有哪些关键技术?

硬线钢是金属制品行业生产中高碳产品的主要原料。硬线主要用于加工低松弛预应力钢丝、钢丝绳、钢绞线、轮胎钢丝、弹簧钢丝、琴丝等。如轮胎钢丝 $w_{[C]}=0.80\%\sim0.85\%$,要求有高深拉性,冷拔到 $\phi0.15\sim0.25mm$ 的钢丝;弹簧钢丝 $w_{[C]}=0.6\%\sim0.7\%$,要求有高的疲劳强度和良好的耐磨强度。高质量的钢帘线、电力和电气化铁路高耐蚀锌-铝合金镀层钢绞线、高精度预张拉力钢丝绳、高应力气门簧用钢丝等都是以高碳钢坯($w_{[C]}>$

0.6%)为原料,经过高速线材轧机轧制、热处理后拉拔而成的。

硬线质量的主要问题是拉拔、捻股断裂,强度、面缩率波动大。

生产高级硬线钢在冶炼和连铸工艺中应满足以下要求:

(1) 严格的化学成分控制。

(2) 钢中有害元素含量低。

(3) 严格控制钢中非金属夹杂物的类型、尺寸、成分和数量。严格避免出现富 Al_2O_3 的脆性夹杂物。

(4) 连铸坯在凝固期间达到最小的碳偏析。

(5) 良好的表面质量。

优质硬线钢生产的关键技术包括:

(1) 转炉高拉碳低氧冶炼技术。

(2) 挡渣出钢与炉渣改质技术,控制钢包渣 $w_{(FeO+MnO)} <$ 3%。

(3) LF 炉内渣洗精炼工艺和无铝脱氧工艺,控制钢中 $w_{T[O]}$ ≤30ppm(0.0030%)。

(4) 夹杂物变性技术和保护浇注技术。

(5) 无缺陷铸坯生产工艺和减少中心碳偏析的工艺技术。

(6) 控轧控冷工艺技术。

11 转炉系统设备

11-1 转炉的公称吨位怎样表示,我国顶吹转炉的最大公称吨位是多少?

转炉的公称吨位又称公称容量,是用炉役炉平均出钢量来量度。例如 120t 转炉,即炉役炉平均出钢量为 120t;300t 转炉,炉役炉平均出钢量是 300t。用炉役炉平均出钢量表示公称吨位,既不受装入炉料中铁水比例的限制,也不受浇铸方法的影响。根据转炉的炉出钢量,可以计算出相应的装入量。

$$出钢量 = \frac{装入量}{金属消耗系数} \qquad (11\text{-}1)$$

$$装入量 = 出钢量 \times 金属消耗系数 \qquad (11\text{-}2)$$

金属消耗系数为吹炼 1t 钢所消耗钢铁料的数量,由于原材料及操作条件的不同,金属消耗系数也不一样。

顶吹转炉公称吨位在 100t 以下的为小型转炉,公称吨位在 200t 以上的为大型转炉,100~200t 的为中型转炉。目前我国转炉最大公称吨位是 300t。不同吨位转炉的冶炼周期和吹氧时间推荐值见表 11-1。

表 11-1　冶炼周期和吹氧时间推荐值

转炉公称吨位 /t	<30	30~100	>100
冶炼周期 /min	28~32	22~38	38~45
吹氧时间 /min	12~16	14~17	15~18

注:应结合供氧强度、铁水成分及所炼钢种等具体情况确定。

11-2　什么是转炉炉型,选择转炉炉型的依据有哪些?

转炉炉型指砌砖后转炉的内型的几何形状。选择转炉炉型应考虑以下因素：

（1）有利于炼钢过程物理化学反应的进行；有利于炉液、炉气运动；有利于熔池的均匀搅拌。

（2）喷溅要小，金属消耗要少。

（3）炉壳容易加工制造；炉衬砖易于砌筑；维护方便，炉衬使用寿命长。

（4）有利于改善劳动条件和提高转炉的作业率。

11-3 转炉炉型有哪几种，各有什么特点？

已投产的顶吹转炉炉型有筒球型和锥球型两种。推荐采用锥球型。转炉炉型如图 11-1 所示。

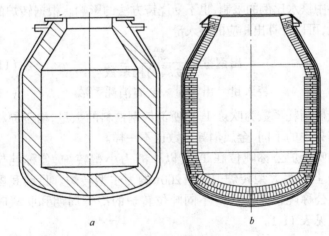

图 11-1 顶吹转炉炉型示意图

a—筒球型；*b*—锥球型

（1）筒球型。熔池由圆筒体与球缺体组合而成，如图 11-1*a* 所示。它的特点是炉型简单，炉壳加工容易，内衬砌筑方便，有利炉内反应的进行。如攀钢 120t 转炉，太钢 50t 转炉等，都是筒球型的炉型。

（2）锥球型。熔池由倒圆锥台体与球缺体组合而成，如图 11-1*b* 所示。锥球型熔池更适合于炉液的运动，利于物理化学反应的进行，在熔池深度相同的情况下，若底部尺寸适当，熔池直径比筒球型相应大些,因而增加了反应面积,有利于脱除 P、S。如宝钢 300t 转炉,首钢 210t 转炉就是这种炉型。

11-4 转炉的主要参数有哪些?

转炉的主要参数有:

(1) 转炉的公称吨位。这在前面 11-1 题中已有阐述。

(2) 炉容比。又称容积系数,即转炉砌砖后的工作容积(又称有效容积)与公称吨位之比,可用符号 V/T 表示,单位是 m^3/t。炉容比是表明每公称吨位钢所需要的冶炼空间。原料中铁水比例多,或铁水中 Si、P 含量高,或者冷却剂以铁矿石(或氧化铁皮)为主,炉容比应选择大些。炉容比一般在 0.85~1.0 的范围,为减少喷溅,炉容比最好在 0.90 以上。

(3) 高宽比。转炉总高与炉壳外径之比,用 $H_总/D_壳$ 表示。高宽比过大,转炉炉体细长,导致厂房高度及相关设备高度增高,因而基建投资费用和设备费用也相应增多;高宽比过小,转炉是矮胖型,喷溅物易于从炉口喷出,热量、金属损失较大,同时也恶化了操作人员的劳动环境。所以,高宽比也是衡量转炉设计是否合理,各参数选择是否恰当的一个标志。一般高宽比在 1.35~1.65 的范围内选择。

11-5 转炉炉型各主要尺寸是怎样确定的?

新转炉炉型的各部尺寸可根据经验公式计算,结合已投产转炉的实际,并通过模型实验来确定。转炉炉型主要尺寸包括熔池尺寸、炉帽尺寸、出钢口尺寸和炉身尺寸等。筒球型转炉主要尺寸的标注如图 11-2 所示;锥球型熔池尺寸标注如图 11-3 所示,其他部位的标注符号与筒球型转炉相同。各部分尺寸计算如下:

A 熔池尺寸

熔池直径。熔池直径 D 是指转炉熔池平静状态金属液面的直径。

熔池直径与金属装入量及吹氧时间有关,设计部门推荐:中、

小型转炉的熔池直径可用下列经验公式计算:

$$D = K \sqrt{\dfrac{G_0}{t}} \qquad (11\text{-}3)$$

式中 D——熔池直径,m;

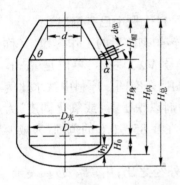

图 11-2 筒球型转炉主要尺寸

H_0—熔池深度;h_2—球缺高度;
$H_身$—炉身高度;$H_帽$—炉帽高度;
$H_总$—转炉总高度;$H_内$—转炉有效高度;
D—熔池直径;$D_壳$—炉壳外径;
d—炉口内径;$d_出$—出钢口直径;
α—出钢口角度;θ—炉帽倾角

图 11-3 锥球型熔池各部位尺寸

D—熔池直径;d_1—倒锥台底面直径;
h_1—锥台高度;h_2—球缺高度

G_0——新炉金属装入量,t;

t——吹氧时间,min;

K——比例系数,可参考表 11-2 选定。

表 11-2 比例系数 K 推荐值

转炉公称吨位/t	<30	30~100	>100
比例系数 K 值	1.85~2.1	1.75~1.85	1.50~1.75

注:吨位大的转炉取下限,吨位小的取上限。

大型转炉可用下列公式计算:

$$D = (0.66 \pm 0.05) G^{0.4} (\text{m}) \qquad (11\text{-}4)$$

式中 G——转炉公称吨位,t。

(1)筒球型熔池。熔池由圆筒体与球缺体所组成。

熔池的体积计算式为：

$$V_{熔} = \frac{D^2 \pi}{4}(H_0 - h_2) + \pi h_2^2 \left(R - \frac{h_2}{3}\right) \qquad (11\text{-}5)$$

一般球缺的半径 R 是熔池直径的 $1.10 \sim 1.25$ 倍。当 $R = 1.1D$ 时，代入式 11-5，得出金属熔池的容积：

$$V_{熔} = 0.79 H_0 D^2 - 0.046 D^3 \qquad (11\text{-}6)$$

所以熔池深度为：

$$H_0 = \frac{V_{熔} + 0.046 D^3}{0.79 D^2} \qquad (11\text{-}7)$$

（2）锥球型熔池。由倒圆锥台体与球缺体组成，如图 11-3 所示。

熔池体积计算公式为：

$$V_{熔} = \frac{\pi h_1}{12}(D^2 + D d_1 + d_1^2) + \pi h_2^2 \left(R - \frac{h_2}{3}\right) \qquad (11\text{-}8)$$

若 $R = 1.1D$；$h_2 = 0.09D$；$d_1 = 0.895 \sim 0.92D$；$h_1 = H_0 - h_2$，则 $d_1 = 2\sqrt{h_2(2R - h_2)}$；将上值代入式 11-8，得出：

$$V_{熔} = 0.70 H_0 D^2 - 0.0363 D^3 \qquad (11\text{-}9)$$

熔池深度 H_0 的计算式为：

$$H_0 = \frac{V_{熔} + 0.0363 D^3}{0.70 D^2} \qquad (11\text{-}10)$$

B　炉帽尺寸

炉帽尺寸包括炉口直径、炉帽倾角、炉帽高度、炉帽体积等。

（1）炉口直径 d。在满足兑铁水和加废钢的条件下，炉口直径尽量小，以降低热量损失、减少空气的吸入、改善炉前操作环境。炉口直径计算公式如下：

$$d = (0.43 \sim 0.53)D \qquad (11\text{-}11)$$

（2）炉帽倾角 θ。炉帽倾角过小，砌砖容易坍塌；倾角过大，出钢时容易从炉口流渣，一般为 $60° \sim 68°$。大型转炉取下限，小型转炉取上限。

(3) 炉帽高度 $H_帽$。炉帽的炉口处有 $300\sim400mm$ 的直线段,因此炉帽是由圆筒体与圆锥台体组成。炉帽总高度为炉帽直线段高度与锥台高度之和。计算公式为:

$$H_帽 = H_直 + H_台 = (300\sim400) + \frac{1}{2}(D - d)\tan\theta \quad (11\text{-}12)$$

(4) 炉帽体积 $V_帽$。炉帽体积的计算公式为:

$$V_帽 = V_直 + V_台 = \frac{\pi}{4}d^2 H_直 + \frac{\pi}{12}H_台(D^2 + Dd + d^2) \quad (11\text{-}13)$$

C 出钢口尺寸

出钢口尺寸包括出钢口位置、出钢口直径和出钢口角度。

(1) 出钢口位置应处于炉帽与炉身内衬交界处,出钢时钢水能出净且不下渣。

(2) 出钢口直径 $d_出$ 可按下列公式计算:

$$d_出 = \sqrt{63 + 1.75G} \quad (11\text{-}14)$$

式中　$d_出$——出钢口直径,cm;

　　　G——转炉公称吨位,t。

(3) 出钢口角度 α 是出钢口中心线与水平线的夹角。α 角的大小应考虑缩短出钢口的长度、便于维修、减少钢水的二次氧化及热损失、便于挡渣等因素选择,出钢口角度一般在 $0°\sim30°$ 范围,推荐采用 $0°\sim15°$。

D 炉身尺寸计算

转炉熔池以上炉帽以下圆筒体部分称为炉身。炉身容积为:

$$V_身 = V_有 - V_熔 - V_帽 \quad (11\text{-}15)$$

$$V_身 = \frac{\pi}{4}D^2 H_身$$

$$H_身 = \frac{4V_身}{\pi D^2} \quad (11\text{-}16)$$

式中　$V_有$——转炉的有效容积,可根据转炉吨位和选定的炉容比计算确定(即转炉公称吨位×炉容比)。

转炉各部衬砖的厚度、炉壳钢板厚度可根据公称吨位来选择，最后计算出转炉炉壳外径和转炉总高，再核算其高宽比，看其是否在要求的范围之内，并参考已投产相应吨位转炉的数据来确定。

11-6　转炉为什么采用水冷炉口，怎样维护炉帽？

吹炼过程中，高温炉气以一定速度冲出炉口，同时还带出喷溅物粘附于炉口，很难清理；在加废钢、兑铁水时，炉口还要受到冲撞和高温冲刷；因此炉口部位的耐火衬砖极易损坏，发生炉口变形，与炉衬砖寿命不能同步，又不便维护修理。所以在炉口装有水冷构件，以减缓炉口损坏变形，使其能与炉衬砖寿命同步。

炉帽上设有出钢口，它经常受高温炉气和喷溅物的直接热作用。为了保护炉帽减小变形，在炉帽外壳钢板上焊有环形伞状挡渣板，可以避免喷溅物直接粘附在炉帽外壳钢板上，同时对炉体和托圈也起到了保护作用。还可用环形冷却水管冷却炉帽。

11-7　转炉炉体由哪几部分组成，炉底的结构有哪两种形式？各有什么特点，炉壳采用什么材料制作？

转炉炉体是由炉帽、炉身、炉底3部分组成。其中炉底结构有两种类型，即固定式死炉底和可拆卸式活炉底。固定式炉底的转炉，其炉壳是一个整体，修砌炉衬时，从炉口进入炉内工作，称为上修法。可拆卸炉底的转炉，炉帽与炉身的外壳是一个整体，炉底与炉身用螺栓固定；修炉时首先拆下炉底，炉身内衬与炉底分别进行拆、砌，然后将修砌好的炉底运来安装；修炉时是从炉身下部进入炉内，因此也称下修法。

吹炼过程中，转炉炉壳始终处在高温下工作，制作炉壳的钢板不仅要承受耐火材料、金属液、熔渣液的全部重量；倾动时要承受扭转力矩的作用，还要适应高温频繁作业的特点。为此要求炉壳在高温下不变形，在热应力作用下不破裂，具有足够的强度和刚度。采用优质低合金钢容器钢板制作。炉壳钢板厚度可根据转炉的公称吨位,并参考已投产相应转炉的数据及国家钢板标准选用。

11-8 转炉的托圈与耳轴的作用是什么,其结构是怎样的,各用什么材料制作?

托圈与耳轴是支撑转炉炉体和传递倾动力矩的构件。托圈断面为矩形箱体结构,在中间焊有垂直筋板以增加其刚度,托圈内通水冷却,可降低热应力。其材质可用优质 Q345 钢板焊接成型,或用铸钢成型。为了制造加工、运输的方便,大型转炉的托圈可分段制造后再组装成一体。图 11-4 是剖分成 4 段加工的托圈示意图。

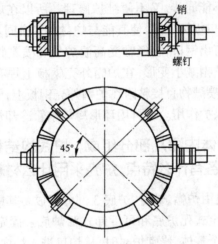

图 11-4　剖分式托圈示意图

另外还有一种托圈是半圆形开口式结构,称为马蹄形托圈,如图 11-5 所示。这种托圈,转炉炉体可以整体移出,易地拆炉修砌,能实现一吹一的吹炼模式。

耳轴必须具有足够的强度和刚度,可用 40Cr 合金钢锻造加工制造。耳轴受热会产生轴向伸长和翘起变形,因此为适应耳轴伸长的位移,有一侧耳轴的轴承选用轴向游动的,其轴承支座为铰链连接结构;通常将驱动侧耳轴的轴承选用轴向固定的,而另一侧耳轴的轴承选用轴向游动的。耳轴也可通水冷却。

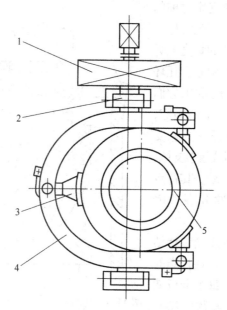

图 11-5 马蹄形托圈
1—倾动用机械；2—轴承；3—支撑
伸出轴；4—托圈；5—转炉炉体

11-9 转炉托圈与炉身的连接固定装置有哪些种，其结构是怎样的？

托圈与炉身连接固定装置的形式有三点球面支撑装置、悬挂式装置、夹持器连接装置、薄片钢带连接装置等。新建大型转炉多采用三点球面支撑装置。

（1）三点球面支撑装置。三个支撑点的位置是：一个在出钢口对侧托圈的中心线上，其余两个与其呈120°角位置；每一个支撑点都由焊接在托圈上的水平销轴座、水平销、活节螺栓、两组凹凸球面垫圈以及固紧螺母组成，如图11-6所示。

（2）悬挂支撑盘的连接装置结构如图11-7所示。它是三点支撑连接，位于两个耳轴部位支撑点是基本承重支点；在出钢口对侧托圈底面与炉壳相连接的支点8，是一个倾动支撑点，传递倾动载荷称为倾

动支座。与倾动支座对称的
位置上有导向定位装置7。

在耳轴部位的炉壳上焊
有星形筋条2,其中心有托环
6,支撑盘5装在托环内,它们
不同心,有约10mm的间隙,
不管转炉倾动在任一位置,支
撑盘与托环顶面线接触支撑,
始终沿托环内滚动。其特点
是倾动平稳,无冲击,炉壳膨
胀不受约束。

(3) 夹持器连接装置结
构如图11-8所示。在托圈的
上、下装有卡板,每个卡板就
是一个支撑点。其数目有4、
6、8、10不等,在托圈上的分
布也不同。

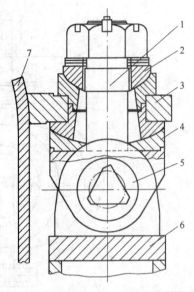

图11-6 托圈与炉身三点球面支撑装置
1—活节螺栓;2—上球面垫圈组;3—炉体
连接支撑法兰;4—下球面垫圈组;5—水平
销轴;6—托圈;7—炉壳

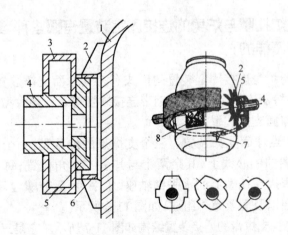

图11-7 托圈与炉身悬挂式连接装置示意图
1—炉壳;2—星形筋条;3—托圈;4—耳轴;5—支撑盘;
6—托环;7—导向装置;8—倾动支撑装置

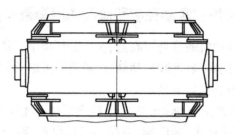

图 11-8　托圈与炉身夹持器连接装置

　（4）薄片钢带连接装置　结构如图 11-9 所示。在两侧耳轴的下面各装有 5 组薄钢带，每组钢带均由多层薄钢片组成，钢带的下端固定在炉壳上，其上端固定在托圈的底面。在耳轴处托圈上部装有一个绞结连杆结构，它是辅助支撑装置。当炉体直立时，10组多层薄钢带像个"托笼"一样，支撑炉体全部重量；炉体倾动时，由离耳轴轴线最远的钢带传递扭矩；炉体倒置时，炉体的重量由钢带压缩变形与托圈的辅助支撑装置来平衡。

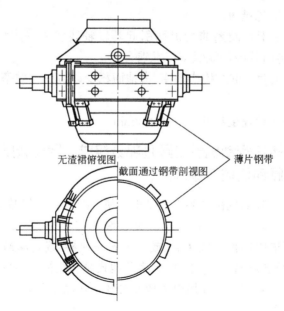

图 11-9　托圈与炉身薄片钢带连接装置

11-10 对转炉的倾动速度和倾动角度有哪些要求?

转炉的倾动机械是处于高温、多尘的环境下工作,其特点是倾动力矩大、速比高、启动和制动频繁、承受较大的动载荷,因此对转炉的倾动机械提出以下要求:

(1) 炉体能正、反倾动 360°,平稳而又准确地停在任一倾角位置上,以满足兑铁水、加废钢、取样、测温、出钢、倒渣、喷补炉等工艺操作的要求;并与氧枪、副枪、炉下钢包车、烟罩等设备有连锁装置。

(2) 根据转炉工艺操作的要求,转炉的倾动速度为无级调速,以满足各项操作的需要。在出钢、倒渣、人工取样时,转炉要平稳缓慢的倾动,以免钢渣猛烈晃动,甚至喷出炉口;当空炉,或从水平位置竖起时,转炉均可采用较高的倾动速度,以减少辅助时间;当接近预定位置时采用低速运行,以便转炉定位准确,操作灵活。

(3) 安全可靠。当发生故障时,应备有继续工作的能力,坚持到本炉钢冶炼结束。

(4) 由于托圈翘曲变形而引起耳轴轴线发生一定程度的偏斜,此时各齿轮副仍能保持正常啮合。

(5) 倾动机械结构应紧凑、占地面积少、投资省、效率高、维修方便等。

转炉倾动速度在 $0.15 \sim 1.5 r/min$。

11-11 转炉倾动机械由哪几部分组成,目前转炉使用的倾动机械有哪几类?

转炉的倾动机械主要由驱动电动机、制动器、一级减速器和末级减速器组成,末级减速器的大齿轮装套在转炉驱动侧耳轴上。减速器可选用蜗轮副减速器、或正齿轮减速器、或行星减速器等。就其传动机械安装的位置,可分为落地式倾动机械、全悬挂式倾动机械。就其驱动动力除用电力驱动外还可用液压驱动。目前以采用电力驱动为主。

11-12 什么是落地式倾动机械、全悬挂式倾动机械,全悬挂式倾动机械结构是怎样的,有哪些特点?

(1)落地式倾动机械。除了装套在耳轴上的末级减速器的大齿轮外,电动机、制动器和所有的传动部件全部安装在高台或地面的地基上。

(2)全悬挂倾动机械。二次减速器的大齿轮装套在转炉的耳轴上,电动机5、制动器4、一级减速器3都装在悬挂在耳轴的大齿轮箱体2上。全悬挂倾动机械装有抗扭力装置,可防止箱体转动,并起缓震作用。全悬挂倾动机械的结构如图11-10所示。

全悬挂倾动机械是多点

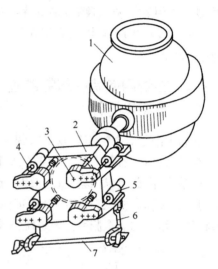

图 11-10 全悬挂倾动机械
1—转炉;2—大齿轮箱;3—减速器;4—联轴器;
5—电动机;6—连杆;7—缓震抗扭轴

啮合,从而消除了由于齿轮位移而引起的啮合不良现象。并具有结构紧凑、质量轻、占地面积小、运转安全可靠、工作性能好等特点。

11-13 转炉用铁水的供应方式有哪几种,各有什么特点?

向转炉供应铁水的方式有混铁炉供应、鱼雷罐车(混铁车)供应及铁水罐直接热装等。目前采用较多的方式是混铁炉、鱼雷罐车供应。

混铁炉供应工艺流程是:高炉→铁水罐车→混铁炉→铁水包→称量→兑入转炉。

混铁炉可协调高炉与转炉的生产周期不一的问题;能起到均匀铁水成分与温度,稳定转炉冶炼的作用。为此设有混铁炉专用设备,并占用一定的作业面积,所以投资费用较高。

鱼雷罐车又称混铁车,其供应铁水的工艺流程是:高炉→鱼雷罐车→铁水包→称量→兑入转炉。

鱼雷罐车在铁水运输过程中热量损失少,能够满足转炉生产周期短、铁水需用量大、兑铁频繁及时等特点,并省去了混铁炉设备等费用。

鱼雷罐车供应铁水方式适用于大型、高速、高效、现代化钢铁企业的生产。

11-14 转炉用散状材料的供应特点是什么,其供应方式是怎样的?

转炉用散状材料有造渣材料、调渣剂和部分冷却剂,如石灰、萤石、铁矿石、白云石等。转炉用散状材料供应特点是:种类多、批量小、批数多,因此要求供料迅速、及时、准确、连续,设备可靠,所以都采用全胶带输送机供料,也称全皮带供料系统。图 11-11 为全胶带供料系统示意图。全胶带上料系统占地面积大,投资费用高。

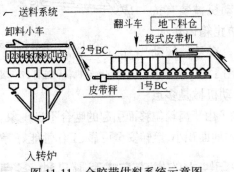

图 11-11 全胶带供料系统示意图

贮存外来材料用地下料仓,材料的提升输送与分配用胶带输送机。其送料系统作业流程为:原料间地下料仓→1 号胶带输送机→胶带称量机→2 号胶带输送机→3 号胶带输送机→卸料小车→炉顶料仓→称量料斗→切断阀→密封阀→中间料斗→切断阀→密封阀→溜槽→转炉。

11-15 转炉用合金料的供应方式是怎样的?

随着冶炼优质钢和合金钢比例的提高,所用铁合金的种类增多,用量也大,铁合金供应方式要适应生产的需要。铁合金的供料方式为车间外部供料和车间内部供料。

车间外部供料目前一般可由火车或汽车送至地下料仓或车间内。车间内部供料方式有:

(1)高位料仓供料。通过胶带输送机送至高位料仓,经称量、溜槽,加到钢包或转炉内。

(2)平台料仓供料。在操作平台设置料仓,由胶带输送机或吊车将铁合金送入料仓暂存,需用时称量经溜槽加入钢包。

(3)高位料仓与平台料仓相结合的供料。铁合金由高位料仓、平台料仓、称量、溜槽加入钢包中。

大型转炉采用第1种方式供应铁合金者居多。

11-16 转炉用氧气的制取原理是怎样的?

顶吹转炉炼钢用氧气是从空气中提取的。空气中含有 $\varphi_{O_2} = 20.9\%$、$\varphi_{N_2} = 78\%$ 及 1% 的稀有气体,其成分为氩气、氖气、氦气等。以空气作为原料提取工业用氧气,成本最低,同时还可以得到大量的氮气及稀有气体氩气、氖气、氦气等副产品。在 0.1MPa 下的氧气和氮气的物理特性列于表 11-3。

表 11-3　一些气体的物理性质

项　　目	空　　气	氧　　气	氮　　气
密　度/ $kg \cdot m^{-3}$	1.293	1.429	1.2506
沸　点/℃	-193	-183	-195.8
熔　点/℃		-218	-209.86

从表 11-3 中可以看出,氮气与氧气的沸点不同,可以创造条件首先使空气液化,而后减压、升温蒸馏,由于液态氮的沸点较低,故氮气先蒸发逸出。剩下的液态空气中氧浓度相应升高,富氧的液态空气再次蒸发,氮气成分继续逸出,最后得到纯度较高的液态工业氧,汽化后的氧气纯度不小于 99.6%。

11-17　氧枪的构造是怎样的?

氧枪又称喷枪、吹氧管等,是转炉吹炼供氧的关键性部件,它是由喷头、枪身和枪尾组成,如图 11-12 所示。

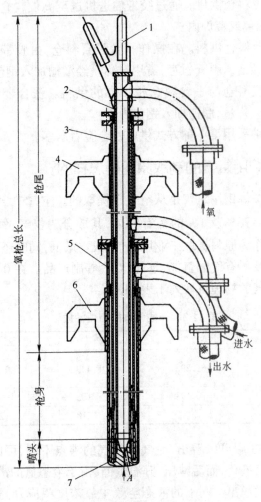

图 11-12　氧枪结构示意图
1—吊环;2—内层管;3—中层管;4—上卡板;
5—外层管;6—下卡板;7—喷头

枪身是由三层同心圆钢管组成,内管是氧气的通道,内管与中层管之间是冷却水的进水通道,而中层管与外层管之间是冷却水的出水通道。为防止中层管的摆动,在其管壁上每隔一定距离焊有定位块。枪尾部分有氧枪把持器,氧气通入管接头,冷却水的进、出水管接头,吊环等。目前使用氧枪的喷头多为拉瓦尔型多孔喷头。

11-18 转炉用氧气喷头的作用是什么,其结构形式是怎样的?

压力为 0.8~1.2MPa 的高压氧气,通过喷头后会形成超音速氧射流,所以氧枪的喷头就是一个能量转换器,是将压力能转换成动能的能量转换器。拉瓦尔型喷头可最大限度地使压力能转换成动能。

拉瓦尔型喷头的结构是由收缩段、喉口、扩张段构成,可见本书第 4-8 题中图 4-4。多孔喷头是由多个拉瓦尔喷孔所组成。喷头是用紫铜锻造加工而成,也可铸造成型。为了加工制造的方便,也可以将喷头分割成若干块,分别加工后再焊接组合成一体,图 4-4 是组合式的水内冷五孔拉瓦尔喷头。多孔拉瓦尔型喷头其喷孔有三孔、四孔、五孔等。小型转炉用三孔喷头者多;中型转炉使用三孔或四孔喷头者多;大型转炉多采用五孔喷头,或更多孔喷头。

11-19 氧气喷头的主要参数有哪些?

拉瓦尔喷头的主要参数有喉口直径、出口直径、扩张段长度、扩张段角度、入口直径、多孔喷头的小孔与喷头中心线的夹角等。喷头计算可见本书 4-22 题。

11-20 氧枪的枪身直径尺寸怎样确定?

枪身是由 3 层同心圆钢管组成,内层管的直径应等于或稍大于喷头的进口直径,可根据转炉公称吨位、供氧强度、供氧流量及氧气的速度等数据计算得出;中、外层管直径的计算方法是相同的,根据高压冷却水的流速与流量进行计算;各层管尺寸符号如图 11-13 所标注。

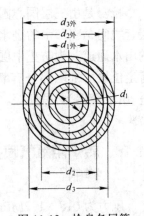

图 11-13　枪身各层管断面图

管径的计算公式如下:

A　内管直径 d_1

$$F_1 = \frac{p^0 GI}{p_0 w_1} \qquad (11\text{-}17)$$

$$d_1 = \sqrt{\frac{4F_1}{\pi}} = 1.13 \sqrt{F_1} \qquad (11\text{-}18)$$

式中　F_1——喷头的进口面积,m^2;

p^0——大气压强,

$$p^0 = 0.1015 \times 10^6 Pa;$$

p_0——理论设计氧压,Pa;

G——转炉公称吨位,t;

I——供氧强度(标态),$m^3/(min \cdot t)$;

w_1——氧气在中心管的流速,m/s;一般为 $40 \sim 55 m/s$;

d_1——内管直径,m。

B　中管直径 d_2

$$F_2 = \frac{V_{水}}{w_{水}} \qquad (11\text{-}19)$$

$$d_2 = \sqrt{d_{1外}^2 + \frac{4F_2}{\pi}} \qquad (11\text{-}20)$$

式中　d_2——中层管内径,m;

$d_{1外}$——内层管外径,m;

F_2——进水环形通道截面积,m^2;

$V_{水}$——高压冷却水流量,m^3/h;

$w_{水}$——高压冷却水进水流速,一般为 $4 \sim 5 m/s$。

C　外层管直径

计算方法与中层管相同,只不过在计算外层管直径时,应考虑

到冷却水有 $10\sim15℃$ 的温升,冷却水的流速为 $5\sim6m/s$,流速还可低些。

计算出的数据是钢管的内径尺寸,要与管材标准尺寸进行核对,若尺寸与标准不符,应选用标准管材;在保证足够强度情况下管壁要尽量薄,以减轻总体设备的重量。

例题 计算 120t 转炉用氧枪枪身各层管管径尺寸。

选定参数:供氧强度(标态) $I=3.2m^3/min·t$;

理论设计氧压 $p_0=0.79MPa$;

出口氧压 $p=0.1015\times10^6Pa$(令 $p=p^0$);

转炉公称吨位 $G=120t$;

氧气在中心管的流速 $w_1=48m/s$。

(1) 计算内管(喷头进口)面积 F_1

根据公式 11-17:

$$F_1=\frac{p^0GI}{p_0w_1}=\frac{0.1015\times10^6\times120\times3.2}{0.79\times10^6\times60\times48}=0.01713m^2$$

计算内管直径 d_1 根据公式 11-18:

$$d_1=\sqrt{\frac{4F_1}{\pi}}=1.13\sqrt{F_1}=1.13\sqrt{0.01713}$$
$$=0.1479(m)=147.9(mm)\approx148(mm)$$

从无缝钢管产品国家标准中选用规格为 $\phi159\times5$,即管外径 159mm,壁厚为 5mm,管内径 149mm,符合计算尺寸。

(2)中层管内径 d_2

选定 高压冷却水流量 $V_水=150m^3/h$;

高压冷却水进水流速 $w_水=4.8m/s$。

$$F_2=\frac{V_水}{w_水}=\frac{150}{4.8\times3600}=0.008681m^2$$

$d_{1外}=159mm$

进水管为环形通道截面积。

$$F_2=\frac{\pi d_2^2}{4}-\frac{\pi d_{1外}^2}{4}=\frac{\pi}{4}(d_2^2-d_{1外}^2) \tag{11-21}$$

由公式 11-21 导出：

$$d_2 = \sqrt{d_{1外}^2 + \frac{4F_2}{\pi}} = \sqrt{0.159^2 + \frac{4 \times 0.008681}{3.1416}}$$

$$= 0.1906(m) \approx 190(mm)$$

从标准中选择中层管 $\phi203 \times 6.5$，外径为 $\phi203mm$，内径为 190mm。

（3）外层管直径 d_3

冷却水流量　$V_水 = 150m^3/h$；

高压冷却水出水流速　$w_水 = 5m/s$。

$$d_{2外} = 203mm$$

$$F_3 = \frac{V_水}{w_水} = \frac{150}{5 \times 3600} = 0.008333m^2$$

出水通道环形面积 F_3

$$F_3 = \frac{\pi d_3^2}{4} - \frac{\pi d_{2外}}{4} = \frac{\pi}{4}(d_3^2 - d_{2外}^2)$$

$$d_3 = \sqrt{d_{2外}^2 + \frac{4F_3}{\pi}} = \sqrt{0.203^2 + \frac{4 \times 0.008333}{3.1416}}$$

$$= 0.2276(m) \approx 228(mm)$$

根据计算结果，从钢管产品规格中选择 $\phi245 \times 8.5mm$，即外径 $\phi245mm$，壁厚 8.5mm，内径 $\phi228mm$，与计算值一致。

氧枪枪身三层管管径尺寸分别为：内管 $\phi159 \times 5mm$，中层管 $\phi203 \times 6.5mm$，外层管 $\phi245 \times 8.5mm$。

11-21　转炉吹炼过程中氧枪有哪些控制点？

根据需要转炉在吹炼过程中氧枪处于不同的位置。图 11-14 为转炉各操作点的位置。

氧枪各操作点的确定原则：

（1）最低点。是氧枪的最低极限位置，取决于转炉公称吨位。喷头端面距炉液面高度为 300~400mm，大型转炉取上限；小型转炉取下限。

（2）吹炼点。此点是转炉进入正常吹炼时氧枪的最低位置,也称吹氧点。主要与转炉公称吨位、喷头类型、氧压等因素有关。一般依据生产实践经验确定。

（3）氧气关闭点。此点低于开氧点位置,氧枪提升至此点氧气自动关闭。过迟地关氧会对炉帽造成过分的损坏;倘若氧气流入烟罩,还会引起不良后果;过早地关氧会造成喷头灌渣。

（4）变速点。氧枪提升或下降至此点,自动改变运行速度。此点位置的确定,主要是在保证生产安全的前提下缩短氧枪在提升与下降过程的辅助时间。

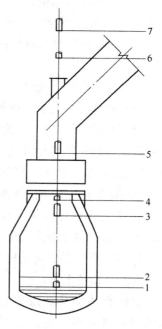

图 11-14　氧枪行程中各操作点的位置

可以在氧枪变速点同一位置设置氧气开氧点。氧枪降至此点氧气自动打开。过早地开氧不仅造成氧气的浪费,对炉衬也有损坏;过迟地开氧,也容易造成喷头灌渣。

（5）等候点。等候点在转炉炉口以上,此点的位置应以不影响转炉的倾动为准,过高会增加氧枪升降的辅助时间。

（6）最高点。指生产时氧枪的最高极限位置,应高于烟罩氧枪插入孔的上缘,以便烟罩检修和处理氧枪粘钢。

（7）换枪点。更换氧枪的位置,它高于氧枪最高点的位置。

11-22　转炉对氧枪的升降机构和更换装置有什么要求?

在吹炼过程中氧枪需要多次升降调整枪位,对氧枪的升降机械和更换装置提出如下要求:

（1）应具有合适的升降速度，并可变速。氧枪升降速度快速为 26～40m/min，慢速为 5～17m/min。

（2）应保证氧枪升降平稳，控制灵活，操作安全，结构简单，便于维护。

（3）能快速更换氧枪。

（4）为保证安全生产氧枪有相应的连锁装置，如转炉不在垂直位置（允许误差±2°），氧枪不能下降；氧枪降至炉口以内，转炉不能倾动。氧枪下降至氧气开氧点时，氧气阀自动打开，同时转为慢速运行；氧枪提升至此点时自动转为快速运行；氧枪升至关氧点时，氧气阀自动关闭，同时由慢速转为快速运行。当供氧氧压或冷却水的水压低于规定值，或冷却水的水温高于规定值时，氧枪自动提升并报警。副枪与氧枪也应有相应的连锁装置等。

应备有气动马达或蓄电池，当车间临时突然停电，可通过气动马达或蓄电池动力将氧枪提出炉口以上以确保安全。

11-23　氧枪升降机构的传动是怎样的？

氧枪的垂直升降机构如图 11-15 和图 11-16 所示。

图 11-15 为氧枪升降装置示意图，电动机通过减速器带动卷筒，经导向滑轮升降小车升降，氧枪固定在升降小车上随之而升降。卷筒的出轴端装有编码器（脉冲发生器）或自整角机，以显示氧枪的升降位置。电动机可用

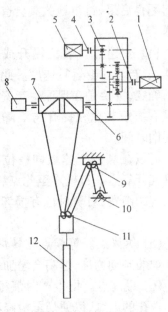

图 11-15　氧枪升降机构

1—电动机；2—带联轴节的液压制动器；3—减速器；4—摩擦片离合器；5—氮气马达；6—联轴节；7—卷扬装置；8—编码器；9、11—滑轮组；10—钢绳断裂报警器；12—氧枪

直流电机,或交流电机。直流电机用可控硅调速,交流电机用变频器调速。当车间停电时,由氮气马达慢速将氧枪提出炉口。

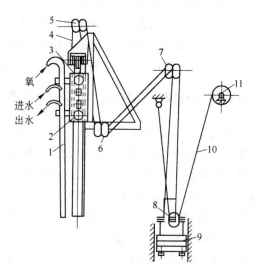

图 11-16　氧枪重砣升降机构
1—氧枪;2—升降小车;3—导轨;4、10—钢绳;
5、6、7、8—滑轮;9—平衡重砣;11—卷筒

也有的小型转炉氧枪升降机构的传动机构如图 11-16 所示。氧枪 1 固定在氧枪小车 2 上,氧枪小车可沿槽钢制成的轨道 3 上下移动,通过钢绳 4 将氧枪小车与平衡重砣 9 连接起来。当卷筒 11 提升平衡重砣时,氧枪及氧枪小车由于自重而下降;当放下平衡重砣时,用平衡重砣的重量将氧枪及氧枪小车提起。平衡重砣的重量比氧枪、氧枪小车、冷却水、胶皮软管等总重量还要重 20% ～ 30%,即过平衡系数为 1.2～1.3。还设有氧枪行程指示卷筒,通过钢绳带动指示灯上下移动,以表明氧枪的具体位置。

电机后面设有制动器与气缸装置,吹炼过程突然停电,通过气缸活塞杆顶开制动器,电机处于自由状态,平衡重砣下降将氧枪提出转炉炉口。

11-24　怎样更换氧枪?

为了快速更换氧枪,设有氧枪更换装置。两台氧枪升降机构并排安装在横移小车上,各自有独立的传动系统,其中一套工作,一套备用。当氧枪发生故障,或溅渣需要更换时,移动横移小车,对准工作位置,即可投入使用,整个换枪时间约为 1.5min。

11-25　转炉炉下车的作用是什么,其结构是怎样的?

转炉炉下车是在炉下地面轨道上运行,炉下车包括两部分,即钢包车和渣罐车。钢包车是承载钢包,接受钢水并运送至浇注跨;渣罐车承载的渣罐是装载出钢前、后的流渣,转炉生产过程清理的垃圾等;钢包车与渣罐车有各自的运行机构。

钢包车是由车体、电动机、减速器及传动装置、钢包支撑装置等部分组成。电动机及减速传动装置设在车体的一端。电动机通过减速器带动主动车轴而使车体运行,在电动机、减速传动装置上设有外罩,以防高温钢水、熔渣对设备的损坏,钢包车的结构如图11-17 所示。

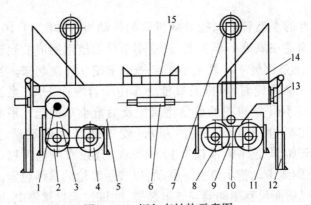

图 11-17　钢包车结构示意图

1—电动机;2—主动轮组;3—减速机;4—被动轮组;5—车架;6—限位
缓冲器;7—电缆支架;8—车轮轴座;9—车轮平衡架;10—销轴;
11—清道器;12—刮渣器;13—缓冲器;14—传动防护罩;15—钢包支座

渣罐车的传动设备装在车体的两端,车体上设有渣罐支架,在传动设备外罩有防溅罩,其结构见图 11-18。

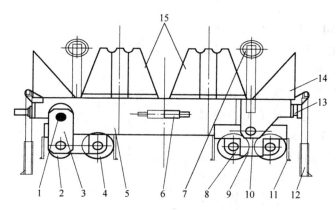

图 11-18　渣罐车结构示意图

1—电动机;2—主动轮组;3—减速器;4—被动轮组;5—车架;6—限位缓冲器;7—电缆支架;8—车轮轴座;9—车轮平衡架;10—销轴;11—清道器;12—刮渣器;13—缓冲器;14—传动防护罩;15—渣罐支座

11-26　什么是二次燃烧,二次燃烧氧枪构造是怎样的?

使用二次燃烧氧枪也是热补偿技术的一种。通过供氧,使熔池排出的 CO 气体部分燃烧,补充炉内热量即为二次燃烧。二次燃烧氧枪有单流道与双流道之分。

单流道二次燃烧氧枪的喷头与常规拉瓦尔喷头结构有所区别,如图 11-19 所示。

从图 11-19 可以看出,氧气从一个通道进入喷头后分为两股,一股氧流通过拉瓦尔喷头主孔通道,另一股则进入直孔的辅通道。进入拉瓦尔孔主通道的氧流,是供冶

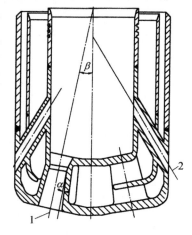

图 11-19　二次燃烧喷头

1—喷头主孔;2—喷头辅孔

炼之用,常分为三孔、四孔、五孔等。其孔与轴线呈 9°～11°;进入辅流道的氧气,是用于炉内 CO 气体的燃烧,辅孔有四孔、六孔、九孔、十二孔等,其孔与轴线呈 30°～50°,也称端部式二次燃烧氧枪;其枪身仍为三层同心圆套管。

双流道二次燃烧氧枪的氧气是通过主氧流道与辅氧流道分别供给熔池。枪身为四层同心圆套管,中心管为主氧流通道,氧气供给拉瓦尔喷头;与中心管相邻的管为辅氧流通道,氧气供给辅孔;外面两层管依次是冷却水的进、出水通道。辅氧孔与轴线的夹角通常为 20°～60°,双流道二次燃烧氧枪示意图如图 11-20 所示。

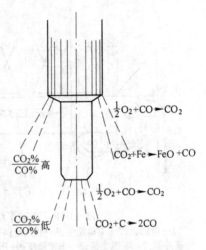

图 11-20　双流道二次燃烧氧枪

12　炼钢厂环境保护

12-1　什么是环境、环境质量、环境质量参数?

环境是以人类为主体的外部世界,即人类赖以生存和发展物质条件的综合体。在《中华人民共和国环境保护法》中指出:影响人类生存和发展的各种天然的、经过人工改造的自然因素的总和称为环境。它包括大气、水、海洋、土地、矿藏、森林、草原、野生生物、自然遗迹、人文遗迹、自然保护区、风景名胜区、城市和乡村等。

环境质量是指环境的整体质量,也称综合质量,包括大气环境质量、水环境质量、土壤环境质量、生态环境质量等。表征环境质量的优劣或变化趋势常采用的一组参数称其为环境质量参数,是对环境质量要素中各种物质的测定值或评定值。如用大气中SO_2、NO_2、NO_x(氮氧化物)、CO、可吸入颗粒物(PM_{10})、总悬浮颗粒物(ISP)、臭氧(O_3)、铅、氟化物等含量数值,是表征大气环境质量的参数;再如 pH 值、化学需氧值、溶解氧浓度、有害化学元素含量、农药含量、细菌群数等数值是表征水环境质量的参数。

12-2　什么是环境污染和环境保护?

在自然界中有害物质或因子进入环境,并在环境中扩散、迁移、转化,使环境系统结构与功能发生变化,对人类和其他生物的正常生存和发展产生了不利影响,这种现象就是环境污染。引起环境污染的物质、因子称为污染物。如生产过程中排放出的有害气体、污水、尘埃及发出的噪声、放射物质等;生活中散发出的各种病原体;火山爆发排出的尘埃等。造成环境污染可以是人类活动的结果,也可以是自然活动的结果,或者是两种活动共同作用的结果。在通常情况下,环境污染主要是指由于人类活动所引起的环境质量下降,有害于人类和其他生物正常生存与发展的现象,所以环境污染的对象主要是人类自身。

环境保护是采用行政的、法律的、经济的、科学技术的等多方面措施,合理利用资源,防止污染,保持生态平衡,保持环境质量。对在生产建设或者其他活动中产生的废气、废水、废渣、粉尘、恶臭气体、放射物质以及噪声、振动、电磁波辐射等进行预防、治理、再利用,保障人类社会健康地发展,使环境更好地适应人类的劳动和生活,以及自然生物的生存与延续。提倡绿色环境,环境保护与经济发展协调统一,是实现可持续发展战略的重要前提条件。

12-3　我国环境保护的基本方针和基本政策是什么?

我国在 1973 年提出了"全面规划、合理布局、综合利用、化害为利、依靠群众、大家动手、保护环境、造福人民"的 32 字环境保护方针。随着国民经济建设的发展加强了环境保护工作,于 1983 年第二次全国环境保护工作会议上确定了"三同步"、"三统一"环境保护的基本方针。即经济建设、城乡建设与环境建设同步规划、同步实施、同步发展的"三同步";实施经济效益、社会效益、环境效益统一的"三统一"。环境保护的基本政策是:"预防为主,防治结合"、"污染者付费"和"强化环境管理"。此外,还有"三同时",即环保设施工程与主体工程同时设计、同时施工、同时投产使用的"三同时"规定。

12-4　什么是钢铁工业绿色化,钢铁工业绿色化体现在哪些方面?

钢铁工业绿色化可以这样理解:钢铁工业作为基础工业在继续发展的同时,实现功能的转变。从单纯提供钢铁产品功能向充分发挥生产流程的能源转换功能转变;从废弃物排放大户向废弃物排放最小化转变,并向兼有处理社会废弃物功能转变。

钢铁工业的绿色化,不仅仅是清洁生产,还应体现生态工业的思想和循环经济"3R"的思想,即"减量化、再利用、再循环"。具体体现在：

（1）资源、能源的消耗量最小，实用高效化。尽量多用再生性资源，如少用天然铁矿石及其他天然矿物资源，多用废钢和转炉烟尘等；少用不再生性能源，如少用煤、石油、天然气等；开发新的能源，如太阳能；少用新水、淡水资源，发展节水技术，强化水循环，减少废水排放。

（2）在清洁化生产过程中应充分利用资源和能源，少排放废弃物、污染物、含毒物等。

（3）提高钢铁产品的绿色度。产品的生产过程中要少污染或不污染环境；产品的使用寿命长，使用效率高；产品及其制品对环境的污染负荷低；产品报废后易于回收、再循环。

（4）与相关行业、社会形成生态链。可向社会提供余热和副产品，如向社会提供高炉渣、煤气、钢渣等；也可消纳社会的垃圾、废弃物，如废钢和合金返回料，并与相关工业形成生态链。

12-5　从哪些方面实施钢铁工业绿色化？

（1）积极普及、推广成熟的环保节能技术。如干法熄焦（CDQ）、高炉炉顶余压发电、转炉煤气回收、蓄热式清洁燃烧、连铸坯的热送热装、高效连铸与近终形连铸、高炉的长寿、转炉的溅渣护炉、钢渣的再资源化等技术。

（2）投资开发应用有效的"绿色化技术"。如高炉喷吹废塑料、焦炉处理废塑料、烧结烟气脱硫、煤基链箅机回转窑、尾矿处理等技术。

（3）探索研究一批未来的"绿色化技术"。如熔融还原炼铁技术、新能源开发、新型焦炉技术、废弃物处理技术（处理废旧轮胎、垃圾焚烧炉）等。

12-6　转炉炼钢环境保护都包括哪些方面？

转炉炼钢排放的废气、污水、烟尘、粉尘和炉渣，以及生产过程中发出的噪声等，都必须经过治理达到国家规定的环境标准，或

ISO 国际管理体系标准,创造良好的环境以适应人类的健康和其他生物的生存与发展;同时对回收的气、水、尘、渣等资源加以利用,这就是环境保护的内容。

12-7　什么是烟气、炉气和烟尘?

转炉在吹炼过程中产生含 CO 成分为主体、少量的 CO_2 和其他微量成分的气体,其中还夹带着大量氧化铁、金属铁粒和其他细小颗粒固体尘埃,这股高温、含尘的气流,冲出炉口进入烟罩和净化系统。在炉内的原生气体称炉气;冲出炉口后称烟气。转炉烟气具有高温、流量大、含尘量多、有毒性和爆炸性等特点。炉气中所含尘埃为烟尘,烟气中含尘量(标态)$80\sim120\mathrm{g/m^3}$。通常将粒度在 $5\sim10\mu\mathrm{m}$ 之间的尘粒称灰尘;由蒸气凝聚、颗粒度在 $0.3\sim3\mu\mathrm{m}$ 之间的微粒,呈固态的称为烟,呈液态的称为雾。

12-8　什么是燃烧法、未燃法,什么是湿式净化、干式净化?

烟气的处理方式有燃烧法与未燃法两种。

燃烧法即炉气冲出炉口进入烟罩后,令其与足够的空气混合,使烟气中可燃成分完全燃烧,形成大量的高温废气,再经冷却、净化,通过风机抽引排放于大气之中。

未燃法是炉气冲出炉口进入烟罩,通过控制使烟气中可燃成分尽量不燃烧,再经冷却、净化后,由风机抽引送入回收系统贮存加以利用。

烟尘的净化方式也有两种,即湿式净化与干式净化。湿式净化系统是通过水冲洗烟气中的尘埃,冲洗后的烟气得到净化,烟尘形成了泥浆,除去水分加以利用。干式净化系统可通过尘埃的重力沉降、离心、过滤和静电等原理使气与尘分离,净化后的尘埃是干粉颗粒,也可回收利用。

目前绝大多数顶吹转炉的烟气是采用未燃法、湿式净化回收系统,称 OG 系统;有的也采用未燃、干式净化回收系统,又称 LT 系统。

12-9 不同的处理方式所产生的烟气与烟尘各有什么特点?

处理方式不同其烟气与烟尘的特点不同,未燃法烟气中可燃成分未燃烧称转炉煤气。

未燃法的烟气量大约是供氧量的 2 倍左右。发热值与 CO 含量有关,当转炉煤气中 $\varphi_{CO} = 60\% \sim 80\%$ 时,其发热值在 $7746 \sim 10085 kJ/m^3$。

燃烧法烟气中可燃成分已完全燃烧,称为废气。废气温度高,所含物理热可用于废热锅炉;废气量大,是未燃法烟气量的 $4 \sim 6$ 倍,其成分见表 12-1。

表 12-1 烟气的成分

处理方式	成分 $\phi/\%$						烟气温度/℃
	CO	CO_2	N_2	O_2	H_2	CH_4	
未燃法(煤气)	60~80	14~19	5~10	0.4~0.6			1500~1600
燃烧法(废气)	0~0.3	7~14	74~80	11~20	0~0.4	0~0.2	1800~2400

烟尘的成分见表 12-2。

表 12-2 烟 尘 成 分

处理方式	成 分 $w/\%$							
	金属铁	FeO	Fe_2O_3	SO_2	MnO	P_2O_5	CaO	MgO	C
未 燃 法	0.58	67.16	16.20	3.64	0.74	0.57	9.04	0.39	1.68
燃 烧 法	0.4	2.30	92.00	0.80	1.60		1.60		其他约1.30

注:是某厂烟尘成分数据。

未燃法烟尘呈黑色,颗粒接近灰尘的粒度,较易清除。烟尘回收后可做烧结矿原料。燃烧法烟尘呈红棕色,粒度很细,接近于烟雾,较难清除。回收的烟尘也可用做烧结矿原料。

12-10 OG 系统的工艺流程是怎样的，有哪些特点？

转炉烟气采用未燃法、湿式净化回收系统较多，其典型工艺流程称为 OG 系统，如图 12-1 所示。

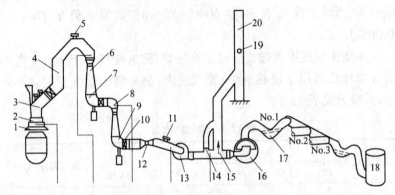

图 12-1　系统流程示意图

1—罩裙；2—下烟罩；3—上烟罩；4—汽化冷却烟道；5—上部安全阀(防爆门)；
6——一级文氏管；7——文 90°弯头脱水器；8—二级文氏管；9——二文 90°弯头脱水器；10—丝网脱水器(水雾分离器)；11—下部安全阀；12—流量计；13—风机；14—旁通阀；15—三通阀；16—水封逆止阀；17—V 形水封；18—煤气柜；19—测定孔；20—放散烟囱

OG 系统的流程是：

烟气→烟罩→汽化冷却烟道→一级文氏管→90°弯头脱水器→二级文氏管→90°弯头脱水器→丝网脱水器→

　　　　　　回收→三通阀→水封逆止阀→V 形水封→煤气柜

风机

　　　　　　放散→旁通阀→放散烟囱

OG 系统特点是：

(1) 净化系统设备紧凑。系统设备实现了管道化，系统阻损小，不存在死角，煤气不易滞留，生产安全。

(2) 设备装备水平较高。通过炉口的微压差来控制二级文氏管喉口的开度，以适应吹炼各期烟气量的变化及回收、放散的切换，实现了自动控制。

（3）降低水耗量。烟罩、罩裙的冷却方式用热水密闭冷却，或汽化冷却；烟道用汽化冷却。二级文氏管污水可返回一级文氏管使用，明显地降低了水耗量。

（4）烟气净化效率高。排放烟气（标态）含尘的浓度可低于 $100mg/m^3$，净化效率高。

（5）系统的安全装置完善。设有 CO 和煤气中 φ_{O_2} 的测定装置，保证放散与回收系统的安全。

12-11 烟罩和烟道的作用是什么，烟罩的结构是怎样的？

烟罩与烟道是收集、输导及冷却烟气的设备。

未燃法的烟罩是用钢管围焊而成的筒形构件，管内通温水冷却；烟罩在炉口的上方，分为活动烟罩和固定烟罩。

活动烟罩能上下升降，烟罩提升后，转炉倾动自如，可进行兑铁水、加废钢、出钢、倒渣、取样、补炉等操作。活动烟罩下口罩裙的直径略大于转炉炉口。在吹炼开始烟罩下降后，通过调整二级文氏管喉口的开度，控制炉口处烟罩内外保持微正压差，既避免了炉气大量外逸恶化炉前的操作环境，也不致吸入冷空气降低回收煤气的质量。在吹炼各阶段，根据需要调节烟罩与炉口之间的间隙。

活动烟罩与固定烟罩是通过水封连接，活动烟罩的升降可通过电力驱动，或液压传动。

固定烟罩分为上、下两部分，通过沙封或氮气密封。当更换炉衬时，将固定烟罩的下部分平移出炉口，以便炉衬砌筑与检修。固定烟罩上开有散状材料加料孔、氧枪与副枪的插入孔，加料孔与插入孔均采用氮气密封。

12-12 汽化冷却的原理是怎样的，它有哪些优点？

汽化冷却就是冷却水吸收的热量用于自身的蒸发，通过水的汽化潜热带走受热部件的热量，使部件得到冷却。倘若采用水冷却，1kg 水每升高 1℃所吸收的热量仅为 4.2kJ；而 100℃等量的水变为 100℃的蒸汽，汽化过程吸收的热量约为 2253kJ/kg，为前者的 500 多倍。所以,汽化冷却的冷却效率高;大大减少冷却水的消耗量,可减少到冷却水用量的 1/30~1/100;汽化冷却所产生的蒸汽可供用户使用;汽化冷却系统利于实现自动控制。

由于汽化冷却构件为承压设备,所以投资费用高,操作技术要求也高,必须使用经过软化处理和除氧处理的化学软水。

12-13　汽化冷却烟道的冷却系统是怎样的?

汽化冷却烟道是用无缝钢管围焊成的筒形结构,其断面呈方形或圆形均可,图 12-2 为汽化冷却系统流程。

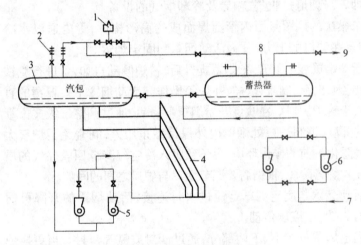

图 12-2　汽化冷却系统流程
1—汽动薄膜调节阀;2—安全阀;3—汽包(分离器);4—汽化冷却烟道;
5—循环泵;6—软水泵;7—软水;8—蓄热器;9—用户

从图 12-2 可以看出,汽化冷却烟道管内的冷却水吸收流过烟气的热量而汽化,产生了蒸汽与水的混合物,经上升管进入汽包 3 后汽、水分离,所以汽包也称分离器。汽、水分离后的热水从下降管经循环泵又送入汽化冷却烟道,继续起冷却作用。当汽包内蒸汽压升高至规定值时,汽动薄膜调节阀自动打开,蒸汽进入蓄热器 8,供用户使用;蓄热器的蒸汽压超过一定值时,其上部的汽动薄膜调节阀自动打开放散。当需要补充软水时,软水泵 6 启动送入汽包。若取消循环泵 5,可形成自然循环系统。

汽包的安装位置应高于烟道的顶面;1 座转炉设 1 个汽包,汽包不宜合用,也不宜串联。

12-14 文氏管的结构是怎样的,为什么能起到冷却、净化的作用?

文氏管是文丘里管的简称,是烟气湿式除尘设备,兼有冷却降温作用。文氏管结构如图 12-3 所示,其本体是由收缩段 1、喉口段 3、扩张段 4 三部分组成。

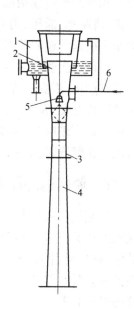

图 12-3 溢流文氏管示意图
1—溢流水封;2—收缩段;3—腰鼓形喉口(铸件);4—扩张段;5—碗形喷嘴; 6—溢流供水管

管内设有碗形喷嘴 2 喷水,雾化水在喉口段形成水幕。煤气流经文氏管收缩段到达喉口时气流已加速,高速煤气冲击水幕,使水得到二次雾化,形成了细小水滴。在高速的紊流气流中,细小水滴能迅速吸收煤气的热量而汽化,在 1/50~1/150s 内,煤气就可由 800~1000℃ 冷却到 70~80℃ 。同时烟尘颗粒与水滴在高速紊流的气流中具有很高的相对速度,并于喉口段与扩张段相互碰撞而凝聚,形成较大的颗粒。经过文氏管之后的脱水器含尘的污水与气分离,煤气得到净化。

在湿式净化系统中设有溢流文氏管和可调文氏管。

12-15 溢流文氏管的溢流水封的作用是什么,可调文氏管的作用是什么?

溢流文氏管是由溢流水封和文氏管组成,其喉口直径一定,属定径文氏管,它装在汽化冷却烟道之后。其结构如图 12-3 所示。

文氏管作用是降温并粗除尘,除尘率约 90%以上。溢流文氏管的溢流水封可以在收缩段管壁上形成一层流动的水膜,用以隔离烟气对管壁的冲刷;避免烟尘在干湿交界面上积灰结瘤造成堵塞;溢流水封为开口式结构,有防爆、泄压、调节汽化冷却烟道受热膨胀而引起的位移等作用。

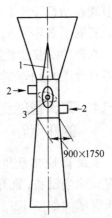

可调文氏管也称调径文氏管,即在喉口段安有阀板,根据吹炼过程烟气量的变化来调节阀板开度,从而改变文氏管喉口直径,与炉口微压差同步,其结构如图 12-4 所示。

图 12-4 可调(R-D)
文氏管
1—导流板;2—供水;
3—可调阀板

可调文氏管安装在一级文氏管之后,起到精除尘的作用。

12-16 脱水器的作用是什么,有哪几种类型?

在烟气湿式净化系统中必须装有脱水器,使气与污水分离。脱水的状况直接关系到烟气净化的效率、风机叶片寿命与管道阀门的维护等。脱水器的脱水效率与脱水器的结构有关。

脱水器的种类很多,如弯头脱水器、叶轮旋流脱水器、重力挡板脱水器、丝网脱水器等。

12-17 弯头脱水器的结构是怎样的,用于什么部位?

弯头脱水器有 90°和 180°之分,目前使用较多的是 90°弯头脱水器,其结构如图 12-5 所示。

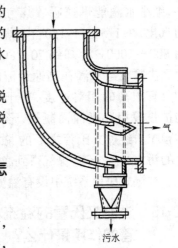

图 12-5 90°弯头脱水器

弯头脱水器是与文氏管相连,含尘水滴进入脱水器后,受惯性力及离心力的作用,水滴被甩至器壁及叶片,沿器壁及叶片下流并完成气与污水分离,污水从弯头脱水器的排污孔排出。90°弯头脱水器可以分离粒径大于 $30\mu m$ 的水滴,脱水效率可达 95% ～ 98%。

12-18　叶轮旋流脱水器的工作原理是怎样的?

叶轮旋流脱水器是由叶轮管与脱水器两部分组成,其结构如图12-6所示。

叶轮管是一个中空的轴套,外面焊有 8～10 个螺旋形叶片,在叶轮管的上端是一个圆筒形管体称为脱水器($d = 0.8～0.9D$)。

叶轮旋流脱水器是属离心脱水器的一种,当夹带水滴的气流进入叶轮时,由于细小的水滴在叶片上撞击、聚集形成大颗粒的水滴,并在气流的带动下水滴沿叶片按离心力方向甩出,顺脱水器内壁流下;同时,部分气流夹带的小水滴随气流的旋转而分离。所以叶轮旋流脱水

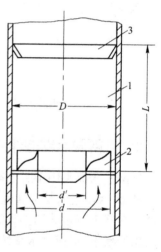

图 12-6　叶轮旋流脱水器
1—脱水器;2—旋流器;3—挡水板

器的脱水效率高,可用于转炉湿式净化系统中的精除尘。

12-19　重力挡板脱水器的工作原理是怎样的?

重力挡板脱水器也称重力脱水器,是一个由钢板制成的箱体,其结构如图 12-7 所示。箱体内焊有数条垂直带钩的挡板,含尘烟气进入脱水器后,流速下降,流向折回呈 180°改变,靠含尘水滴的自身重力实现气、水分离,适用于粗除尘。重力脱水器入口气流速度一般在 15m/s 左右,箱体内速度为 3～4m/s。

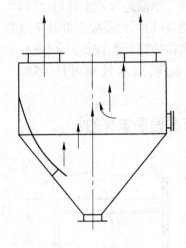

图 12-7 重力挡板脱水器

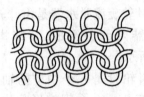

图 12-8 丝网脱水器

12-20 丝网脱水器的作用是什么,安装在什么部位?

丝网脱水器是用于脱除雾状水滴,又称丝网除雾器,其结构如图 12-8 所示。丝网是金属丝编织物,其自由体积大,气体很容易通过。烟气中夹带的细小雾滴与丝网碰撞,含尘水滴沿丝与丝交叉结扣处聚集,形成大水滴脱离丝网而沉降,实现了气、水雾的分离。丝网脱水器可脱除粒径小于 $2\sim5\mu m$ 的雾滴,脱水效率高,装在风机之前。丝网脱水器长时间运行容易堵塞,最好每炼一炉钢用水冲洗一次,每次需 3min 左右。丝网可用不锈钢丝、或紫铜丝、或含磷钢丝编织,以防腐蚀。

12-21 水封器的作用是什么?

在转炉烟气净化回收系统中,水封器的作用是:
(1) 防止煤气外逸和空气渗入系统;
(2) 阻止各污水管之间的串气;
(3) 阻止煤气逆向流动;
(4) 可以调节高温管道的位移;

(5)可起到一定程度的泄爆作用和柔性连接器的作用。因此它是严密可靠的安全设备。根据其作用原理可分为正压水封、负压水封、连接水封等。

12-22 水封逆止阀的作用是什么,其结构是怎样的?

水封逆止阀安装在回收系统煤气柜之前,是阻止煤气倒流的部件,其结构如图 12-9 所示。煤气放散时,半圆阀体 4 被气缸推起,切断煤气回收,阻止煤气柜的煤气从管道 3 倒流,防止气体进入煤气柜。回收煤气时,阀体 4 拉下,回收管路开通,煤气可从管路 1 通过水封由管道 3 进入煤气柜。

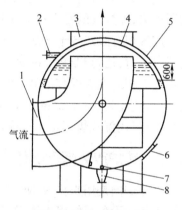

图 12-9 水封逆止阀
1—煤气进口;2—给水口;3—煤气出口;
4—阀体;5—外筒;6—人孔;
7—冲洗喷嘴;8—排污水口

12-23 对转炉除尘用风机有哪些要求?

转炉烟气的净化回收系统中,风机是重要的动力中枢,是将净化后的煤气放散或回收利用。转炉除尘风机的工作特点是煤气含尘量约为(标态)$100 \sim 120 mg/m^3$,$\varphi_{CO} = 60\% \sim 80\%$,温度在 $36 \sim 65 ℃$,相对湿度为 100%,并含有一定水雾;同时转炉又是周期性间断吹氧;基于以上情况,对风机提出如下要求:

(1)调节风量时,其风压变化不大,在小风量运转时风机不喘震。

(2)叶片、机壳应具有较高的耐磨性和耐蚀性。

(3)具有良好的密封性和防爆性。

(4)具有较好的抗震性。

(5)最好使用低速(1500r/min)变频调速风机,有利于节约电能和提高风机寿命。

12-24 煤气柜的作用是什么,其容量大小如何考虑,它有哪些类型?

煤气柜是转炉煤气回收系统中的重要设备之一,主要用于贮存回收的转炉煤气,以便供给用户成分和压力稳定、质量合格的煤气。其容积是根据转炉的吨位、产煤气量、贮气时间的长短及用户的用气量,即煤气的吞出量等综合因素确定。

煤气柜有湿式与干式之分。湿式煤气柜由多节组成,每节之间都有水封,通过机械制导旋转升降,其升降速度为 1.2m/min。干式煤气柜内设有橡胶活塞,煤气柜在气垫上可随煤气自由地浮动,升降速度为 2~4m/min。OG 系统应用干式煤气柜较为适宜;LT 系统可用湿式煤气柜也可应用干式煤气柜。

12-25 转炉放散烟囱的作用是什么,对其有哪些要求?

工业烟囱是用来排放烟气的设备。若自然通风时,烟囱高度在克服热力设备系统阻力后,烟气能以一定速度排出,同时要考虑与周围建筑物,尤其是民用建筑物的距离和标高。但是氧气转炉则不同,由于转炉烟气中含有可燃成分、有毒且易爆炸。所以应注意以下原则:

(1) 一座转炉设置一个专用放散烟囱。

(2) 采用钢质结构烟囱,抗震性能好,又便于施工。北方高寒地区还应考虑冬季防冻设施。

(3) 烟囱标高应根据与附近居民区的距离和卫生标准来确定。据对国内各厂家调查来看,放散烟囱标高均比厂房最高点高出 3~6m。

(4) 烟囱出口处应设有点火装置,以使煤气燃烧后放散。

(5) 为防止煤气发生回火,煤气在烟道内流动的最低速度应大于回火速度,在 12~18m/s 为宜,以保安全。

(6) 无论是放散还是回收,炉口烟罩处应保持微正压状态,关键是提高放散系统阻力,并与回收系统阻力相平衡。为此可在放散系统管路上安装一个水封器,既可增加阻力,又可防止回火。

12-26　什么是噪声,人为活动产生的噪声有哪几方面,噪声有哪些危害?

噪声也是一种声波,是频率和声强都不同的声波的杂乱组合。噪声主要来源于自然界的噪声和人为活动所产生的噪声。自然界的噪声如火山爆发、地震、潮汐和刮风等自然现象产生的空气声、地声、水声和风声等。人为活动产生的噪声,包括交通噪声、工业噪声、施工噪声和社会生活噪声等。工业噪声是在工业生产过程中机械设备运转而发出的噪音,主要有空气动力噪声、机械噪声和电磁噪声3种。如:鼓风机、空气压缩机、转炉吹炼开氧与关氧等产生的噪声;机械设备金属构件、轴承、齿轮等发生碰撞、振动而产生的噪声;再有电机、变压器产生的噪声等(在有些情况下,操作者可凭借机械的噪声大小来判断设备运转是否正常)。

噪声也是一种污染,除了对人的听力有损害外,还对神经系统、心血管系统、消化系统均有不良影响,严重时还会引起心室组织缺氧,导致散在性心肌损害;高强度的噪声还能损坏建筑物。

12-27　怎样量度噪声?

噪声具有声波的一切特性。声音传播的空间称为声场,在声场中声音的强弱用声压和声强来量度。声源向媒质输送能量的多少用声功率来量度,单位是W(瓦)。当声波频率为1000Hz时,人耳能感觉到的最小声强约等于 $I_0 = 10^{-12} W/m^2$(瓦/米^2),也称基准声强;最大声强 $I_m = 1W/m^2$,高于此值,会引起人耳的痛觉,损害健康。当声波的声强为基准声强时,其基准声压为 $p_0 = 2 \times 10^{-5}$ Pa(帕)[1Pa $= 1N/m^2$(牛/米^2)]。

由于声音变化范围太大,大约相差约 10^6 倍,表述十分不便;另外,人对声音大小的感觉,不是与声音变化的绝对值,而是与它相对值的大小有关。为了正确而又方便地反映人对声音听觉的这些特点,引用一个成倍比关系的对数量"级"来表征声音的大小,即声压级(L_p)、声强级(L_I)、声功率级(L_w)。它们的量度单位叫 dB(分贝)。

12-28　对噪声控制的要求是怎样的?

噪声损害人们的生理和心理健康,为了保护人的听力和健康,创造适合于生活和工作的环境,国家和地方的立法机关根据需要和可能,制定了一系列控制噪声污染的法规。法规中规定了对于不同行业、不同地域、不同时间的最大容许噪声级的标准。卫生部和劳动总局共同颁布了《工业企业噪声卫生标准》,已于 1980 年 1 月 1 日试行。1989 年又颁布了《环境保护法》,其中专门设立了"环境噪声污染防治条例",对环境噪声控制、工业噪声污染治理、建筑施工噪声污染防治、交通噪声污染防治、社会生活噪声污染防治等都做了明确的规定。对违规行为造成的后果也明确了法律责任,可行政执法或刑事执法。

12-29　控制噪声的方法有哪些,消声器的作用是什么?

噪声控制最有效的办法是对声源的控制,通过各种技术手段降低声源的声功率。但是,往往由于设备和生产工艺上的原因,声源的噪声难以控制在标准要求之内,为此必须在噪声传播的路途上,利用吸声、隔声、消声和部分减振等技术措施,以控制噪声对工作岗位和周围环境的污染。此外,工作人员还可以采用护耳器、耳塞、耳套、防声头盔等方式来减轻噪声对人耳的危害。绿化也是降低噪声的有效措施。

转炉回收系统的煤气鼓风机,向外辐射的强噪声是空气动力性噪声,有时高达 140dB 以上,令人无法忍受,可用消声器降低声功率。

消声器是允许气流通过又可以降低噪声的设备,它的种类很多。消声器是将吸声材料固定在消声器内壁上,当声波进入消声器后,部分声能在多孔材料的孔隙中摩擦转化成热能,从而起到降低噪声的作用。消声器不能消除噪声,只能降低噪声,控制噪声在要求标准之内。消声器安装在煤气鼓风机之后的部位。

12-30　静电除尘的基本原理是怎样的?

静电除尘的工作原理如图 12-10 所示。

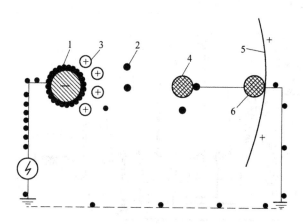

图 12-10　静电除尘的工作原理
1—放电电极;2—烟气电离后产生的电子;3—烟气
电离后产生的正离子;4—捕获电子后的尘粒;
5—集尘电极;6—放电后的尘粒

在图 12-10 中,放电电极 1(也称为电晕电极)是导线,为负极;集尘电极 5 是金属板(或金属管),为正极。在两个电极之间接通数万伏的高压直流电源,两极间形成电场。由于两个电极形状不同,形成了不均匀电场。在导线附近电力线密集,电场强度较强,正电荷束缚在导线附近。因此,空间内电子或负离子较多,烟气通过空间时,大部分烟尘捕获了电子带上负电荷,得以向正极移动;带负电荷的烟尘到达正极后失去电子而沉降到电极板表面,因而气与尘分离。定时将集尘电极板上的烟尘振落,或用水冲洗,烟尘可落到下面的积灰斗中。

12-31 未燃烟气干式净化、回收系统流程是怎样的?

静电除尘属于烟气的干式净化方式,自1981年开始将静电除尘方式应用于氧气顶吹转炉的烟气净化、回收系统,这种方式简称LT系统。目前为止,世界上已有40余座转炉应用了LT系统。我国有的厂家已经由OG系统改建为LT系统,有的正在改建。LT系统的流程如图12-11所示。

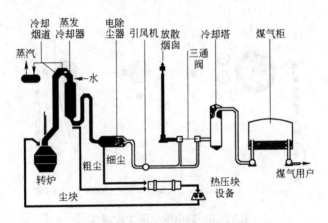

图 12-11　LT法净化、回收系统工艺流程

由炉口排出的未燃烟气,进入活动罩裙,经冷却烟道(或余热锅炉),再进入蒸发冷却器(也称蒸发冷却塔),塔内喷出的水雾吸收转炉煤气的热量而蒸发,煤气在此得到冷却并除去粗尘粒。蒸发冷却器所喷水雾要全部蒸发,使回收煤气始终保持干燥状态。回收煤气温度由 $800 \sim 1000 \, ℃$ 冷却至 $150 \sim 200 \, ℃$,除尘率约为 40% ,符合进入电除尘器的条件。煤气进入圆形电除尘器后被彻底净化,由风机抽引经切换站,或回收进入煤气柜,或从烟囱点燃放散。从电除尘器排出的干细尘与从蒸发冷却器排出的干粗尘混合压块,可返回转炉使用。

对 LT 系统的设备,有几点需要说明:

(1) 罩裙、冷却烟道等设备是汽化冷却;

（2）风机为轴流式风机，即 ID 风机；

（3）在煤气柜之前，安装了煤气冷却器，煤气温度可从 150～200℃ 降至 73℃ 左右；

（4）在放散烟囱的顶部设有氮气引射装置，当在吹炼过程中遇到 ID 风机事故停电时，氮气引射装置启动，将系统中的残存煤气诱导排出，以确保整个系统的安全。

12-32　LT 系统有哪些特点？

与 OG 系统相比，LT 系统有如下特点：

（1）除尘效率高。经静电除尘器净化后，煤气残尘含量（标态）最低为 $50mg/m^3$ 以下，最高为 $75mg/m^3$，比 OG 系统的 $100mg/m^3$ 要低。

（2）没有污水、污泥。从冷却器和静电除尘器排出的都是干尘，混合后压块，返回转炉使用。而 OG 系统除尘耗水量大，除尘后是大量的泥浆，经浓缩、脱水后的泥饼，水含量仍然有约 30%。污水处理后 pH 值高达 10～13，钙饱和的水必须处理后才能再循环使用，否则设备、管道易形成钙垢。

（3）电能消耗量低。OG 系统的阻损大所以引风机电耗量较高，再加上污水、污泥的处理等也消耗电能。LT 系统的阻损小，电除尘器电能消耗相对低些，其他方面的电耗量也较少，所以从整个系统来看，LT 系统的电耗量要比 OG 系统低。以 200t 转炉为例，OG 系统的电耗量为 $475kW \cdot h/炉$，LT 系统的耗电仅为 $179kW \cdot h/炉$。

（4）投资费用高且回收期短。对新建厂来讲，相同产量的转炉，采用 LT 系统的投资费用高于 OG 系统，但其投资回收期短；若改造老厂设备，投资费用可降低许多。

（5）采用 ID 风机。LT 系统用 ID 风机，其外径与管道一样，结构紧凑，占地面积小，投资费用和操作费用均较低。

（6）安全可靠。在圆形电除尘器的入口处，设有 3 层气流分布板，有助于煤气呈柱塞流动，避免气体混合，减少形成爆炸的可能。在电除尘器的两端,设有可选择性启闭安全防爆阀,以疏导可能产生的冲击波。同时,LT系统是采用 ID 风机,一旦发生爆炸此风机有利于系统的泄爆。

(7) 其他方面。LT 系统除以上所述特点外,其技术要求较高。回收煤气在进入电除尘器之前,必须具有可靠的、精确的温度和湿度控制。电除尘器必须安装在厂房之外,且占地面积较大。由于电除尘器容积大,所以在驱赶煤气或空气时,影响煤气回收时间。在实际操作中要严格安全运行等制度。

12-33 车间的除尘都包括哪些内容?

炼钢车间的除尘包括二次除尘与厂房除尘。二次除尘又称局部除尘,即对车间内一些扬尘部位进行有序管理。

转炉的二次除尘的范围包括兑铁水、加料、出钢、出渣、清理渣罐等所产生的烟气,吹炼过程中集尘系统泄漏的烟气,停吹时清理炉口和氧枪粘钢的烟气,拆除炉衬、铁水罐倒罐时产生的烟气等。此外车间内还有如胶带输送机运送、分配散料过程的扬尘,钢水精炼过程产生的烟气,拆除钢包和中间包包衬的扬尘,浇注过程、铸坯切割过程的烟尘,模铸工艺的浇注过程、底板清理、准备和锭模清理的烟尘等。从以上看来二次烟气产尘点多;烟气含尘浓度(标态)较低,最高约为 $5g/m^3$,平均为 $2g/m^3$;捕集难度大;烟气温度在 120℃左右。

各扬尘点都装有集尘罩收集含尘气体,经管道、通过引风机抽引,送入布袋除尘器净化。

以上局部除尘只能抽走现场产生烟尘总量的 80%,剩余的20%仍然弥散在车间内,而遗留在车间的微尘,其粒径大多小于 $2\mu m$,对人体的危害极大,必须进行厂房除尘。厂房除尘有利于整个车间换气降温,从而改善了车间的工作环境。厂房除尘要求厂房顶部为密封结构,通过引风机将含尘气体抽出,送入布袋式除尘器。

厂房内必须同时采用局部除尘与厂房除尘才能达到最佳除尘

效果。

12-34　布袋式除尘器的工作原理是怎样的?

布袋式除尘器是干式除尘设备,由许多单体布袋组成。布袋是由普通涤纶、或高温纤维、或玻璃纤维制成的编织袋。含尘气体通过布袋过滤,尘埃附着于布袋表面,使气与尘分离,气得到净化。附着于布袋表面的尘埃,定期通过反吹风使其脱落,得到清理。

12-35　转炉炼钢的副产资源有哪些,它们有什么用途?

转炉炼钢过程的副产资源有煤气、蒸汽、烟尘、炉渣等。每炼 1t 钢会产生 $\varphi_{CO} = 60\% \sim 80\%$ 的煤气 $60 \sim 80 m^3$,控制得好可产煤气 $90 m^3$ 以上;煤气可做燃料,并网供工业用户使用,或做化工原料。每炼 1t 钢煤气中的烟尘量在 $16 \sim 21 kg$,烟尘中含有 70% 以上的铁,可做烧结矿原料。在炼钢过程还产生约占钢铁料总重 8% ～ 10% 的炉渣,目前已经应用了炉外预脱硫技术、溅渣护炉技术,渣量大为减少。

12-36　转炉炼钢形成的废水怎样处理、回收利用?

转炉炼钢烟气的处理若采用 OG 系统时,烟气的冷却、净化整个过程均与水充分接触,形成了大量的含尘污水;据统计,从一级文氏管排出的污水悬浮物含量为 $5 \sim 15 g/m^3$。

含尘污水的治理是将污水所含悬浮物沉淀、清除,澄清后的水再返回使用。

含尘污水进入水力旋流器,利用离心分离原理,大颗粒的烟尘可分离出去,细小颗粒烟尘随水流进入辐射式沉淀池。含大颗粒的烟尘的部分水从旋流器底部进入螺旋输送机槽内,槽底沉淀的污泥取出后,经真空过滤、脱水后送往烧结厂,作为烧结矿的原料。

含有小颗粒烟尘的水进入辐射式沉淀池后,靠自身重力作用,烟尘沉淀于池底部,澄清的水从沉淀池顶面溢出,返回使用。

若加入硫酸铵、硫酸亚铁、或聚丙烯酰胺等助聚剂,助聚剂可在微小烟尘间起连接作用,促进凝聚和加速沉降,水中悬浮物含量可低于100mg/L,返回循环使用。

此外,钢水精炼所消耗的水,连铸工序的耗水,均可沉淀、处理后,循环使用。

烟气净化用水除了检测水压、水量和进出水温度外,还要测定水的 pH 值和硬度。当 pH 值＜7 时,水呈酸性,应补充新水并加入适量的石灰乳,使循环水保持中性。发现水的 pH＞7 时,也应补充新水并加少量的工业用酸,以使水保持中性。

12-37　什么是炼钢工序能耗,什么是负能炼钢?

炼钢过程需要供给足够的能源才能完成,这些能源主要有焦炭、电力、氧气、惰性气体、压缩空气、燃气、蒸汽、水等;炼钢过程也会释放部分能量,包括煤气、蒸汽等。炼钢的工序能耗就是冶炼每吨合格产品(连铸坯或钢锭),所消耗各种能量之和扣除回收的能量。各种能量都折合成标准煤进行计算与比较。炼钢工序能耗计算式如下:

$$炼钢工序能耗 = \frac{(炼钢能源消耗量 + 连铸能源消耗量) - 回收能源数量}{合格(连铸坯量 + 钢锭量)}$$

$$(12\text{-}1)$$

当消耗能量大于回收能量时,耗能为正值;

消耗能量等于回收能量时,称为零能炼钢;

消耗能量小于回收能量时,称为负能炼钢。

12-38　通过哪些技术途径实现负能炼钢?

(1) 采用新技术系统集成,提高回收煤气的数量与质量。例如选择先进的转炉煤气回收系统(OG、LT 系统),加大煤气的输出量,提高转炉蒸汽回收量并加强回收能源介质的可转换性。

(2) 采用交流变频调速新技术,降低炼钢工序大功率电机的电力消耗。此外,降低一切电力的消耗,如改进二次除尘风机,缩短冶炼周期,节约电力消耗。据有关报道:在一定条件下,冶炼周期缩短 1min 可节省电力 1.8kW·h/t 左右。

(3) 改进炼钢、连铸技术水平,降低物料、燃料的消耗。

(4) 提高人员素质和管理水平,保证安全、正常、稳定生产。

13 安全生产、事故防范与处理

13-1 什么是职业安全健康管理体系(OSHMS),职业安全健康方针应包括哪些原则和目标?

职业安全健康管理体系(OSHMS)是 20 世纪 80 年代后期在国际上兴起的现代安全生产管理模式,它是一套系统化、程序化、具有高度自我约束、自我完善机制的科学管理体系。在我国实施职业安全健康管理体系,不仅可以强化企业的安全管理,而且使其管理模式符合国际标准和惯例,有利于增强企业在国内外的综合竞争实力。

用人单位最高管理者应根据本单位的规模和活动类型,在征询员工及其代表的意见基础上,制定书面的职业安全健康方针。该方针应包括下述原则和目标:

(1) 遵守相关的职业安全健康法律、法规,及其签署的关于职业安全健康内容的自愿计划、集体协议和其他要求。

(2) 防止发生与作业相关的工伤、疾病和事件,保护全体员工的安全和健康。

(3) 确保与员工及其代表进行协商,并鼓励他们积极参与职业安全健康管理体系所有要素的活动。

(4) 持续改进职业安全健康管理体系。

13-2 安全与生产的关系是什么?

当生产(施工)与安全发生矛盾时,生产(施工)必须服从安全,在保证安全的情况下组织生产(施工)。要积极采取有效措施消除各类不安全因素,不断改善劳动条件,实现保护职工在生产劳动过程中的安全与健康,避免人身伤害及各类事故的发生。

13-3 为保证安全生产，新上项目应贯彻执行哪"三同时"?

新建、改建、扩建项目(工程)、技术改造项目(工程)和引进的建设项目(工程)中的安全与劳动卫生设施必须符合国家标准,必须与主体工程同时设计、同时施工、同时投入生产和使用。采用新工艺、新技术及新产品试制时,都要制定符合规范的操作要求和安全措施。

13-4 简述"事故"的定义及其分类。

凡造成死亡、伤害、疾病;设备损坏;产品产量发生一次性减产、质量不符合技术标准者,均称为事故。

事故分为工伤事故、操作事故、质量事故、设备事故、火灾事故等。

13-5 事故发生后对事故的调查、分析、处理必须做到哪"三不放过"?

事故发生后对事故的调查、分析、处理必须做到:事故原因不清不放过;责任者未受到处理,群众未接受教育不放过;未提出和落实防范措施不放过。

13-6 转炉吹炼过程遇到哪些情况必须提枪停吹?

(1) 氧枪漏水;

(2) 汽化冷却烟道、烟罩严重漏水;

(3) 转炉水冷炉口、炉帽漏水或冒水蒸气;

(4) 氧气压力低于规定数值;

(5) 氧枪粘粗超过规定值或不能从氧枪孔提出氧枪;

(6) 加料溜槽、氧枪孔密封用氮气压力低于规定值;

(7) 氧气压力、氧气流量、高压水压力、高压水流量、高压水出水温度等检测异常或失灵;

(8) 除尘文氏管水量异常或堵塞；

(9) 炉口火焰异常；

(10) 开吹或二次开吹打不着火；

(11) 吹炼过程发生大喷溅；

(12) 炉内出现异常声响；

(13) 供氧系统出现异常声响；

(14) 炉口持续出现溢烟冒大火；

(15) 连锁项目之一达到报警提枪条件。

13-7　转炉摇炉有哪些安全要求？

(1) 3 个倾动操作台只有操作时才能选至转炉倾动操作位置，不操作时选在非操作位置。

(2) 摇炉工要掌握炉子与氧枪、烟罩的连锁装置情况；要确认氧枪是否提出炉口、烟罩是否抬起；兑铁完毕，要确认铁水包嘴是否离开炉口；加完废钢后，要确认料槽是否离开炉口。在确认上述情况之后，方可摇炉。

(3) 摇炉主令控制器经零位时应停顿 2~3s。

(4) 倾动机械、电器有故障时，不得强行摇炉。

(5) 炉下有人员工作时，禁止摇炉。

(6) 炉内有水，待水全部蒸发后，方可摇炉。

(7) 取样和倒炉倒渣时，禁止快速摇炉。

13-8　为使转炉炼钢安全顺行，哪些自动化连锁项目必须得到保证？

A　报警提枪

有下列情况之一者，报警提枪。

a　炼钢

(1) 氧枪出水温度高于规定值；

(2) 氧枪水流量低于规定值；

(3) 氧枪冷却水压低于规定值；

(4) 氧枪进、出水流量差大于规定值;

(5) 氧气工作压力低于规定值;

(6) 罩裙冷却水出水温度高于规定值;

(7) 罩裙冷却水流量低于规定值;

(8) 托圈和炉帽冷却水出水流量低于规定值;

(9) 水冷炉口冷却水出水流量低于规定值;

(10) 加料溜槽冷却水出水流量低于规定值;

(11) 氧枪孔冷却水出水流量低于规定值;

(12) 副枪孔冷却水出水流量低于规定值。

b OG 汽化冷却系统

(1) 汽包水位低于规定值;

(2) 循环泵停泵;

(3) 汽包压力高于规定值;

(4) 一文水流量低于规定值;

(5) 二文水流量低于规定值;

(6) 风机停机;

(7) 风机转速不正常;

(8) 风机风量不正常;

(9) 烟道密封槽液位低于规定值;

(10) 风机入口防爆膜失效;

B 氧枪、转炉、罩裙连锁

(1) 转炉在垂直位置(误差不大于±2°),氧枪才允许下降;

(2) 氧枪提升到等待位置以上,转炉才能倾动;

(3) 氧枪下降至开氧点位置时,氧气快速切断阀自动打开;

(4) 氧枪上升至关氧点位置时,氧气快速切断阀自动关闭;

(5) 氧枪不在最高位时,氧枪小车不允许移位,氧枪小车在移动中自动对位;

(6) 滑道不对正氧枪不允许下降;

(7) 氧枪碰到电器下极限时,自动提枪;

(8) 氧枪降至等待点时,氧枪孔氮封和加料溜槽氮封自动打开；

(9) 氧枪上升到等待点以上时,氧枪孔氮封和加料溜槽氮封自动关闭；

(10) 转炉在垂直位置(误差不大于 ±2°),罩裙方可升降；

(11) 罩裙在高位时,转炉方可倾动。

C　氧枪下枪条件

(1) 氧枪已对位；

(2) 氧枪可控硅供电正常；

(3) 转炉在垂直位置(误差不大于 ±2°)；

(4) 氧枪冷却水系统正常；

(5) 炉体及罩裙冷却水正常；

(6) 汽化冷却系统正常；

(7) 炉气净化和回收系统正常；

(8) 氧枪钢丝绳松弛返回信号正常；

D　氧枪枪位自动矫正点选为开氧点,并工作正常

E　氧枪蓄电池事故提升,能在主控室操作台正常操作

13-9　转炉开炉应注意哪些安全事项?

A　开新炉前的准备工作

凡开新炉或停炉设备进行大、中、小修后开炉,均要按开新炉的要求进行准备。

(1) 转炉倾动机械、氧枪升降机构、加料设备、炉下车等试运转正常。

(2) 各种检测装置处于正常工作状态；

(3) 炉气净化、回收系统及汽化冷却装置处于正常运转状态；

(4) 动力管道(氧气、氮气、煤气、水等)的总阀门、切断阀、调节阀、逆止阀、放散阀处于正常工作状态；

(5) 冷却水系统水流畅通,不漏水,泄水正常；

(6) 氧气、氧枪、副枪高压水及其他冷却水压力、流量符合规定要求；

（7）氧枪、副枪孔、加料溜槽孔及其他部位的氮封（或汽封、机械封）处于正常状态；

（8）一切连锁装置、事故报警和备用蓄电池等处于正常状态；

（9）炉下不得有积水或其他堆积物；

（10）转炉修砌完毕8h，方可小角度动炉，冷却水试水前应将转炉摇出烟罩停位。

B　炉衬的烘烤

（1）采用焦炭烘炉。烘炉过程定时分批补充焦炭，适时调整氧枪位置和氧气流量，使焦炭完全燃烧，保证烘炉时间，炉衬温度达到炼钢的要求。

（2）烘炉前解除氧枪的氧压连锁报警，烘炉结束及时恢复。

（3）烘炉期间对设备系统进行全面检查，发现问题及时处理。

（4）烘炉结束倒炉观察炉衬烘烤情况，如发现液态渣，必须加入石灰稠化，确认炉内无液态渣后方准装入铁水炼钢。

C　开新炉第一炉炼钢操作

（1）第一炉为全铁水炼钢不加废钢，烘炉的焦炭没有燃烧完，会影响化渣，应适量加入萤石帮助化渣，同时又要注意防止炉渣过泡而产生大喷。

（2）出钢前先检查出钢口，拉碳后快速组织出钢。

（3）开新炉第一炉不回收煤气。

13-10　氧枪漏水或其他原因造成炉内进水如何处理？

吹炼过程发现氧枪漏水或其他原因造成炉内进水，应立即提枪停吹，切断氧枪或其他部件漏水水源，将氧枪移出氧枪孔。严禁摇炉，待炉内积水全部蒸发后方可动炉。重新更换氧枪或消除漏水并恢复供水后，方能继续吹炼。

13-11　如何提高烟罩寿命和防止烟罩漏水？

未燃法烟气净化系统的烟罩由活动罩裙和固定烟罩组成。罩裙可用水冷却也可用汽化冷却，烟道广泛采用汽化冷却方式。烟罩、烟道漏水不但影响安全而且减少钢产量,烟罩漏水成流应停止炼钢进行处理。为提高烟罩寿命、防止漏水可从如下几个方面进行改善和强化:

(1) 烟道、烟罩的材料全部选用标准锅炉钢管,按锅炉的要求进行焊接和制作,管道焊接完毕后进行射线无损探伤。

(2) 新烟罩或经长期使用后的烟罩须进行酸洗、漂洗、钝化处理,在干净的金属内表面预设一层保护膜。

(3) 采用质量合格的软化水并进行除氧,以防水垢的生成和减少氧对金属的腐蚀。

(4) 薄弱部位喷涂导热性、耐磨性好且耐高温的新型喷涂材料。

(5) 改进炼钢工艺,改善供氧和造渣操作,减少喷溅,防止烟罩粘钢、粘渣。

13-12 如何防止氧枪粘粗,氧枪粘粗后如何处理?

粘枪主要产生于吹炼中期,化渣不好,渣中析出的高熔点物质(C_2S 和 MgO),熔渣黏稠,导致金属喷溅,很容易粘结在枪身上,形成钢-渣混粘物很难脱落,使枪身逐渐变粗。

在钢水未出净,溅渣时也会引起氧枪粘钢。

防止氧枪粘粗的措施有:

(1) 首先在吹炼中控制好枪位,化好过程渣。

(2) 出钢时应出净炉内钢水,如炉内有剩余钢水,可不进行溅渣操作。

(3) 采用刮渣器进行刮渣处理,或采用带锥度氧枪,有利于枪身粘着物脱落。

(4) 采用吹炼与溅渣专用枪。

发现氧枪开始粘粗后,在下炉吹炼时,应适当减少调渣剂加入量,增加萤石用量,适当提高枪位,使过程熔渣有较好的流动性,可以在吹炼后半期,涮掉枪身的粘钢。

如果连续涮枪两三炉,粘枪情况仍没有减轻,可采用人工烧氧切割枪身粘钢。当粘粗超过规定标准时应立即更换新氧枪。

若氧枪粘粗程度超过氧枪孔直径时,应将转炉摇出烟罩,割断枪身再换新枪,此时特别要注意避免氧枪冷却水进入炉内,以防引起爆炸。

13-13 如何防止转炉漏钢,转炉漏钢如何处理?

转炉炉衬修砌质量不合要求、吹炼操作不当、炉衬维护不及时或因漏水造成炉衬砖局部粉化等形成的薄弱部位有时会出现漏钢。

对可拆卸炉底的转炉,炉底与炉身接缝处的修砌质量不好,接缝处也会漏钢。

吹炼中软吹时间长,钢水过氧化,形成高温、高氧化铁熔渣,对炉衬蚀损严重部位,也可能发生漏钢。

生产中可采用炉衬激光测厚仪及时测量炉衬厚度,动态调整溅渣操作和补护炉工作,同时炼钢工每炉都应观察炉况,防止炉衬维护不及时引起薄弱部位发生漏钢。

生产中还应加强设备的维护,避免冷却水漏进炉内而导致炉衬砖粉化造成漏钢。

漏钢前在漏钢部位的炉壳会出现发红的现象,根据发红部位决定处理办法。若发红部位在炉体上部,可继续吹炼,出钢后处理;发红部位靠近熔池,应迅速组织出钢,所出钢水按回炉钢处理。

出钢后要仔细观察漏钢部位及漏钢孔洞大小,决定是否停炉或组织修补。漏钢孔洞小,可采用投补加喷补修复,但一定要保证烧结时间;若漏钢孔洞大,要多次投补和喷补,一次先堵住洞口,待烧结牢固后,兑铁吹炼1~2炉提高温度后,再次修补炉衬。

13-14 转炉冻炉后如何处理?

由于炉内进水或设备故障,造成长时间停吹,钢水被迫凝固在炉内,这种现象称为冻炉。

处理冻炉之前应检查炉衬状况,根据炉衬状况好坏决定处理方法。若炉衬状况良好,可采用兑铁水加提温剂吹炼化钢的办法处理;若炉衬已粉化损坏则采用切割炉壳倒出凝钢的办法处理。

前一种处理冻炉方法的关键是温度,若炉内凝钢不多时,兑铁水后配加部分硅铁和铝,吹炼过程分批加入焦炭补充热量,吹炼第1炉凝钢就可以全部熔化。如果凝钢数量较多就要连续吹炼2～3炉才能熔化全部冻钢。

处理前,应确认倾动装置具备的能力,做好各项准备工作保证处理过程安全。

对于全炉冻钢,炉衬已冷却,应先进行烘炉,烘炉时要充分加热炉衬,并尽可能使热量向凝钢传递。因此烘炉时间要大于正常新炉焦炭烘炉时间,烘炉结束向砌砖渣罐倒入熔化的钢渣,用氧气管烧通出钢口。

当吹炼化钢时,兑入适量铁水,兑铁前向炉内加入硅铁、铝铁,目的是提温、脱氧并有利成渣,开吹同时加入石灰和少量萤石,吹炼过程分批加入焦炭,根据计算液面高度控制好枪位。接近吹炼终点倒炉测温取样判定碳含量,必要时加入硅铁、铝铁吹氧提温;具备出钢条件时,直接摇炉组织快速出钢,炼成合格钢。一般冻钢可分2～3炉熔化完毕;吹炼化钢过程应注意防止氧枪烧漏;冻钢是处于不断熔化状态,快速组织出钢尤为重要。

当炉衬粉化损坏时处理炉内冻钢,不能用烘炉化钢方法,应采用切割炉壳倒出凝钢的办法处理。

13-15 冶炼低碳钢后为什么必须倒净炉内液体残渣?

吹炼低碳钢时,冶炼后期的氧化速度较低,熔池搅拌速度相应减弱,终渣中氧化铁含量增高,钢中的氧含量增加。如果炉内液体渣未倒净就兑入铁水,此时处于高温状态,铁水中的碳被熔渣中氧化铁剧烈氧化,瞬时产生大量 CO 气体排出,发生爆发性喷溅,威胁人身与设备安全。因此,吹炼低碳钢后必须倒净炉内液体残渣方能兑铁炼钢。

13-16 转炉采用留渣操作有什么要求?

留渣工艺有利于促进初期渣早化,并明显节约石灰用量,为保证安全留渣操作必须做到:上炉终点 $w_{[C]} > 0.08\%$ 时,下炉兑铁水前加入适量的石灰,向前、向后摇炉,使炉渣降温固化,然后加入废钢,向后、向前摇炉,确认炉内无液体渣时,再缓慢兑入铁水。

13-17　为什么不准低氧压吹炼和过高枪位"吊吹"?

低氧压吹炼和过高枪位吊吹,熔池搅拌弱,在与氧流接触的液面处积聚了大量(FeO),熔池渣钢界面处也积聚了[C],炉温一旦升高渣中的(FeO)与钢液中的[C]容易产生爆发性反应,生成大量 CO 气体,而引起大喷事故,威胁人身和设备安全;也影响炉衬寿命,降低钢水收得率、合金吸收率;对钢质量不利。因此,炼钢中应禁止低氧压吹炼和过高枪位"吊吹"。

13-18　若渣罐下部存有 500g 水,当 1600℃的钢渣倒入渣罐时,如果这些水被加热到 1600℃,则水蒸气的压力会突然上升到多少,这时将会发生什么事故?

已知:500g 水的体积是 $0.0005m^3$,水的温度为 15℃。

解:(1) 500g 水变成水蒸气时,在 0℃、0.1MPa 时理论水蒸气的体积为:

$$18 : 0.0224 = 500 : x$$

$$x = 0.0224 \times 500 / 18 = 0.6222m^3$$

(2) 500g 水蒸气,限制体积为 $0.0005m^3$ 时,由 0℃ 变为 1600℃时,理论压力为:

$$\frac{p_1 V_1}{T_1} = \frac{p_2 V_2}{T_2}$$

$$p_1 = 0.1MPa;\ V_1 = 0.6222m^3;\ T_1 = 273K$$

$$V_2 = 0.0005m^3;\ T_2 = 273 + 1600 = 1873K$$

$$\frac{0.1 \times 0.6222}{273} = \frac{0.0005 \times p_2}{1873}$$

$$p_2 = \frac{1873 \times 0.1 \times 0.6222}{0.0005 \times 273} = 853.8MPa$$

500g 水被加热到 1600℃ 时，水蒸气压力突然升高到 853.8MPa，将发生爆炸。

13-19　如何冶炼回炉钢水？

处理回炉钢时必须对钢水回炉的原因、钢种、钢水的成分、温度、回炉量、补兑至正常装入量的铁水量、铁水成分和温度了解清楚，参考正常吹炼的一些参数，综合分析，确定处理办法。

吹炼回炉钢关键是安全操作，控制好终点温度和成分。一般应注意以下几方面：

(1) 回炉钢必须先倒渣，处理整炉或部分回炉钢水时，有混铁炉的车间，回炉钢水可直接返回混铁炉；没有混铁炉可返回铁水包，转炉补充铁水后进行吹炼。

(2) 回炉钢量冷却效应与废钢量折算可参考如下经验数据：3t 碳素结构钢水相当于 1t 固体废钢的冷却效应；5t 低合金钢水相当于 1t 固体废钢的冷却效应。

(3) 回炉钢吹炼时，如热量不足，则配加一定数量的焦炭或硅铁补充热量。

(4) 根据补充兑入铁水后的综合成分配加渣料，终渣碱度控制在 3.0～3.4，渣料可在开吹后一次加入。

(5) 开吹可按正常枪位吹炼，枪位也可酌情降低些。

13-20　转炉内有剩余钢水时应如何处理？

因特殊情况造成炉内有剩余钢水时，禁止将剩余钢水倒入渣罐，首先把炉内熔渣尽量倒入渣罐，而后向炉内加入一定量的石灰，前后摇炉，再加入废钢，废钢加毕再向后、向前摇炉，确认炉内无液体钢与渣时，缓慢兑入铁水。

13-21　"钢包大翻"的原因是什么，有哪些预防措施？

在钢包较深层，成团合金裹渣未熔化，当合金熔开，有可能是合金所含水分形成的蒸汽或者是钙形成的钙蒸气，在高温下急剧膨胀,推开钢水向外排出;也有可能因为其他原因发生突发性反应,急剧产生大量气体,引起钢包大翻。

预防措施如下:

(1)出钢脱氧合金化时,出钢前不得将合金加在钢包包底或出钢过程不要过早加入大量合金。

(2)维护好出钢口,不得使用大出钢口出钢。

(3)合金溜槽位置合适,合金应加到钢流冲击区。

(4)避免钢包包底渣过多。

(5)避免使用粘有高合金钢的钢包受钢。

(6)在终点碳低时,不要先加增碳剂增碳。

(7)提高终点碳控制水平,减少低碳出钢。

(8)出钢过程采用钢包底吹氩搅拌。

13-22　氧气管道爆炸原因是什么,如何预防氧气管道爆炸事故?

氧气管道爆炸原因如下:

可燃物、氧气、着火温度是燃烧必须具备的三个要素。氧气是一种助燃气体,遇可燃物及火种引起强烈的燃烧,并放出大量的热。氧气管道爆炸是由于急剧的燃烧,管壁达到熔化状态,气体体积瞬间急剧膨胀而引起的。

(1)氧气在管道内流速过高,因摩擦产生大量火种。

(2)管道内如有金属碎屑或砂石,在高速氧流的带动下,冲击管壁,产生火花,引起燃烧。

(3)管道内壁生锈,增加摩擦。

(4)当氧气输送管道上的截止阀开启时,如阀前后压力差很大,氧气流速瞬间可达200m/s,一般碳钢就会燃烧起火引起爆炸。

(5)氧流在管道急转弯处冲击管壁,产生高温。

(6)管道接口处,因加工工艺不好,存有突尖或粗糙之处,氧气流过摩擦过强,可产生高热。

(7)氧气管道对接法兰等处漏氧,外来火源引燃爆炸。

(8) 氧气管道和氧枪在制造和安装时,使用的润滑油脂未清除干净。

(9) 剥落的橡胶管碎屑及其他外来可燃物进入管内。

(10) 裸露的电线头搭在管道,产生静电感应,因静电火花引起急剧燃烧,导致爆炸。

防止办法如下:

(1) 氧气的流速应符合国家有关规范要求。氧气输送管(碳钢)内氧气流速必须小于 15m/s,氧枪内管氧气流速在 40～55 m/s,不得大于 60m/s。

(2) 氧气管道应清洁施工,管道焊接时,不准有渣粒、铁粒和任何其他物品留在管道内,接缝处不得有焊肉尖刺等出现。管道内壁不得含有任何油污和异物。

(3) 氧气管道在安装、检修后或长期停用后再投入使用前,应将管内残留的水分、铁屑、杂物等用无油干燥空气或氮气吹扫干净,直至无铁锈、尘埃及其他杂物为止。吹扫气体速度应不小于 20 m/s。

(4) 氧气管网上设置的各种阀门都要采用氧气专用阀门。直径大于 70mm 的氧气手动阀门,只有阀前、后压差在 0.3MPa 以内,才允许工作。可采用降压、充气或设置旁通阀等方法缩小压差。

(5) 氧气管道转弯应平缓过渡,避免急转弯。

(6) 避免氧气流超速撞击主管壁。如果急转弯不能避免时,受冲击的管件要选用铜合金件,免除产生火花。

(7) 氧气管道及阀门安装完毕后,应按规定进行系统强度、严密性及泄漏量试验。

(8) 氧气管道应有良好的导除静电的装置。

(9) 连接氧枪的软管采用金属软管。

13-23 转炉煤气发生爆炸的条件是什么?

转炉煤气是 CO 含量为 60%～80% 的易燃易爆的有毒气体,

转炉煤气发生爆炸需要同时具备3个条件：

（1）气体混合比在爆炸范围内，$\varphi_{CO}>12\%$，$\varphi_{O_2}>4\%$。

（2）温度在610℃以下，即在混合气体最低着火点以下，否则只能燃烧。

（3）遇有火种。

13-24　防止转炉煤气发生爆炸有哪些措施？

（1）合理操作罩裙升降。在吹炼前期、后期提起烟罩，吸入的空气与炉气中的CO尽可能在炉口完全燃烧，生成的CO_2废气清扫管道中的空气（或煤气）并放散。在吹炼中期要降罩，实现炉口微差压自动调节，保持炉口微正压，炉气在烟罩内可形成微量漩流，对罩外空气既起到隔离作用，阻挡大量空气侵入烟罩，又避免大量烟气外溢而污染环境。

（2）在易爆炸部位，设置防爆膜或防爆盖。

（3）在烟道的氧枪、副枪孔和加料溜槽孔等部位设置氮封，防止炉气外溢和空气侵入。

（4）一级文氏管前后为易爆区域，操作不当或其他原因引起大喷，红渣一旦进入一文入口，而一文喷水量不足以将其熄灭时，烟道内自由氧含量又高，就会发生爆炸。所以在一文前装有防爆门，一文装有溢流水封，利于泄爆，确保安全。

（5）设置灵敏可靠的氧气分析仪，当炉气中氧气含量大于2.0%时自动报警，放散煤气。

13-25　CO对人体有何危害，如何防止CO中毒？

转炉煤气中的CO，在标准状态下密度是$1.23kg/m^3$，是一种无色无味的气体，对人体有毒害作用。CO被人吸入后，经肺部而进入血液，它与红色素的亲和力比氧的亲和力大210倍，很快形成碳氧血色素，使血液失去送氧能力，并引起全身组织，尤其是中枢神经系统严重缺氧，致使中毒，严重者可致死。

为了防止煤气中毒，必须注意以下几点：

(1) 净化回收系统要严密,杜绝煤气的外漏;并在有关地区设置 CO 浓度报警装置,以防中毒。

(2) 加强煤气管沟、风机房和煤气加压站的通风措施。

(3) 不得在煤气区域长时间停留,从事煤气工作的操作人员,必须由两人以上进行监护工作。

(4) 清理烟道前,转炉呈 90°停位,风机应继续运转 30min 以上,并经鉴定确认烟道内不存在煤气或其他有害气体,方可进行清理。

13-26 煤气点火时为什么要先点火后开煤气?

如果不先点火而先开煤气,会使管嘴内外形成煤气和空气混合的爆炸性气体,遇火就会发生爆炸造成事故。另外,煤气扩散也容易使人中毒,所以必须先点火后开煤气,以使送出的煤气立即燃烧,防止事故的发生。

13-27 铁水喷吹颗粒镁脱硫时应注意哪些安全事项?

金属镁活性很高,熔点只有 651℃,镁粉属于易燃易爆粉尘。高温表面沉积粉尘厚 5mm 时的引燃温度为 340℃,云状粉尘的引燃温度为 470℃,空气中镁粉浓度达到(标态)50mg/m³ 就会引发爆炸;熔态镁遇水会发生爆炸,潮湿的镁会发生自燃反应,覆盐钝化镁与水反应会产生氢气,遇火源也产生爆炸。在 400℃ 以上的温度时,镁粉与氮产生剧烈反应,并且在氮气中继续燃烧。

使用中应注意的事项如下:

(1) 脱硫用镁粒须表面钝化处理后才能安全的运输、储存和使用。

(2) 在镁区域工作时,严禁使用明火或吸烟。除铁水脱硫外,不得有高于 400℃ 的物体与镁接触。

(3) 严禁颗粒镁受潮沾湿。

(4) 镁工作区保持清洁,不得产生镁浮尘。

(5) 镁输送管道、阀门、料仓应有接地装置,防止静电。

(6) 镁着火应采用干碾磨氯化物熔剂、干镁砂粉、石棉毡灭火。

13-28　LF炉精炼过程中发生炉盖漏水怎样处理?

精炼过程中发生炉盖漏水等异常情况立即停止电极供电,提升电极并抬起包盖,停止吹氩。精炼工判断,若钢包进水,须首先关闭炉盖进水总阀门,处理事故部位,待包内的水蒸发干净后再动车。若包内无水,将钢包开到等待位,对事故部位进行处理。

14 技术经济指标

14-1 技术经济指标反映的主要内容是什么,炼钢和连铸应遵循哪些技术经济准则?

技术经济指标以反映工业生产技术水平和经济效果为主要内容,炼钢和连铸的技术经济准则是:高效、优质、多品种、低消耗、综合利用资源、环境保护。

14-2 什么是转炉日历利用系数?

转炉在日历时间内每公称吨每日所生产的合格钢产量。

$$转炉日历利用系数(吨/公称吨·日) = \frac{合格钢产量(吨)}{转炉公称吨 \times 日历日数}$$

14-3 什么是转炉日历作业率?

转炉炼钢作业时间与日历时间的百分比。

$$转炉日历作业率(\%) = \frac{炼钢作业时间(h)}{炉座数 \times 日历时间(h)} \times 100\%$$

式中,炼钢作业时间 = 日历时间 - 大于 10min 的停工时间

14-4 什么是转炉每炉炼钢时间?

转炉平均每炼一炉钢所需要的时间。

$$转炉每炉炼钢时间(min) = \frac{炼钢作业时间(min)}{出钢炉数}$$

14-5 什么是钢铁料消耗?

每吨合格钢消耗的钢铁料量。

$$钢铁料消耗(kg/t) = \frac{生铁量(kg) + 废钢铁量(kg)}{合格钢产量(t)}$$

注:废钢中锈蚀薄钢板按实物量×60%折算,未加工的渣钢按实物量70%计,砸碎加工的渣钢按90%折算。

14-6 什么是铁水消耗?

每吨合格钢消耗的铁水量。

$$铁水消耗(kg/t) = \frac{铁水量(kg)}{合格钢产量(t)}$$

14-7 什么是转炉炼钢某种物料消耗?

$$转炉炼钢某种物料消耗(kg/t) = \frac{某种物料用量(kg)}{合格钢产量(t)}$$

14-8 什么是转炉炉龄?

自转炉炉衬投入使用起到更换炉衬止,一个炉役期内所炼钢的炉数。

$$转炉平均炉龄(炉) = \frac{出钢炉数(炉)}{更换炉衬次数}$$

14-9 什么是转炉吹损率?

转炉在炼钢过程中喷溅掉和烧、熔损掉的金属量占入炉金属料量的百分比。

$$转炉吹损率(\%) = \frac{入炉金属料(t) - 出炉钢水量(t)}{入炉金属料(t)} \times 100\%$$

式中,金属料量 = 钢铁料量 + 其他原料含铁量 + 合金料量 + 铁矿石铁含量

铁矿石铁含量 = 铁矿石用量×矿石品位×80%

14-10 什么是转炉钢金属料消耗?

每吨合格钢消耗的金属料。

$$金属料消耗(kg/t) = \frac{入炉金属料量(kg)}{合格钢产量(t)}$$

14-11　什么是转炉优质钢比?

优质钢产量占合格钢产量的百分比。

$$转炉优质钢比(\%) = \frac{合格优质钢产量(t)}{合格钢总产量(t)} \times 100\%$$

14-12　什么是铁水预处理比?

预处理铁水量占入转炉铁水量的百分比。

$$铁水预处理比(\%) = \frac{预处理铁水量(t)}{入转炉铁水量(t)} \times 100\%$$

14-13　什么是转炉钢炉外精炼比?

转炉钢炉外精炼合格钢量占转炉合格钢量的比。

$$转炉钢炉外精炼比(\%) = \frac{转炉钢炉外精炼合格钢量(t)}{转炉合格钢量(t)} \times 100\%$$

14-14　什么是连铸比?

合格连铸坯产量占总钢产量的百分比。

$$连铸比(\%) = \frac{合格连铸坯产量(t)}{合格连铸坯产量(t) + 合格钢锭产量(t)} \times 100\%$$

14-15　什么是连铸机日历作业率?

连铸机实际作业时间占日历时间的百分比。

$$连铸机日历作业率(\%) = \frac{连铸机实际作业时间(h)}{台数 \times 日历时间(h)} \times 100\%$$

式中,连铸机实际作业时间为浇注时间 + 准备时间。

14-16　什么是连铸坯合格率?

合格连铸坯占连铸坯总检验量的百分比。

$$连铸坯合格率(\%) = \frac{连铸坯检验合格量(t)}{连铸坯总检验量(t)} \times 100\%$$

14-17　什么是合格坯收得率?

合格连铸坯占浇铸坯钢水量的百分比。

$$合格坯收得率(\%) = \frac{连铸合格坯产量(t)}{浇连铸坯钢水量(t)} \times 100\%$$

14-18　什么是连浇炉数?

一个浇次浇钢的炉数。

$$平均连浇炉数(炉/次) = \frac{钢包开浇炉数(炉)}{铸机开浇次数(次)}$$

14-19　什么是断流率?

断流数占浇注流数的百分比。

$$断流率(\%) = \frac{断流数(流)}{浇注流数(流)} \times 100\%$$

14-20　什么是溢漏率?

溢钢流数与漏钢流数之和占浇注流数的百分比。

$$溢漏率(\%) = \frac{溢钢流数 + 漏钢流数}{浇注流数} \times 100\%$$

14-21　什么是转炉钢工序单位能耗?

包括从铁水进厂至连铸坯(锭)出厂全部工艺过程所消耗的一次和二次能源。

$$转炉钢工序单位能耗(kg 标准煤/t) =$$
$$\frac{(炼钢燃料消耗量 + 动力消耗 - 煤气、余热回收外供量)(kg 标煤)}{合格钢产量(t)}$$

14-22 什么是成本?

企业为生产一定种类、一定数量的产品所发生的直接材料费用、直接人工费用和制造费用的总和就是这些产品的成本。

冶金企业有大批量、多工序生产的特点。通常上一工序半成品的成本(或价格)随半成品实物转移,计入下一工序相应产品的原料费用中,炼钢厂(车间)的成品是连铸坯或钢锭。

单位连铸坯成本(元/t) =

$$\frac{(原料费 + 辅助材料费 + 燃料动力费 + 直接人工费 + 制造费用)(元)}{合格连铸坯产量(t)}$$

注:制造费用包括管理人员工资、辅助生产人员工资、设备折旧、修理及物料费、劳动保护费、检验费和其他费用。

成本的降低幅度用可比成本的降低率来表示。

可比成本降低率(%) =

$$\left[1 - \frac{\sum(每种品种本期单位成本 \times 本期产量)}{\sum(每种品种上期单位成本 \times 本期产量)}\right] \times 100\%$$

14-23 什么是流动资金占用额?

流动资金占用额(万元) = (报告期末贮存原料 + 辅助原料 + 各种备件 + 成品 + 在产品)所占用的资金总额

14-24 什么是利润?

利润(元) = 销售价格 - 成本 - 税金

附　　录

附录1　主要化学元素的符号和基本性质

元素名称	元素符号	相对原子质量	密　度/t·m^{-3}	熔　点/℃	沸　点/℃
铁	Fe	55.85	7.86	1538	3000
碳	C	12.01	2.25(石墨)	>3550	4827
硅(矽)	Si	28.09	2.33	1410	2355
锰	Mn	54.94	7.20	1244	2097
磷	P	30.97	1.82(白磷)	44	280
硫	S	32.06	2.07	113	445
铝	Al	26.98	2.70	660	2467
钙	Ca	40.08	1.54	842~848	1487
镁	Mg	24.31	1.74	651	1107
钒	V	50.94	5.96	约1890	约3000
钾	K	39.10	0.86	64	774
钠	Na	22.99	0.97	98	892
铌	Nb	92.91	8.57	约2468	4927
钛	Ti	47.88	4.5	1675	3260
锡	Sn	118.69	7.28(白锡)	232	2260
钴	Co	58.93	8.9	1495	2900
钼	Mo	95.94	10.2	2610	5560
硼	B	10.81	2.34	2300	2550
镍	Ni	58.69	8.90	1453	2732

元素名称	元素符号	相对原子质量	密度 /t·m⁻³	熔点 /℃	沸点 /℃
铬	Cr	52.00	7.20	1890	2482
铜	Cu	63.55	8.92	1083	2595
钨	W	183.85	19.35	3380	5927
铅	Pb	207.2	11.34	327	1744
碲	Te	127.60	6.00	450	约 990
铋	Bi	208.98	9.80	271	约 1560
砷	As	74.92	5.727	817	613(升华)
稀土	RE	>140	5.2~9.8	795~1652	1427~3468
氢	H	1.01	0.0902kg/m³(标态)	-259	-253
氧	O	16.00	1.429kg/m³(标态)	-218	-183
氮	N	14.01	1.251kg/m³(标态)	-210	-196
氟	F	19.00	1.696kg/m³(标态)	-210	-118
氯	Cl	35.45	3.165kg/m³(标态)	-101	-35
氩	Ar	39.95	1.784kg/m³(标态)	-189	-185

附录2 常用铁合金的物理参数

名 称	主要成分/%	熔 点/℃	密度/t·m⁻³ 液态	密度/t·m⁻³ 固态	块 度/mm	堆密度/t·m⁻³
45%硅铁	Si40~47	1290		5.15	100~300	2.2~2.9
75%硅铁	Si72~80	1300~1330	2.8	3.5	100~300 <1 粒化含水5%	1.4~1.6 1.6~1.9 1.45~1.5
锰硅合金	Mn>65,Si>17	1240~1300	5.5	6.3	40~70	3.0~3.5
高碳锰铁	Mn76	1250~1300	6.8	7.1	5~200	3.5~3.7
中低碳锰铁	Mn75~80	1310	6.5	7.0	20~250	3.5
金属锰	Mn>93	1240~1260		7.3	5~250	3.55
电解金属锰	Mn>99	1250		7.2	片状,厚度约1	2.5~3.0
硅铬合金	Si40~50				100~200 <30 细 粒	2.5 3.0 1.9~1.95
硅铬合金	Si30				<30 细 粒	3.3 2.3~2.8
高碳铬铁	Cr65~70	1520~1550	6.5	6.94	50~300	3.8~4.0
再制铬铁	Cr>60	1520~1550	6.5	6.94	破碎后	3.7~4.0
粒化铬铁	Cr>60	1520~1550	6.5	6.94	粒化后	2.3~2.8
中碳铬铁	Cr>60	1600~1640		7.28	100~300	4.0
低碳铬铁	Cr>60			7.29	破碎成块状	3.0~3.1
微碳铬铁	Cr>65			7.27	50~200	2.7~3.1
真空微碳铬铁	Cr>65			5.0	砖块状	
金属铬	Cr98	1850~1880		7.19	10~250	3.3
电解金属铬	Cr>98	1850~1880		7.2		
钨 铁	W>70	>2400		16.4	20~200	7.2
钼 铁	Mo>55	1750		9.0	<200	4.7
钒 铁	V>40	1480		7.0	<200	3.3~3.9

名　称	主要成分/%	熔点/℃	密度/t·m⁻³ 液态	密度/t·m⁻³ 固态	块度/mm	堆密度/t·m⁻³
钛　铁	Ti>25	1450~1580		6.0	<200	2.7~3.5
磷　铁	P15~20	1160~1360		6.34	<200	3.1
硼　铁	B10~15	1380		7.2	<200	3.1
铌　铁	Nb20~30	1410~1590		7.4	块　状	3.2
锆　铁	Zr40			5.8		
铝　铁	Al50	1150		4.9		2.9
工业硅	Si98			2.4		
硅钙合金	Si59Ca31	1000~1245		2.55	<250	1.5~1.7
硅铝合金	Si55Al35			3.0		
氮化铬铁	Cr>60N>3			7.25	<250	3.1
硅钙铝	(Ca+Al)20~50			2.5	2~50	1.15
硅钙钡				2.8	2~50	1.30
硅钙钡铝				3.1	2~50	1.28
硅钙锰				3.4	2~50	1.30
硅钙锆				3.3	<50	1.28
稀土金属	Ce48			6.7	25×50×50	4.2
装料级铬铁				6.7	<100	3.4
氧化钼	Mo60					1.83
氮化锰	Mn95N4			7.1	<100	4.70
氮化锰铁	Mn74N4			7.2	<100	3.70
氮化钒	V84N13			4.0	38×31×19	1.92
工业硅	Si>98.5			2.2	<150	3.21
碳化钒	V84C13			4.0	38×31×19	1.92
碳化钒铁	V68C14			5.8	<50	3.84

附录3 钢材的力学性能

名称	常用指标名称	代 号	法定计量单位		解 释
			名 称	单 位	
弹性	弹性极限	σ_e	兆帕 (牛/毫米^2)	MPa (N/mm^2)	金属在外力作用下产生变形,外力取消后又恢复到原来形状和大小的一种特性
	比例极限	σ_p	兆帕 (牛/毫米^2)	MPa (N/mm^2)	在弹性变形阶段发生微小塑性变形的应力值
强 度	抗拉强度	σ_b	兆帕 (牛/毫米^2)	MPa (N/mm^2)	金属试样拉伸时,拉断前承受的最大应力
	屈服点	σ_s	兆帕 (牛/毫米^2)	MPa (N/mm^2)	金属试样拉伸时,开始出现塑性变形时的应力
	屈服强度	$\sigma_{0.2}$	兆帕 (牛/毫米^2)	MPa (N/mm^2)	金属试样拉伸时,产生0.2%永久变形时的应力
	抗弯强度	σ_{bb}	兆帕 (牛/毫米^2)	MPa (N/mm^2)	试样在位于两支撑中间的垂直外力作用下折断时,所承受的最大正应力
	抗压强度	σ_{bc}	兆帕 (牛/毫米^2)	MPa (N/mm^2)	试样在压力作用下不产生碎裂所承受的最大正应力
	持久极限	σ_b (温度 /时)	兆帕 (牛/毫米^2)	MPa (N/mm^2)	金属试样在给定温度下,经一定时间破坏时,所承受的恒定应力
塑 性	伸长率	δ $L_0 = 5d$ $L_0 = 10d$	百 分 率	%	金属试样拉伸时,拉断后增加长度与原标距长度之百分比
	断面收缩率	ψ	百 分 率	%	金属试样拉伸拉断时断裂处截面面积减小的百分率

续附录 3

名称	常用指标名称	代号	法定计量单位		解释
			名称	单位	
韧性	冲击值（冲击韧性值）	a_K	焦/厘米^2（千焦/厘米^2）	J/cm^2	一定尺寸和形状试样,在规定试验机上受一次冲击负荷折断时,试样刻槽处单位面积上所消耗的功
疲劳	疲劳极限	σ_{-1}	兆帕（牛/毫米^2）	MPa（N/mm^2）	金属材料在重复或交变应力作用下,于规定周期基数内不发生断裂所承受最大应力
	疲劳强度	σ_N	兆帕（牛/毫米^2）	MPa（N/mm^2）	金属材料在重复或交变应力作用下,循环一定周次N后,断裂所承受的最大应力
硬度	布氏硬度	HB	（牛/毫米^2）	N/mm^2（一般不标注）	金属材料抵抗更硬的物体(淬硬钢球,金刚石圆锥体等)压入其表面的能力
	洛氏硬度	HR	无量纲（分为3种:HRC、HRA、HRB)	无单位	
	维氏硬度	HV	兆帕（牛/毫米^2）	MPa（N/mm^2）	
	肖氏硬度	HS	无量纲	无单位	

附录4　物料平衡和热平衡计算

　　物料平衡是计算炼钢过程中加入炉内和参与炼钢过程的全部物料(包括铁水、废钢、氧气、冷却剂、渣料和被侵蚀的炉衬等)和炼钢过程的产物(包括钢水、熔渣、炉气、烟尘等)之间的平衡关系。热平衡是计算炼钢过程的热量收入(包括铁水的物理热、化学热)和热量支出(包括钢水、熔渣、炉气的物理热,冷却剂熔化和分解热等)之间的平衡关系。

　　通过物料平衡和热平衡的计算,结合炼钢生产的实践,可以确定许多重要的工艺参数。对于指导生产和分析、研究、改造冶炼工艺、设计炼钢车间、选用炼钢设备以及实现炼钢过程的自动控制都具有重要意义。

　　目前,氧气顶吹转炉炼钢大部分采用"定废钢调矿石"的冷却制度,并在渣料中配加白云石或菱镁矿,以保护炉衬。计算选定废钢加入量以及轻烧白云石加入量,进行物料平衡与热平衡初算;由初算结果求出富余热量,从而确定调温所需矿石加入量。最后对物料平衡、热平衡结果进行修正,求得用白云石造渣并采用定废钢调矿石冷却制度的物料平衡和热平衡。

1　原始数据

1.1　金属料成分及温度

　　表1为金属料成分及温度。

表1　金属料成分及温度

成　分	$w/\%$					温度/℃
	C	Si	Mn	P	S	
铁　水	4.30	0.50	0.30	0.080	0.035	1300
废　钢	0.10	0.25	0.40	0.020	0.020	25

1.2 原料成分

表 2 为辅原料成分表。

表 2 辅原料成分表

项 目	$w/\%$								
	CaO	SiO$_2$	MgO	Al$_2$O$_3$	CaS	Fe$_2$O$_3$	MnO	CaF$_2$	烧减
石 灰	83.0	2.50	8.09		0.18				3.9
矿 石	0.9	3.5	0.30	1.0	0.22	91.0	1.5		
萤 石		5.0						90.0	
轻烧白云石	49	2.0	37.0						9.0
炉 衬	2.0	0.9	77.0	4.0					

1.3 终点渣成分

表 3 为终点渣成分。

表 3 终点渣成分

项 目	$w/\%$			
R	MgO	MnO	FeO	Fe$_2$O$_3$
3.5			9	3

1.4 冶炼钢种

冶炼钢种为 Q235B,其规格成分见表 4。

表 4 Q235B 的规格成分

化 学 成 分 $w/\%$				
C	Si	Mn	P	S
0.12~0.20	≤0.30	0.30~0.70	≤0.045	≤0.045

计算选定终点 $w_{[C]} = 0.15\%$。

1.5　其他假定

其他假定条件如下：

（1）废钢为金属料装入量的 12%；

（2）金属料中碳总量的 90% 氧化生成 CO，其余 10% 生成 CO_2；

（3）渣中金属铁珠量占渣量的 8.5%；

（4）喷溅损失占金属量的 0.85%，设温度为 1600℃（中期喷溅较多，温度比钢水终点温度略低）；

（5）炉气平均温度为 1450℃，自由氧含量为 0.5%（体积比）；

（6）炉气处理采用未燃法，烟尘量比为 1.16%，其中 $w_{Fe_2O_3} = 20\%$，$w_{FeO} = 70\%$；

（7）进入炉渣的耐火材料量为金属量的 0.07%，其中炉衬侵蚀量为 0.04%，补炉料带入渣量为 0.03%；

（8）氧气纯度为 99.6%；

（9）出钢温度为 1680℃；

（10）每 100kg 金属料加入萤石 0.3kg；轻烧白云石 1kg；矿石量根据热量富余情况计算加入。

各种物质的质量热容见表 5，炼钢温度下反应热效应见表 6。

表 5　铁、钢、炉渣、炉气和矿石的平均质量热容

项　目	固态平均质量热容 $/kJ \cdot (kg \cdot ℃)^{-1}$	熔化潜热 $/kJ \cdot kg^{-1}$	液态或气态平均质量热容 $/kJ \cdot (kg \cdot ℃)^{-1}$
铁　水	0.745	218	0.837
钢　水	0.699	272	0.837
炉　渣		209	1.247
炉　气			1.141
烟　尘		209	0.996
矿　石	1.017	209	

表6 炼钢温度下的反应热效应

反　应　式	$\Delta H/\mathrm{kJ \cdot kg}^{-1}$
$[\mathrm{C}] + \frac{1}{2}\mathrm{O}_{2(气)} = \mathrm{CO}_{(气)}$	11637
$[\mathrm{C}] + \mathrm{O}_{2(气)} = \mathrm{CO}_{2(气)}$	34824
$[\mathrm{Mn}] + \frac{1}{2}\mathrm{O}_{2(气)} = \mathrm{MnO}_{(液)}$	6593
$[\mathrm{Si}] + \mathrm{O}_{2(气)} = \mathrm{SiO}_{(液)}$	29177
$2[\mathrm{P}] + \frac{5}{2}\mathrm{O}_{2(气)} + 4\mathrm{CaO}_{(渣)} = 4\mathrm{CaO \cdot P_2O_5}_{(液)}$	35874
$2\mathrm{Fe}_{(液)} + \frac{3}{2}\mathrm{O}_{2(气)} = \mathrm{Fe_2O_3}_{(液)}$	6459
$\mathrm{Fe}_{(液)} + \frac{1}{2}\mathrm{O}_{2(气)} = \mathrm{FeO}_{(液)}$	4249
$\mathrm{SiO}_{2(固)} + 2\mathrm{CaO}_{(固)} = 2\mathrm{CaO \cdot SiO}_{2(固)}$	1620

注：生白云石分解热为2742kJ/kg。轻烧白云石烧损为9%,折合烧损45%的生白云石约为1/5,认为轻烧白云石分解热为549kJ/kg。

2　物料平衡初算

下面以100kg金属料为单位进行计算(只用废钢作冷却剂)。

2.1　炉渣量及成分计算

炉渣来自金属中各元素的氧化产物,造渣剂和炉衬侵蚀。

设:余锰量占金属锰的40%;脱硫效率为35%,其中气化脱硫占1/3;脱磷效率为90%。

废钢量比为12%,铁水量比为88%。可计算钢水终点余锰量:

$$w_{[\mathrm{Mn}]余} = (0.30\% \times 88\% + 0.40\% \times 12\%) \times 40\% = 0.125\%$$

同理,可计算钢水终点的P、S含量。

2.1.1　元素氧化量

表7　金属料氧化量

项　　目	$w/\%$				
	C	Si	Mn	P	S
铁水(88%)	4.3×88%	0.5×88%	0.3×88%	0.080×88%	0.035×88%
废钢(12%)	0.1×12%	0.25×12%	0.4×12%	0.020×12%	0.020×12%
金属料平均	3.796	0.47	0.312	0.073	0.033
钢水(终点)	0.15	0	0.125	0.007	0.022
氧 化 量	3.646	0.47	0.187	0.066	0.011

2.1.2　各元素反应产物及数量

各元素反应产物及数量见表8。

表8　各元素反应产物及数量

元素	氧化产物	氧化量/kg	氧耗量/kg	氧化产物量/kg	备　注
Si	SiO_2	0.470	$0.470×\frac{32}{28}=0.537$	$0.470×\frac{60}{28}=1.007$	
Mn	MnO	0.187	$0.187×\frac{16}{55}=0.054$	$0.187×\frac{71}{55}=0.241$	
C	CO	3.646×90%=3.281	$3.281×\frac{16}{12}=4.375$	$3.281×\frac{28}{12}=7.656$	
	CO_2	3.646×10%=0.365	$0.365×\frac{32}{12}=0.973$	$0.365×\frac{44}{12}=1.338$	
P	P_2O_5	0.066	$0.066×\frac{80}{62}=0.085$	$0.066×\frac{142}{62}=0.151$	
S	SO_2	$0.011×\frac{1}{3}=0.004$	$0.004×\frac{32}{32}=0.004$	$0.004×\frac{64}{32}=0.008$	气化脱硫占总脱硫量的比例
	CaS	0.011−0.004=0.007	0	$0.007×\frac{72}{32}=0.016$	

元素	氧化产物	氧化量/kg	氧耗量/kg	氧化产物量/kg	备 注
Fe	FeO	0.527	$0.527 \times \dfrac{16}{56} = 0.151$	0.679	根据渣量反算
	Fe_2O_3	0.158	$0.158 \times \dfrac{48}{112} = 0.068$	0.226	
合计		5.066	6.247	11.322	

石灰加入量计算

$$w_{CaO, 有效} = w_{CaO, 石灰} - R \times w_{SiO_2, 石灰}$$

$$= 83\% - 3.5 \times 2.5\% = 74.25\%$$

渣中已有 SiO_2 量＝萤石带入量＋轻烧白云石带入量＋炉衬带入量

$$+ 金属中 Si 氧化产物量$$

$$= 0.3 \times 5\% + 1 \times 2\% + 0.07 \times 0.9\% + 1.007$$

$$= 1.043 (kg)$$

渣中已有 CaO 量＝轻烧白云石带入量＋炉衬带入量

$$= 1 \times 49\% + 0.07 \times 2\%$$

$$= 0.491 (kg)$$

$$石灰加入量 = \frac{R \cdot \Sigma(w_{SiO_2}) - \Sigma(w_{CaO})}{w_{CaO, 有效}}$$

$$= \frac{3.5 \times 1.043 - 0.491}{74.25\%} = 4.255 (kg)$$

石灰带入的硫化钙量 $= 4.255 \times 0.18\% = 0.008 (kg)$

轻烧白云石带入炉气的 CO_2 量 $= 1 \times 9\% = 0.09 (kg)$

石灰带入炉气的 CO_2 量 $= 4.255 \times 3.9\% = 0.166 (kg)$

将以上数据填入表 9：

表 9　炉渣的重量及成分

项目	氧化产物	石 灰	轻烧白云石	萤 石	炉 衬	合 计	占比例
	质　　量　／　kg						/%
CaO	0	4.255×83% =3.532	1×49% =0.490	0	0.07×2% =0.001	4.022	53.399
MgO	0	4.255×8.09% =0.344	1×37% =0.370	0	0.07×77% =0.054	0.768	10.196
SiO$_2$	1.007	4.255×2.5% =0.106	1×2% =0.020	0.3×5% =0.015	0.07×0.9% =0.001	1.149	15.255
P$_2$O$_5$	0.151	0	0	0	0	0.151	1.992
MnO	0.241	0	0	0	0	0.241	3.213
Al$_2$O$_3$		0	0	0	0.07×4% =0.003	0.003	0.040
CaF$_2$			0.3×90% =0.270		0	0.270	3.584
CaS	0.016	4.255×0.18% =0.008	0	0	0	0.024	0.319
小计						6.628	
FeO	0.678	0	0	0	0	0.679	9.001
Fe$_2$O$_3$	0.226	0	0	0	0	0.226	3.001
合计						7.533	100.00

从表 9 可知除了 FeO 和 Fe$_2$O$_3$ 以外的炉渣重量为：

$$w_{SiO_2} + w_{CaO} + w_{CaF_2} + w_{MnO} + w_{MgO} + w_{P_2O_5} + w_{Al_2O_3} + w_{CaS} =$$
$$1.149 + 4.022 + 0.270 + 0.241 + 0.768 + 0.151 + 0.003 + 0.024 = 6.628(kg)$$

又知终点渣成分中　$w_{FeO} + w_{Fe_2O_3} = 9\% + 3\% = 12\%$

则其他成分共占（$100\% - 12\%$）$= 88\%$

则炉渣总量为　$\dfrac{6.628}{88\%} = 7.532(kg)$

其中： FeO 量 $= 7.532 \times 9\% = 0.679 (kg)$

Fe 量 $= 0.679 \times \dfrac{56}{72} = 0.527 (kg)$

又 Fe_2O_3 量 $= 7.532 \times 3\% = 0.226 (kg)$

Fe 量 $= 0.226 \times \dfrac{112}{160} = 0.158 (kg)$

按表 9 计算结果验算，炉渣碱度 $R = 3.500$，$w_{(FeO)} = 9.001\%$，$w_{(Fe_2O_3)} = 3.001\%$，与设定成分相符合。

2.2 烟尘中铁及氧量

烟尘氧耗量 = 烟尘中 FeO 和 Fe_2O_3 的氧耗量

$$= 1.16 \times 70\% \times \frac{16}{72} + 1.16 \times 20\% \times \frac{48}{160}$$

$$= 0.250 (kg)$$

烟尘带走铁量 $= 1.16 \times 70\% \times \dfrac{56}{72} + 1.16 \times 20\% \times \dfrac{112}{160}$

$$= 0.794 (kg)$$

2.3 炉气成分和数量

表 10 是炉气成分及数量。

表 10 炉气成分及数量表

成 分	重量/kg	体积(标态)/m³	体积分数/%
CO	7.656	$7.656 \times \dfrac{22.4}{28} = 6.125$	87.63
CO_2	1.594	$1.594 \times \dfrac{22.4}{44} = 0.811$	11.60
SO_2	0.008	$0.008 \times \dfrac{22.4}{64} = 0.003$	0.04
O_2	0.046	0.032	0.46
N_2	0.024	0.019	0.27
合 计	9.328	6.990	100.00

炉气中 CO_2 量＝金属中 C 氧化产物＋轻烧白云石烧减产物

$$+ 石灰烧减产物$$

$$=1.338+1×9\%+4.255×3.9\%=1.594(kg)$$

炉气中 SO_2 量是由气化脱硫而来,石灰带入的 S 气化脱硫量忽略不计。

自由 O_2 和 N_2 由上述炉气成分用以下步骤反算:

例　已知氧气纯度 99.6%,炉气中自由氧体积比为 0.5%,求自由氧和纯氧气体积。

设在炉气总体积(标态)中,自由氧体积占 $x m^3$,氮气体积占 $y m^3$。

$$x = 炉气总量×0.5\%$$

$$= (C 氧化产物量＋S 氧化产物量＋x＋y)×0.5\%$$

$$= (6.125+0.811+0.003+x+y)×0.5\%$$

$$y = 供氧气总量×(1-99.6\%)$$

$$x = \left[\frac{22.4}{32}(6.335+0.250)+x+y\right]×0.4\%$$

$$x = \frac{6.939+y}{199}$$

$$y = \frac{4.610+x}{249}$$

解方程组得自由氧体积(标态) $x=0.035 m^3$;相当于 $0.035×\frac{32}{22.4}=0.050(kg)$。

氮气体积(标态) $y=0.019(m^3)$;相当于 $0.019×\frac{28}{22.4}=0.024(kg)$。

CaO 生成 CaS 放出氧量　$0.007×\frac{16}{32}=0.004(kg)$。

这样,氧气消耗量为　$0.050-0.004=0.046(kg)$。

2.4　实际氧气消耗量计算

实际氧耗量＝元素氧化氧耗量＋烟尘氧耗量＋炉气自由氧＋

氧气中氮

$$= 6.247 + 0.250 + 0.046 + 0.024$$

$$= 6.567 (kg)$$

实际消耗氧气体积(标态) =

$$(6.247 + 0.250 + 0.046) \times \frac{22.4}{32} + 0.024 \times \frac{22.4}{28} = 4.599$$

$(m^3)/(100kg 金属料) = 45.99(m^3/t)$

2.5 炉渣带金属铁珠量计算

炉渣带金属铁珠量 $= 7.533 \times 8.5\% = 0.640(kg)$

2.6 钢水量计算

钢水量 $= 100 -$ (元素氧化量及脱硫量 + 烟尘铁损量 +

炉渣中金属铁珠量 + 喷溅金属损失量)

$$= 100 - (5.066 + 0.794 + 0.640 + 0.850)$$

$$= 92.650(kg)$$

2.7 物料平衡初算

表 11 物料平衡初算表

收 入		支 出	
项　　目	重　量/kg	项　　目	重　量/kg
铁　　水	88.000	钢　　水	92.650
废　　钢	12.000	炉　　渣	7.533
石　　灰	4.255	炉　　气	9.328
萤　　石	0.300	烟　　尘	1.160
轻烧白云石	1.000	金属铁珠	0.640
炉　　衬	0.070	喷　　溅	0.850
氧　　气	6.566		
合　　计	112.191	合　　计	112.161

误差 $= \dfrac{支出 - 收入}{支出} \times 100\% = \dfrac{112.161 - 112.191}{112.161} \times 100\% = -0.027\%$。

3　热平衡计算

3.1　热收入项

3.1.1　铁水物理热

$$铁水凝固点 = 1535 - (4.3 \times 100 + 0.5 \times 8 + 0.3 \times 5 + 0.08$$
$$\times 30 + 0.035 \times 25) - 7 = 1089(℃)$$
$$铁水物理热 = 88 \times [0.745 \times (1089 - 25) + 218 + 0.837$$
$$\times (1300 - 1089)] = 104481.256(kJ)$$

3.1.2　金属中各元素氧化热及成渣热

由表6和表8得金属中各元素氧化热及成渣热数据,列于表12。

表 12　金属中各元素氧化热及成渣热

元　素	氧化产物	氧化量/kg	热效应值/kJ
Si	SiO_2	0.470	$0.470 \times 29177 = 13713.190$
Mn	MnO	0.187	$0.187 \times 6593 = 1232.891$
C	CO	3.281	$3.281 \times 11637 = 38180.997$
	CO_2	0.365	$0.365 \times 34824 = 12710.760$
P	$4CaO \cdot P_2O_5$	0.066	$0.066 \times 35874 = 2367.684$
SiO_2	$2CaO \cdot SiO_2$	1.149	$1.149 \times 1620 = 1861.380$
Fe	FeO	0.527	$0.527 \times 4249 = 2239.223$
	Fe_2O_3	0.158	$0.158 \times 6459 = 1020.522$
合　计			73326.647

3.1.3　烟尘氧化热

烟尘氧化热见表13。

表 13　烟 尘 氧 化 热

元　素	氧化产物	氧化量/kg	热效应值/kJ
烟　尘 Fe	FeO	$1.16 \times 70\% \times \dfrac{56}{72} = 0.632$	$0.632 \times 4249 = 2685.368$
	Fe_2O_3	$1.16 \times 20\% \times \dfrac{112}{160} = 0.162$	$0.162 \times 6459 = 1046.358$
合　计			3731.726

3.1.4　热量总收入

热量总收入 $= 104481.256 + 73326.647 + 3731.726$
$$= 181539.629 (kJ)$$

3.2　热支出项

3.2.1　钢水物理热

钢水凝固点 $= 1535 - (0.15 \times 65 + 0 \times 8 + 0.125 \times 5$
$$+ 0.007 \times 30 + 0.022 \times 25) - 7$$
$$= 1517 (℃)$$

出钢温度为 1680℃

钢水物理热 $= 92.650 \times [0.699 \times (1517 - 25) + 272$
$$+ 0.837 \times (1680 - 1517)]$$
$$= 134466.558 (kJ)$$

3.2.2　炉渣物理热

终点渣温度比终点钢水温度低 20℃

故终点渣温度 $= 1680 - 20 = 1660 (℃)$

炉渣物理热 $= 7.533 \times [1.247 \times (1660 - 25) + 209]$
$$= 16933.017 (kJ)$$

3.2.3　炉气物理热

炉气物理热 $= 9.328 \times 1.141 \times (1450 - 25) = 15166.628 (kJ)$

3.2.4　烟尘物理热

烟尘热 $= 1.16 \times [0.996 \times (1450 - 25) + 209] = 1888.828 (kJ)$

3.2.5　渣中金属铁珠带走热

金属铁珠带走物理热 $= 0.640 \times [0.699 \times (1517 - 25) + 272$
$$+ 0.837 \times (1660 - 1517)]$$
$$= 918.143 (kJ)$$

3.2.6　喷溅金属带走热

喷溅金属带走热 $= 0.850 \times [0.699 \times (1517 - 25) + 272$
$$+ 0.837 \times (1600 - 1517)]$$
$$= 1176.722 (kJ)$$

3.2.7　轻烧白云石分解热

轻烧白云石分解热 $= 1 \times 549 = 549.000 (kJ)$

3.2.8　其他热损失

其他热损失包括炉身对流辐射热、传导传热、冷却水带走热等,一般为热量总收入的 4%～6%,大容量转炉取下限,小容量转炉取上限,本计算取 4%。

其他热损失 $= 181539.629 \times 4\% = 7261.585 (kJ)$

3.2.9　热量总支出

$$\begin{aligned}
热量总支出 &= 134466.558 + 16933.017 + 15166.628 \\
&\quad + 1888.828 + 918.143 + 1176.722 \\
&\quad + 549.000 + 7261.585 \\
&= 178360.481 (kJ)
\end{aligned}$$

$$\begin{aligned}
富余热量 &= 热量总收入 - 热量总支出 \\
&= 181539.629 - 178360.481 \\
&= 3179.148 (kJ)
\end{aligned}$$

3.3　热平衡初算

热平衡初算见表 14。

表 14　热　平　衡　初　算

热　量　收　入		热　量　支　出	
项　目	热　量/kJ	项　目	热　量/kJ
铁水物理热	104481.256	钢水物理热	134466.558
元素氧化热	C　　50891.757	炉渣物理热	16933.017
	Si　　13713.190	炉气物理热	15166.628
	Mn　　1232.891	烟尘物理热	1888.828
	P　　2367.684	渣中金属铁珠物理热	918.143
	Fe　　3259.745	喷溅金属物理热	1176.722
SiO$_2$ 成渣热	1861.380	轻烧白云石分解热	549.000
烟尘氧化热	3731.726	其他热损失	7261.585
合　　计	181539.629	合　　计	178360.481
富　余　热　量			3179.148

4　物料平衡和热平衡终算

加矿石调整富余热量的计算过程如下。

4.1　加入 1kg 矿石对物料平衡、热平衡的影响

4.1.1　对物料平衡影响

4.1.1.1　石灰增加量

$$石灰增加量 = \frac{1 \times 3.5\% \times 3.5 - 0.9\%}{74.25\%} = 0.153(\text{kg})$$

4.1.1.2　渣量增加

矿石带入　$1 \times (100 - 91.00)\% = 0.090(\text{kg})$

补加石灰带入渣量 $= 0.153 \times (100 - 3.9)\% = 0.147(\text{kg})$

$$总渣量增加 = \frac{0.090 + 0.147}{1 - 12\%} = 0.269(\text{kg})$$

4.1.1.3　钢水量增加

矿石分解增加钢 $= 1 \times 91.00\% \times \dfrac{112}{160} = 0.637(\text{kg})$

渣中金属铁珠增加 $= 0.269 \times 8\% = 0.022(\text{kg})$

渣中铁的化学损失 $= 0.269 \times \left(9\% \times \dfrac{56}{72} + 3\% \times \dfrac{112}{160}\right)$
$$= 0.024(\text{kg})$$

钢水量增加 $= 0.637 - 0.022 - 0.024 = 0.591(\text{kg})$

4.1.1.4　氧耗量减少

矿石分解供氧 $= 1 \times 91.00\% \times \dfrac{48}{160} = 0.273(\text{kg})$

渣中铁氧化氧耗量 $= 0.269 \times \left(9\% \times \dfrac{16}{72} + 3\% \times \dfrac{48}{160}\right)$
$$= 0.008(\text{kg})$$

总纯氧耗量减少 $= 0.273 - 0.008 = 0.265(\text{kg})$

$$总氧气耗量减少 = \frac{0.265}{99.6\%} = 0.266(\text{kg})$$

4.1.1.5　炉气量增加

石灰烧减增加 $CO_2 = 0.153 \times 3.9\% = 0.006(kg)$

因氧气减少带来氮气减少 $= 0.266 \times 0.4\% = 0.001(kg)$

总增加炉气量 $= 0.006 - 0.001 = 0.005(kg)$

4.1.1.6　物料平衡变化

1kg 矿石引起物料平衡变化见表15。

表 15　1kg 矿石引起物料平衡变化

收入项目	变化值/kg	支出项目	变化值/kg
矿　石	1.000	钢　水	0.591
石　灰	0.153	炉　渣	0.269
氧　气	-0.265	炉　气	0.005
		渣中金属铁珠	0.022
合　计	0.888		0.887

注：误差为 -0.113%。

4.1.2　对热平衡影响

4.1.2.1　热量收入

Fe 氧化热量增加 $= 0.269 \times \left(4249 \times 9\% \times \dfrac{56}{72} + 6459 \times 3\% \times \dfrac{112}{160}\right)$

$\qquad = 116.496(kJ)$

石灰及矿石中 SiO_2 成渣热增加

$\qquad = (0.153 \times 2.5\% + 1 \times 3.5\%) \times 1620$

$\qquad = 62.897(kJ)$

热量总收入增加 $= 116.496 + 62.897 = 179.393(kJ)$

4.1.2.2　热量支出

钢水物理热量 $= 0.591 \times [0.699 \times (1517 - 25) + 272 + 0.837$

$\qquad \times (1680 - 1517)]$

$\qquad = 857.741(kJ)$

炉渣物理热量 $= 0.269 \times [1.247 \times (1660 - 25) + 209]$

$\qquad = 604.670(kJ)$

炉气物理热量 $= 0.005 \times 1.141 \times (1450 - 25) = 8.130(kJ)$

$$渣中金属铁珠物理热量 = 0.022 \times [0.699 \times (1517 - 25) + 272$$
$$+ 0.837 \times (1660 - 1517)] = 31.561(kJ)$$

$$矿石分解吸热量 = 1 \times \left(91.00\% \times 6459 \times \frac{112}{160} + 0\% \times 4249 \times \frac{56}{72}\right)$$
$$= 4114.383(kJ)$$

$$其他热损失量 = 179.393 \times 4\% = 7.176(kJ)$$

$$热量总支出增加量 = 857.741 + 604.670 + 8.130 + 31.561$$
$$+ 4114.383 + 7.176$$
$$= 5623.661(kJ)$$

4.1.2.3 1kg 矿石吸收热量

$$1kg\ 矿石吸收热量 = 5623.661 - 179.393 = 5444.268(kJ)$$

4.1.2.4 热量平衡变化

1kg 矿石引起热量平衡变化见表 16。

表 16 1kg 矿石引起热量平衡变化

热收入变化项	热量/kJ	热支出变化项	热量/kJ
Fe 氧化	116.496	钢水	857.741
石灰矿成渣热	62.897	炉渣	604.670
		炉气	8.130
		渣中金属铁珠	31.561
		矿石分解吸热	4114.383
		其他热损失	7.176
合计	179.393	合计	5623.661
1kg 矿石吸收热量			5444.268

4.2 矿石加入量的计算

$$加入矿石量 = \frac{3179.148}{5444.268} = 0.584(kg)$$

4.3 物料平衡修正及终算

4.3.1 物料平衡修正

物料平衡修正见表 17。

表 17　物料平衡修正

收 入 项 目	变化值/kg	支 出 项 目	变化值/kg
矿　石	0.584	钢　水	0.345
石　灰	0.089	炉　渣	0.157
氧　气	−0.155	炉　气	0.003
		渣中金属铁珠	0.013
合　计	0.518		0.518

4.3.2　物料平衡终算

物料平衡终算见表 18。

表 18　物料平衡终算

收　入			支　出		
项　目	重量/kg	占比例/%	项　目	重量/kg	占比例/%
铁　水	88.000	78.08	钢　水	92.650+0.345 =93.195	82.54
废　钢	12.000	10.65	炉　渣	7.533+0.157 =7.690	6.82
矿　石	0.583	0.52	炉　气	9.328+0.003 =9.331	8.28
石　灰	4.255+0.089 =4.344	3.85	烟　尘	1.160	1.03
萤　石	0.300	0.27	渣中金属铁珠	0.640+0.013 =0.653	0.58
轻烧白云石	1.000	0.89	喷　溅	0.850	0.75
炉　衬	0.070	0.06			
氧　气	6.566−0.155 =6.411	5.68			
合　计	112.708	100.00	合　计	112.679	100.00

$$误差 = \frac{112.679 - 112.708}{112.679} \times 100\% = -0.026\%$$

4.3.3 热量平衡修正

热量平衡修正见表19。

表 19 热量平衡修正

热收入变化项	热 量/kJ	热支出变化项	热 量/kJ
Fe 氧 化	68.034	钢水物理热	500.921
石灰矿石成渣热	36.732	炉渣物理热	353.127
		炉气物理热	4.748
		渣中金属铁珠物理热	18.432
		矿石吸热	2402.800
		其他热损失	4.191
合 计	104.766	合 计	3284.219
0.583kg 矿石吸收热量			3179.453

4.3.4 热量平衡终算

热量平衡终算见表20。

表 20 热量平衡终算表

热 量 收 入				热 量 支 出		
项 目		热量/kJ	占比例/%	项 目	热量/kJ	占比例/%
铁水物理热		104481.256	57.53	钢水物理热	$134466.558 + 500.921$ $= 134967.470$	74.30
元素氧化热	C	50891.757	28.02	炉渣物理热	$16933.017 + 353.127$ $= 17286.144$	9.52
	Si	13713.190	7.55	炉气物理热	$15166.628 + 4.748$ $= 15171.376$	8.35
	Mn	1232.891	0.68	烟尘物理热	1888.828	1.04
	P	2367.684	1.30	渣中金属铁珠物理热	$918.143 + 18.432$ $= 936.575$	0.52
	Fe	$3259.745 + 68.034$ $= 3327.779$	1.83	喷溅金属物理热	1176.722	0.65

热　量　收　入			热　量　支　出		
项　目	热量/kJ	占比例/%	项　目	热量/kJ	占比例/%
SiO_2 成渣热	$1861.380 + 36.732$ $= 1898.112$	1.04	轻烧白云石 分解热	549.000	0.30
烟尘 氧化热	3731.726	2.05	其他 热损失	$7261.585 + 4.191$ $= 7265.776$	4.00
			矿石 分解吸热	2402.800	1.32
合　计	181644.395	100	合　计	181644.700	100

$$误差 = \frac{181644.700 - 181644.395}{181644.700} \times 100\% = 0.000\%。$$

参 考 文 献

1　王雅贞等.氧气顶吹转炉炼钢工艺与设备(第2版).北京:冶金工业出版社, 2001

2　(日)万谷志郎.钢铁冶炼.北京:冶金工业出版社,2001

3　曲英.炼钢学原理(第二版).北京:冶金工业出版社,1994

4　蓝克.物理化学.北京:冶金工业出版社,1999

5　中国冶金百科全书,钢铁冶金卷.北京:冶金工业出版社,2001

6　余志祥.现代转炉炼钢技术.炼钢,2001;17:(1~3)

7　蔡开科.连铸技术的进展.炼钢,2001;17:(1~3)

8　王新华.洁净钢生产技术.钢铁(增刊),1999;34

9　刘浏.转炉炼钢的技术进步.炼钢,2000;16:5

10　陆学善.相图与相变.合肥:中国科学技术大学出版社,1990

11　杨世山等.铁水预处理工艺、设备及操作.炼钢,2000;16:5

12　A.Φ.舍甫钦克等.制取低硫高纯钢最有效的方法——用镁对铁水进行脱硫. 炼钢,2000;16:1

13　李承祚等.铁水包喷镁脱硫新工艺.首钢科技,2001;(6)

14　龚尧.转炉炼钢.北京:冶金工业出版社,1991

15　徐文派.转炉炼钢学.北京:冶金工业出版社,1991

16　李承祚等.氧气转炉锻压组合式氧枪喷头的研制与应用.冶金设备,2002;(2)

17　徐曾启.炉外精炼.北京:冶金工业出版社,1996

18　苏天森等.转炉溅渣护炉技术.北京:冶金工业出版社,1999

19　冶金部复吹专家组.氧气顶底复吹转炉设计参考.北京:冶金工业出版社, 1994

20　李士琦等.炼钢生产技术高效化和洁净化进展.见:中国金属学会编.钢铁工 业的前沿技术概述.2001

21　王雅贞等.连续铸钢工艺及设备.北京:冶金工业出版社,1999

22　连续铸钢500问编辑组.连续铸钢500问.北京:冶金工业出版社,1994

23　刘浏.炉外精炼工艺技术的发展.炼钢,2001;17(4)

24　陈伟庆.高质量钢的品种与质量控制.北京科技大学学术报告提纲,2002

25　Norbert Bannenberg. Process Roules for the Production of IF Steels and Some Other High Quality Steel Grades With Regard to Steel Cleanliness. CSM-VDEH Steelmaking Technology Seminar,2001

26　李树森等.LF炉发展概况及第三炼钢厂引进设备和工艺现状.首钢科技, 1999;(3)

27 中国金属学会论文集.炼钢生产新技术.北京:中国金属学会 2001

28 吴勉华.转炉炼钢 500 问.北京:中国计量出版社,1992

29 柯玲.转炉炼钢基础.北京:测绘出版社,1995

30 刘天佑.钢材质量检验.北京:冶金工业出版社,1999

31 腾长岭.中国钢分类.北京:中国标准出版社,1998

32 刘中柱等.纯净钢生产技术及其发展现状.见:中国金属学会编.洁净钢生产技术论文集.1999

33 张盛立.实用钢材手册.广州:广东科技出版社.1998

34 李永和.宝钢 300t 转炉负能炼钢实绩剖析.中国金属学会,1997 年钢铁增刊

35 李世龙.转炉负能炼钢与煤气回收技术、见:中国金属学会编.钢铁增刊.1997

36 唐广仁等.环保.北京:兵器工业出版社,2001

37 王绍文等.冶金环境保护概况.北京:兵器工业出版社,2001

38 汪锡元.大型转炉煤气处理工艺的研讨.冶金环境保护,1999;(2)

39 国家冶金工业局环保办公室.环境治理必读.北京:北京科学技术出版社,1990

40 中国职业安全健康管理体系内审员培训教程.北京:冶金工业出版社,2002

41 赵乃成,张启轩.铁合金生产实用技术手册.北京:冶金工业出版社,1998

冶金工业出版社部分图书推荐

书　　名	定价(元)
高炉生产知识问答（第2版）	35.00
高炉热风炉操作与煤气知识问答	29.00
炭材料生产技术600问	36.00
电炉炼钢500问（第2版）	25.00
冷轧带钢生产问答（第2版）	45.00
高速轧机线材生产知识问答	33.00
球团矿生产知识问答	19.00
金银生产与应用知识问答	22.00
转炉炼钢生产	58.00
连续铸钢原理与工艺	25.00
连续铸钢500问	28.00
炼钢基础知识	39.00
连续铸钢生产	45.00
炼钢原理与工艺	23.00
连续铸钢实训	25.00
转炉炼钢实训	35.00
采矿知识问答	35.00
高炉喷吹煤粉知识问答	25.80
煤的综合利用基本知识问答	38.00
炼焦生产问答	20.00
轧钢生产新技术600问	62.00
电弧炉炼钢工艺与设备（第2版）	35.00
烧结生产技能知识问答	46.00